Sibylle May

Praxishandbuch Chefentlastung

Sibylle May

Praxishandbuch Chefentlastung

Der Leitfaden für effizientes
Zeitmanagement, Selbstmanagement
und Informationsmanagement im Office

GABLER

Bibliografische Information Der Deutschen Bibliothek
Die Deutsche Bibliothek verzeichnet diese Publikation in der Deutschen Nationalbibliografie;
detaillierte bibliografische Daten sind im Internet über <http://dnb.ddb.de> abrufbar.

1. Auflage Mai 2005

Alle Rechte vorbehalten
© Betriebswirtschaftlicher Verlag Dr. Th. Gabler/GWV Fachverlage GmbH, Wiesbaden 2005

Lektorat: Maria Akhavan-Hezavei

Der Gabler Verlag ist ein Unternehmen von Springer Science+Business Media.
www.gabler.de

Umschlaggestaltung: Digital Design Borgers GmbH, Hünstetten
Druck und buchbinderische Verarbeitung: Wilhelm & Adam, Heusenstamm
Gedruckt auf säurefreiem und chlorfrei gebleichtem Papier
Printed in Germany

ISBN: 3-409-12580-9

Inhaltsverzeichnis

6

Vorwort

Nichts ist mehr, wie es einmal war. Der Wandel macht vor keinem Bereich im Unternehmen Halt. Und so auch nicht vor der Zusammenarbeit zwischen Chef und Sekretärin/Assistentin. Das Zusammenspiel dieses Teams war zu allen Zeiten ein entscheidender und wichtiger Faktor. Nur, wenn Sie mit Ihrem Chef gut zusammenarbeiten, können Sie ihn auch wirklich entlasten.

In unserer hektischen und fordernden Zeit gewinnt die Chefentlastung immer mehr an Bedeutung, sie ist nicht zuletzt eine Voraussetzung für den Unternehmenserfolg. Ein Vorgesetzter kann noch so gut sein, wenn das Back Office nicht stimmt, wird er nur einen Teil seiner Fähigkeiten einsetzen können. Nicht umsonst heißt es: „Hinter jedem erfolgreichen Chef steht eine erfolgreiche Sekretärin/Assistentin."

Die Komplexität der Aufgaben der einzelnen Führungskräfte nimmt stetig zu. Ganze Hierarchien sind weggefallen und das hat zur Folge, dass die Führungskräfte ein Mehr an Arbeit bewältigen müssen. Und hier sind Sie gefordert, hier setzt die wirkliche Chefentlastung an, denn Ihr Vorgesetzter muss viele Dinge an Sie delegieren. Für Sie bedeutet dies neben Ihrer eigentlichen Arbeit die Übernahme weiterer Aufgaben. Dies erfolgreich zu bewältigen gelingt nur, wenn Sie Hand in Hand mit Ihrem Chef arbeiten. Dies wiederum erfordert noch mehr Fingerspitzengefühl, noch mehr Hintergrundwissen für Sie als Sekretärin/Assistentin.

Mit diesem Buch möchte ich Sie bei Ihrer täglichen Arbeit unterstützen, denn ich weiß, wovon ich bei der Chefentlastung spreche. Ich habe selbst 12 Jahre als Sekretärin gearbeitet und bin seit elf Jahren selbst Chefin – ich kenne also die Situation von beiden Seiten. Und in meiner nunmehr 14-jährigen Praxis als Trainerin erfahre ich tagtäglich, „Wo der Schuh drückt". Höre, was Sie bewältigen müssen und erfahre von Ihren Vorgesetzten, worauf es ihnen ankommt. Um Ihnen nun Ihren Arbeitsalltag zu erleichtern, habe ich eine Reihe von Informationen gesammelt, die ich Ihnen in diesem Buch weitergebe. Die zahlreichen Tipps und Hilfsmittel sollen Ihnen auf dem Weg zur optimalen Chefentlastung eine Hilfe sein.

Ich wünsche Ihnen viel Spaß beim Durcharbeiten der einzelnen Kapitel und bin sicher, dass jede Leserin noch den einen oder anderen Rat für ihre Arbeit einsetzen kann. Ihr Nutzen: ein Praxishandbuch für alle Gegebenheiten Ihres Alltags zur wirklichen Chefentlastung. Und noch eine Anmerkung: In diesem Buch ist naturgemäß sehr viel von Chefs die Rede. Damit sind natürlich auch Ihre weiblichen Vorgesetzten gemeint.

Ich wünsche Ihnen auf diesem Weg viel Erfolg.

Sibylle May, Düsseldorf im März 2005

1.   Erwartung an die Sekretärin

„Unter wahren Experten werden Unternehmen auf Anhieb nach den Sekretärinnen beurteilt."

(Cyril N. Parkinson, 1909-1993, britischer Historiker, Publizist)

Heute suchen Unternehmen mehr denn je Mitarbeiterinnen unter dem Titel „Sekretärin/Assistentin". Häufig heißt es auch: „eine Assistentin, die ihre künftigen Chefs wirksam unterstützt." Aus diesen und ähnlichen Formulierungen wird sichtbar und klar, dass in den meisten Firmen der Sinneswandel nicht nur eingesetzt hat, sondern bereits stark fortgeschritten ist. Die Unternehmen erwarten Mitarbeiterinnen, die eine gute Ausbildung und Kenntnisse mitbringen, die sie dazu befähigen, den Chef wirklich zu entlasten. Diese Ansicht kommt Ihnen sicher entgegen – oder? Wenn Sie daran interessiert sind, anspruchsvolle Aufgaben zu übernehmen, um Selbstständigkeit, Verantwortungsbewusstsein und auch Führungsqualität nicht nur unter Beweis zu stellen, sondern damit Ihren Chef wirklich tatkräftig zu entlasten, dann haben Sie sich für das richtige Buch entschieden.

Sicher werden Sie sich die Frage stellen, worin sich denn die Aufgaben einer Assistentin von denen einer Sekretärin unterscheiden. Leider können wir dies bis heute nicht klar definieren, da sich die meisten Unternehmen darüber noch keine Gedanken gemacht haben. Die Praxis macht deutlich, dass sich die Begriffe häufig überschneiden.

> *Bei Recherchen in den Unternehmen habe ich folgende Aussagen erhalten:*
> *Die Assistentin ist eine perfekte Organisatorin des Büros. Sie entlastet ihren Chef von zeitraubendem Kleinkram, unterstützt ihn im Umgang mit den Mitarbeitern und ist dabei seine kritische, aber loyale und verständnisvolle Gesprächspartnerin. Sie besitzt persönliches Format und ist auch in der Lage, sich im Unternehmen ein eigenes Ansehen zu sichern.*
> *Na und, haben Sie sich erkannt?*

Nun werden viele von Ihnen, die den Titel Sekretärin führen, sagen: „Das mache ich auch", und damit bestätigen Sie, dass die Übergänge von der Sekretärin zur Assistentin fließend sind.

Ihr Ziel sollte primär sein, den Chef noch mehr zu entlasten und durch Ihr Mitdenken Ihre Kompetenz und Zuverlässigkeit zu zeigen, dass Ihr Chef kein Risiko eingeht, wenn er sich auf Sie verlässt. Sicher muss auch der Chef dazu bereit sein: Aber welcher Chef träumt nicht davon, wirklich so entlastet zu werden, dass er den Kopf für andere Dinge frei hat. Schauen wir uns nun einmal an, was Sie fachlich erfüllen müssen:

1.1 Fachliche Kompetenzen

- ▶ Sie beherrschen alle Sekretariatsaufgaben
- ▶ Sie wissen über die Aufgaben des Chefs Bescheid
- ▶ Sie haben genaue Kenntnisse über das Unternehmen
- ▶ Sie haben Wissen über betriebswirtschaftliche Vorgänge
- ▶ Sie besitzen Organisationsfähigkeit
- ▶ Sie haben Verhandlungsgeschick
- ▶ Sie beherrschen Fremdsprachen (mindestens Englisch)
- ▶ Sie kennen Interkulturelles Verhalten
- ▶ Sie können selbstständig arbeiten
- ▶ Sie haben gängige PC-Software-Kenntnisse
- ▶ Sie beherrschen Präsentationstechniken
- ▶ Sie kennen die Telefonregeln (Visitenkarte des Unternehmens)
- ▶ Sie beherrschen gutes Zeit- und Selbstmanagement
- ▶ Sie haben ein gutes Gedächtnis und gute Konzentration
- ▶ Sie besitzen arbeitsplatzbezogene Fachkenntnisse zur Befähigung von qualitativer Sachbearbeitung
- ▶ Sie kennen Projektbearbeitung
- ▶ Sie haben Branchenkenntnisse
- ▶ Je nach Bereich und Einsatzgebiet haben Sie Kenntnisse in: Grundlagen BWL und VWL, Marketing, Personal-, Managementtechniken
- ▶ Sie können Protokolle führen
- ▶ Sie besitzen Internet-Kenntnisse
- ▶ Sie können Informationen koordinieren
- ▶ Sie beherrschen stilsichere Korrespondenz
- ▶ Sie kennen Terminmanagement
- ▶ Sie unterstützen bei der Kundenorientierung
- ▶ Sie kennen Event-Management
- ▶ Sie wissen, wie ein Team funktioniert
- ▶ Sie beherrschen die Service-Orientierung
- ▶ Sie haben Kenntnisse in Travel-Management

Das ist ein Überblick über die fachlichen Erwartungen. Vielleicht raucht Ihnen schon der Kopf, aber Sie wissen, überall, wo Menschen sind, wird gemenschelt. Dieses Verhalten macht auch vor Ihrem Bereich nicht Halt. Nicht selten wird auf die so genannten „Soft Skills" noch mehr geachtet als auf die fachlichen.

1.2   Soziale Kompetenzen („Soft Skills")

▶   Sie ergreifen die Initiative
▶   Sie besitzen Kreativität
▶   Sie sind belastbar
▶   Sie sind stets loyal
▶   Sie sind gegenüber allen Dingen aufgeschlossen
▶   Sie besitzen Kommunikationsfähigkeit
▶   Sie haben ein gepflegtes Erscheinungsbild und entsprechende Umgangsformen
▶   Sie bewältigen Stresssituationen
▶   Sie können mit Konflikten umgehen
▶   Sie beherrschen die Regeln der Gesprächsführung
▶   Sie zeigen Einsatzbereitschaft
▶   Sie sind kontaktfähig
▶   Sie besitzen Einfühlungsvermögen
▶   Sie sind tolerant und haben Taktgefühl
▶   Sie besitzen Eigeninitiative
▶   Sie strahlen Natürlichkeit und Niveau aus
▶   Sie sind flexibel
▶   Sie treten selbstsicher auf
▶   Sie sind lern- und entwicklungsbereit
▶   Sie sind teamfähig
▶   Sie haben ein souveränes Auftreten
▶   Sie sind offen gegenüber neuen Dingen

Fassen wir das Ganze zusammen, liest sich Chefentlastung so:

▶   Sie können in Ihrer Rolle als Sekretärin oder Assistentin Ihren Vorgesetzten beraten.
▶   Sie sind verantwortlich für das Erstellen und das Auswerten von Protokollen.
▶   Sie erledigen Korrespondenz selbstständig.
▶   Sie entwerfen Reden und Referate.
▶   Sie bereiten Entscheidungen vor.
▶   Sie arbeiten an Projekten und leiten diese auch gegebenenfalls.
▶   Sie kennen alle Wege und Mittel des Informations-Managements.
▶   Sie sind zum Teil für Verhandlungen verantwortlich.
▶   Sie gestalten die Öffentlichkeitsarbeit mit.
▶   Sie können Mitarbeitergespräche vorbereiten.
▶   Sie beraten Ihren Chef in Konflikten, wenn es um Kompromisse geht.
▶   Sie betreuen Auszubildende.

Sicherlich hängt der eine oder andere Punkt von dem Unternehmen oder dem Bereich ab, in dem Sie arbeiten. Aber Sie sehen, dass es sehr viele Möglichkeiten gibt, Ihren Chef noch besser zu entlasten und zu unterstützen. Also, worauf warten Sie, packen Sie es an.

Die Qualifikationsanforderungen für Sekretärin und Assistentin zur Chefentlastung gliedern wir demzufolge in vier große Bereiche:

- Fachkompetenz
- Methodenkompetenz
- Sozialkompetenz
- Persönliche Kompetenz

1.3   Wie sieht die Zukunft aus?

„Wer nicht im Augenblick hilft, scheint mir nie zu helfen."
(Johann Wolfgang von Goethe, 1749-1832, deutscher Dichter)

Wir haben bereits darüber gesprochen, dass das Berufsbild der Sekretärin und Assistentin einem steten Wandel unterzogen ist. Dieser Wandel ist noch lange nicht abgeschlossen. Solange Unternehmen fusionieren, umstrukturieren und neue Organisationsformen einführen, wird für die Mitarbeiter keine Ruhe einkehren. Wichtig ist, dass Sie diesen Wandel mitgestalten und nicht auf der Strecke bleiben. Arbeiten Sie an Ihrem Selbstmanagement und Ihren so genannten „Soft Skills", die immer mehr an Bedeutung gewinnen. Machen Sie sich in interkulturellem Verhalten fit. Ihr gekonnter Umgang mit fremden Kulturen tritt mehr und mehr in den Vordergrund; in diesem Umfeld gehört der richtige Auftritt ebenso wie das Beherrschen der internationalen do's und don'ts dazu. Ihren professionellen Auftritt unterstreichen Sie, wenn Sie die Regeln der Kommunikation beherrschen. Wenn Sie dann noch in verschiedenen Sprachen (Englisch ist Pflicht) kommunizieren können, dann sind Sie auf dem richtigen Weg für die Zukunft. Stillstand ist Rückschritt, und Sie müssen heute schon wissen, was morgen wichtig wird. Das Fazit daraus: „Wer aufhört, besser sein zu wollen, hört auf, gut zu sein."

Im Zusammenhang mit den stetigen Veränderungen in den Unternehmen werden Sie auch Ihre Flexibilität unter Beweis stellen müssen oder besser dürfen. Dies aber sind genau die Fakten, die Ihren Beruf ausmachen, die ihn interessant und prickelnd gestalten.

1.4 Wo stehen Sie heute, was müssen Sie tun?

„Auf alles, was der Mensch sich vornimmt, muss er seine ungeteilte Aufmerksamkeit richten."

(Novalis, 1772-1801, deutscher Dichter)

In diesem Kapitel haben wir Ihnen eine Checkliste zusammengestellt, aus der Sie ersehen, was von Ihnen erwartet wird, was in Ihrem Bereich besonders wichtig ist. Sie sehen auf einen Blick, was Sie bereits beherrschen und woran Sie noch arbeiten sollten.

Fachliche Qualifikation	Beherrsche ich bereits	Daran will ich arbeiten	Das will ich dafür tun
PC-Kenntnisse			
Präsentationstechniken			
Korrespondenz			
Termin-Management			
Informationskoordination			
Protokollführung			
Internet-Kenntnisse			
Projekt-Management			
BWL/VWL			
Fremdsprachen			
Organisieren			
Delegieren			
Koordinieren			
Kommunizieren			
Serviceorientiert sein			
Kundenorientiert sein			
Aufgeschlossen für technische Neuerungen			
Entscheidungen treffen			
Weiterbildungsmaßnahmen			
Personalwesen			
Marketing			
Event-Management			
Travel-Management			
Interkulturelles Verhalten			

Eigenschaften	Beherrsche ich bereits	Daran will ich arbeiten	Das will ich dafür tun
Teamfähig			
Loyal			
Offen			
Lern- und entwicklungsbereit			
Selbstsicher			
Konfliktfähig			
Selbstständig			
Flexibel			
Beherrsche souveränes Auftreten			
Gute Umgangsformen			

1.5 Rund um das Thema Organisation

„Gebrauch die Zeit, sie geht so schnell von hinnen, doch Ordnung lehrt euch Zeit gewinnen."

(Goethe)

Vor die Chefentlastung haben die Büromenschen die Organisation gesetzt. Nur wenn Sie selbst hervorragend organisiert sind, können Sie Ihren Chef entlasten. Auch wenn Ihr Chef vielleicht eher zu den chaotischen gehört und sich nicht an Ihre Ordnung hält, ist es umso wichtiger, dass Sie das Chaos beherrschen. Zum Thema Organisation gibt es einige Hilfsmittel, die ich Ihnen nun im nächsten Kapitel vorstellen möchte.

Beginnen wir mit dem wichtigsten – der Organisation auf Ihrem Schreibtisch. Es gilt dort die Regel: „Was Sie nur selten brauchen oder was Sie ohnehin in den nächsten Tagen nicht bearbeiten, das hat auch auf Ihrem Schreibtisch nichts zu suchen." In der nachfolgenden Grafik erhalten Sie Anregungen, wie Sie das Ganze gestalten können.

Schreibtischorganisation: Wohin Sie welche Informationen leiten sollten

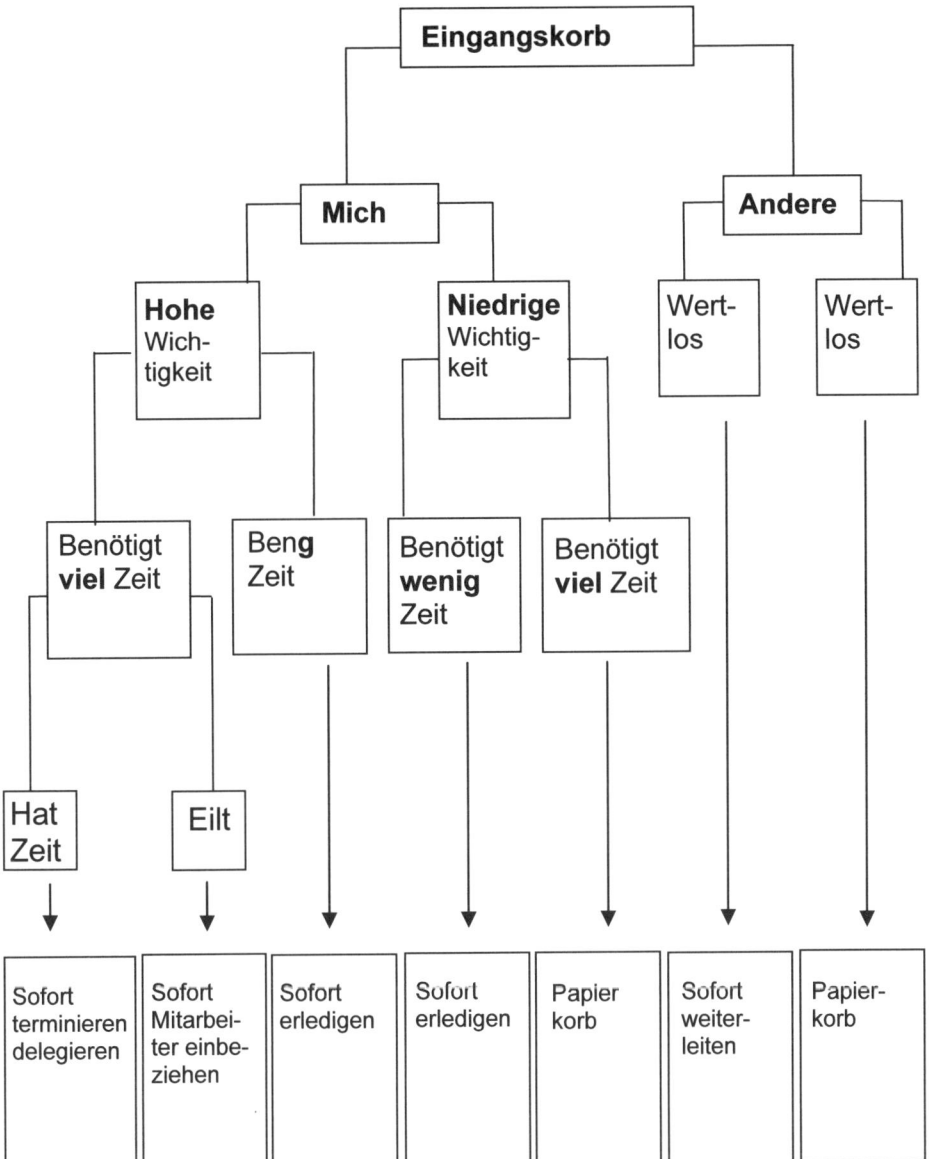

So können Sie Ihre Schreibtischorganisation gestalten

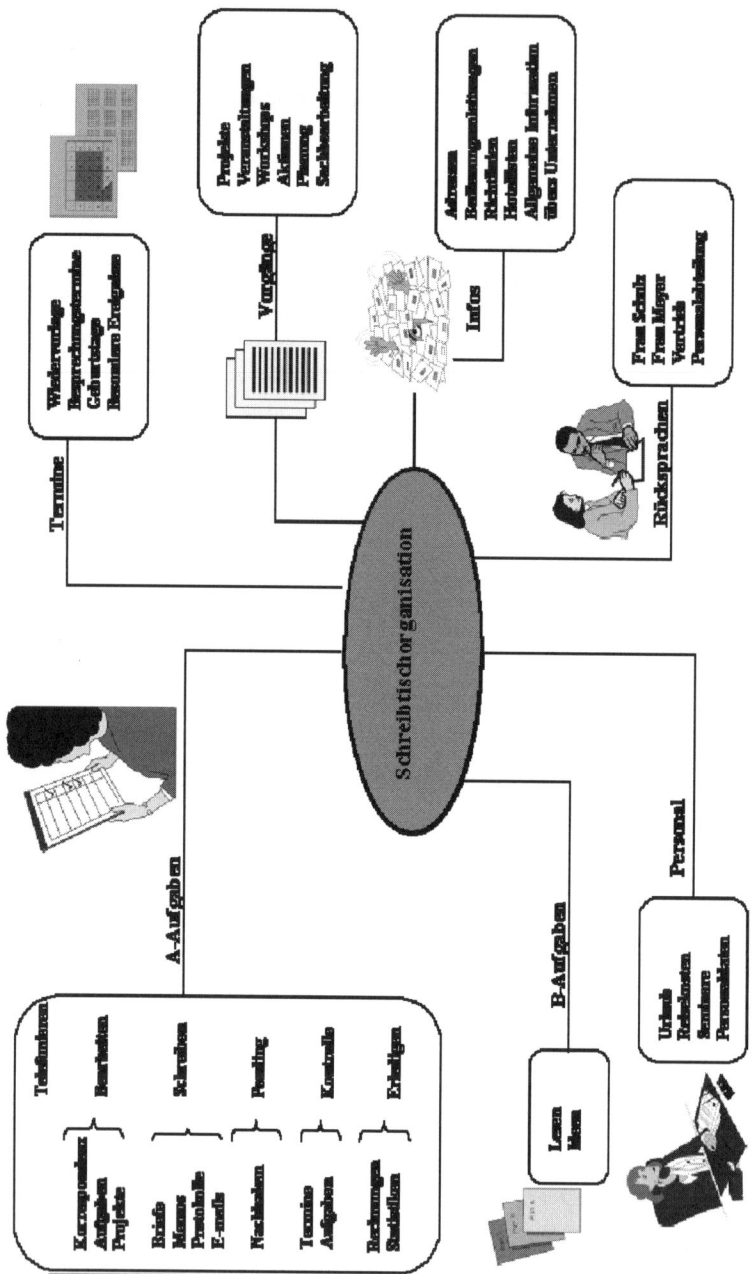

Checkliste: Schreibtisch und Arbeitsplatzumgebung

Was?	Wo?
Eingangspost	außer Sicht, Nebentisch
Ausgangspost	außer Sicht, Nebentisch
Vorgänge des Tages	Ablage, griffnah
Vorgänge der Woche	Ablage, griffnah
Telefon	griffnah, auf dem Schreibtisch
Unterschriftsmappe	im Schreibtisch/Nebentisch
Notizblock	auf dem Schreibtisch
Telefonverzeichnis	griffnah, auf dem Schreibtisch
Tagesplan	auf dem Schreibtisch
Terminkalender	auf dem Schreibtisch
Schreibpapier	im Schreibtisch
Bandspielgerät	unter dem Schreibtisch
Büromaterial	im Schreibtisch
Schreibgeräte	auf dem Schreibtisch
PC/Schreibmaschine etc.	auf dem Nebentisch, mit Stuhl erreichbar
Organisationsplan	griffnah, nicht auf dem Schreibtisch
Büroablage	möglichst hinter dem Rücken
Schreibtisch selbst	mit Blick zur Tür
Kalender	an der Wand, in gut lesbarer Entfernung
Uhr	auf dem Schreibtisch oder an der Wand, in gut lesbarer Entfernung

1.5.1 Ablagemöglichkeiten für den Schreibtisch

Vorgangsmappen

Diese Mappen gibt es aus verschiedenen Materialien (Pappe, Plastik, Klarsichtfolie) und in verschiedenen Farben. Deshalb eignen sie sich hervorragend, um Unterlagen für die zukünftige Bearbeitung zu sammeln. Dabei können die Farben ordnend eingesetzt werden (z. B. Rot = sofort erledigen). Auch eine Beschriftung auf der Vorderseite ist möglich, um beispielsweise Termine zu setzen.

Achtung: Legen Sie nicht zu viele lose Blätter in eine Mappe, sonst droht eventuell Verlust oder Unübersichtlichkeit. Wenn ein Vorgang umfangreicher wird, heften Sie ihn zu einer Akte zusammen.

Ablagekörbe

Es gibt Ablagekörbe in unterschiedlicher Höhe und in verschiedenen Farben. Darin können ebenfalls Unterlagen vorsortiert werden (Posteingang, Postausgang, sofort bearbeiten, Chef, Mitarbeiter). Eine entsprechende Beschriftung der Körbe ist möglich.

Achtung: Bilden Sie keinen zu hohen Stapel, hinter dem Sie dann vielleicht sogar verschwinden. Dies macht keinen guten Eindruck für das Sekretariat.

Pultordner

Die Pultordner können vielfältige Unterteilungen haben: alphabetisch, nummerisch, von 1 bis 31 und Januar bis Dezember als Terminmappe bzw. Wiedervorlagemappe.

Diese Pultordner eignen sich sehr gut, um Unterlagen vorzusortieren, bevor sie abgelegt werden. Die Unterteilung des Pultordners kann hier analog dem Aktenplan erfolgen.

Achtung: In die Terminmappe oder Wiedervorlagemappe gehören keine laufenden Vorgänge, sondern nur Kopien der 1. Seite oder Notizen zu den Vorgängen.

Die Unterlagen gehören an den Ablageplatz, damit die Ablage immer aktuell ist. In der Ablage kann dann wieder ein Querverweis auf die Terminmappe eingefügt werden.

Unterlagen, die ständig benötigt werden, gehören so nah wie möglich an den Arbeitsplatz. Dabei können Sie zwischen zwei Möglichkeiten unterscheiden:

▶ Die Unterbringung im Schreibtisch. Hier sollten sich nur Unterlagen befinden, auf die nur Sie Zugriff haben müssen. Dazu können auch die vertraulichen Unterlagen gehören. Arbeiten Sie an Ihrem Schreibtisch nach Möglichkeit mit Hängeregistratur-Unterbauten.

▶ Unterlagen, die auch von anderen benötigt werden oder bearbeitet werden, gehören nicht in den Schreibtisch, sondern in die Schränke im Büro.

Sieben Ordnungsmappen für Ihren Schreibtisch und die nähere Umgebung

T	Terminmappe:	Vorlaufwarnfrist mindestens zwei Tage, Auffangnetz für Vergesslichkeit.
A	Aktivitätenmappe:	„Lebenswichtige" Tagesaufgaben mit höchster Priorität.
B	Besprechungsmappe:	Alle Unterlagen zu den TOP (Tagesordnungspunkten). Bei Unterlagen aus anderen Mappen verbleibt dort ein Laufzettel.
I	Informationsmappe:	Lesestoff, der ohne Terminzwang verarbeitet werden sollte.
S	Schwebemappe:	In Bearbeitung befindliche Vorgänge mit B (diese Woche) und C (diesen Monat) – Priorität – alphabetisch geordnet.
E	Eventualitätenmappe:	Alles, was in einer Woche nicht anbrennt, was gelesen werden sollte, Randereignisse. Muss spätestens am Freitagnachmittag gelesen und leer sein.
R	Reisemappe:	Unterlagen zu auswärtigen Terminen. Bei Unterlagen aus anderen Mappen verbleibt dort ein Laufzettel.

1.5.2   Die eigene Organisation/Ordnung

Ordnung und Organisation, zwei Begriffe, die aus dem Zeit-Management nicht wegzudenken sind. Bedenken Sie: Das beste Ordnungssystem taugt nichts, wenn es nicht gepflegt wird.

Die schönsten Mappen verfehlen ihren Zweck, wenn das Schriftgut, das in sie gehört, irgendwo im Stapel auf dem Tisch liegt. Pittsburgher Statistiker haben festgestellt, dass jeder Mensch über ein Jahr seines Lebens mit Suchen verbringt. Darum ist es wichtig, sich ein Ordnungssystem anzueignen, in dem Sie alles Nötige schnell wiederfinden.

Vorschläge für ein Ordnungssystem:
- Eine Pinwand, auf die Merkzettel gesteckt werden
- Karteien mit Registern helfen, Vorgänge schneller zu finden
- Inhaltsverzeichnisse, Quellenkarteien, Bildkarteien tragen zur Effektivität bei
- Legen Sie sich einen Ordner „Kuriositäten" an, in dem Sie alle Dinge ablegen, die in keinen anderen Ordner gehören
- Mit der entsprechenden Software können Computer zu idealen Speicher- und Suchsystemen ausgebaut werden

1.5.3 Ablage-Effizienz: Was gehört wo hin?

Zur Schreibtisch- und Büroorganisation gehören ebenfalls Hilfsmittel für die rationelle Postbearbeitung. Die unvermeidliche Bearbeitung der Post beschäftigt Sie häufig länger als eine Stunde pro Tag. Zur Post zählt nicht nur die Post, die von außen kommt, sondern auch diejenige von innerhalb des Unternehmens (E-Mails).

Ein paar Tipps für Sie zur schnelleren Abwicklung: Richten Sie sich einen 3-stufigen Postkorb oder drei Mappen ein:

▶ Erledigung sofort
▶ Wiedervorlage
▶ Ablage

Mit diesen drei Vorsortierungen haben Sie erst einmal Ihre Post im Griff. Vergessen Sie bitte dabei nicht, die Ablage P (Papierkorb) zu Ihrem besten Freund zu machen. Vorgänge, die von anderer Seite bearbeitet werden müssen, leiten Sie sofort weiter. Nehmen Sie sich ebenso vor, grundsätzlich jeden Vorgang nur einmal in die Hand zu nehmen und sofort eine entsprechende Aktivität abzuleiten. Dies schafft Ordnung und hilft auch, Zeit zu sparen.

1.5.4 Ablage und Co.

Eine Ihrer wichtigsten Aufgaben im Büro ist die Ablage. Ich weiß, auch Sie werden zu den Menschen gehören, die die Ablage nicht gerade lieben, aber sie gehört nun einmal mit zu Ihren elementaren Aufgaben. Sie sehen sich hier der großen Herausforderung gegenüber, für einen reibungslosen Ablauf Ihrer Ablage zu sorgen. Nehmen Sie die Herausforderung an, betrachten Sie es als Ihre Chance, seien Sie Informationsmanagerin mit Papier!

Mit der Organisation der Ablage erschließt sich Ihnen ein großes Betätigungsfeld, das Sie eigenverantwortlich gestalten können. Dies führt zwangsläufig dazu, dass die Organisation Ihrer Ablage Hinweise und Rückschlüsse auf die Organisation Ihres Büros zulässt. Sicher geht es hier den meisten Sekretärinnen und Assistentinnen ähnlich; die Ablage ist stets ein ungeliebtes Kind, aber wir wissen, ohne gute Ablage funktioniert ein Büro nicht. Je besser die Ablage ist, desto effektiver können Sie auch arbeiten.

Und so können Sie vorgehen:
▶ Wenn Sie Dinge ablegen, fragen Sie sich immer, unter welchem Stichwort würde ich suchen. Stellen Sie dabei fest, dass die Akte oder die E-Mail in zwei Ordner gehört, dann legen Sie die Hauptakte in einem Ordner ab und machen in dem anderen einen Querverweis auf den Ordner. So müssen Sie nicht unnütz lange suchen.

- Fragen Sie sich bei jedem Ablagestück: „Existiert diese Information schon irgendwo anders? Ist sie aktuell genug, um brauchbar zu sein? Was kann im schlimmsten Fall passieren, wenn ich das Papier wegwerfe?"
- Markieren Sie sich wichtige Stellen in den Unterlagen. Heften Sie immer gleich alles ab oder werfen Sie es gegebenenfalls weg, anstatt es in einem großen Ablagekorb zu horten.
- Nehmen Sie sich alle paar Monate (mindestens aber zweimal im Jahr) ein paar Stunden Zeit und gehen Sie Ihren Schreibtisch und die Aktenschränke durch. Trennen Sie sich von allem, was Sie nicht mehr brauchen.
- Besprechen Sie die Ablage mit Ihrem Chef und mit allen Mitarbeitern, die mit Ihrer Ablage auch arbeiten müssen.
- Wenn Ihr Chef seine Ablage von Ihnen auch erledigen lässt, ist dies zwar ein Mehraufwand, aber trotz allem Glückwunsch an Sie, denn Sie wissen dann wenigstens immer, wo Sie nach etwas suchen müssen.

Wir sind uns also einig, dass ohne eine gute Ablage gar nichts läuft. In meinen Seminaren wird mir immer wieder die Frage nach einer guten Ablage gestellt. Aber, ein ideales Ablagesystem gibt es nicht. Das heißt, Sie müssen sich für das System entscheiden, das Ihren Bedürfnissen und denen Ihres Chefs und Ihrer Arbeit entspricht.

Legen Sie sich einen Ordner „Kuriositäten" an. Immer wieder bleibt etwas liegen, von dem Sie nicht genau wissen, ob Sie es noch brauchen oder nicht. Sie wissen auch nicht genau, wo es hingehört und ob es irgendwann einmal aktuell sein wird. Und alles, was Ihnen in Zukunft hier in die Hände fällt, legen Sie in diesen Ordner ab. Diesen schauen Sie sich einmal im Monat an, um zu sehen, ob dort wichtige Sachen für Sie enthalten sind. Einige werden sich erledigt haben, diese können Sie vernichten; andere wiederum sind vielleicht interessant für Sie geworden.

Legen Sie sich einen weiteren Ordner an, den Sie systematisch nach den wichtigsten Dingen, mit denen Sie täglich arbeiten, gliedern:

1. **Die wichtigsten Informationen Ihres Unternehmens:**
   - Anschrift
   - Telefon- und Faxnummern der einzelnen Abteilungen
   - Bankverbindungen
   - verkehrstechnische Lage
   - Anfahrtsskizzen, Wegbeschreibung zum Unternehmen

2. **Organigramm des Unternehmens:**
   - Aktenplan der Abteilungen

3. **Reisekosten-Richtlinie:**
   - Dienstreisen der Mitarbeiter

4. **Allgemeine Informationen:**
   - Länderkennzeichen
   - Landeskennzahlen für den Fernsprechverkehr

▶ Wichtige englische Begriffe und Redewendungen (dies können Sie natürlich auch für jede andere Sprache so gestalten)
▶ Kursumrechnungstabellen
▶ Informationen über die Postgebühren
▶ Hotels- und Gaststätten
▶ Tankstellen, Taxiunternehmen, Transport zum Flughafen

1.5.5 Gesetzlich vorgeschriebene Aufbewahrungsfristen

Der Gesetzgeber verlangt von jedem Kaufmann die Aufbewahrung von Buch-führungs-unterlagen innerhalb bestimmter Fristen (§ 257 HGB). Damit soll gewährleistet sein, dass Geschäftsvorfälle im Rahmen der Buchführung dokumentiert und bewiesen werden können. Die folgende Übersicht soll Ihnen einen ersten Eindruck vermitteln:

▶ **6 Jahre:**
Empfangene Handelsbriefe
Abgesandte Handelsbriefe
Buchungsbelege   (nach Fristablauf vernichten)

▶ **10 Jahre:**
Handelsbücher
Inventare, Bilanzen
Arbeitsanweisungen
Lagerberichte   (nach Fristablauf vernichten)

Betriebsinterne Aufbewahrungsfristen
Neben den gesetzlichen Aufbewahrungsfristen gibt es in jedem Unternehmen betriebsinterne Fristen für die Ablage. Diese sind natürlich von Unternehmen zu Unternehmen unterschiedlich. Sie müssen über diese Fristen in Ihrem Unternehmen genau informiert sein. Nur dann können Sie Ihr Ablagegut entsprechend beurteilen und organisieren. Um was es sich bei den betriebsinternen Aufbewahrungsfristen handeln könnte, zeigen die Beispiele in der nächsten Aufstellung:

▶ **Keine Fristen:**
Prospekte, Werbung (nach der Kenntnisnahme vernichten)
▶ **5 Jahre:**
Informationsakten (nach Fristablauf vernichten)
▶ **10 Jahre:**
Personalakten ausgeschiedener Mitarbeiter
Mietverträge
Kundenakten (keine Rechnungen)
Lieferantenakten (keine Rechungen) (nach Fristablauf vernichten)

▶ **20 Jahre:**
Projekt- oder Maßnahmeakten
Akten der Sachbearbeitung (nach Fristablauf vernichten)
▶ **Dauerwert:**
Grundstücksakten
Patente, Genehmigungen (Dauerarchiv)

Ihre Ablabe soll immer und zu jeder Zeit eine Dokumentation über den aktuellen Stand des Unternehmens bis hin zur Historie sein. Diese Bandbreite zeigt, wie umfangreich die Organisation der Ablage ist. Denken Sie daran: Ihre Ablage ist das Gedächtnis des Unternehmens!

Vermeiden Sie Aktenstaus!
Was ist ein Aktenstau? Als Aktenstau bezeichnet man Ablageberge auf dem Schreibtisch oder in der Schublade, überfüllte Ordnerschränke und Regale. Wenn Sie hinter Ihrem Schreibtisch nicht mehr zu sehen sind, wird es höchste Zeit für die Ablage. Wie können Sie einen Aktenstau vermeiden? Gehen Sie so vor:

Auf dem Schreibtisch
Prüfen Sie jedes Schriftstück, das Ihren Schreibtisch erreicht, ob es:

▶ sofort abgelegt werden kann   = Pultordner einsetzen

▶ von Ihnen bearbeitet werden muss   = Vorgangsmappen anlegen
                                        = nach Prioritäten kennzeichnen

▶ vom Chef oder Mitarbeitern bearbeitet = in Vorgangsmappen weiterleiten
werden muss

Setzen Sie für sich eine tägliche Ablagezeit fest, in der Sie den Pultordner entleeren. Dies ist der erste wichtige Schritt zur Vermeidung von Aktenstaus und zur aktuellen Ablage. Versehen Sie die von Ihnen zu bearbeitenden Vorgangsmappen mit einem Datum, wann Sie den Inhalt erledigen wollen. Dies ist wichtig für Ihr persönliches Zeitmanagement.

1.5.6 Der Aktenplan, das Herz jeder Ablage

Die Ablageexperten sind sich immer wieder darüber einig, dass ein Aktenplan die ideale Ablage ist. Zugegeben, er macht bei der Erstellung erst einmal Arbeit, aber für alle ist es das beste Instrument. Jeder, der mit Ihrer Ablage zu tun hat, erhält diesen Aktenplan, und durch das Nummernsystem ist sichergestellt, dass Sie nichts falsch ablegen. Zur besseren Unterscheidung wählen Sie pro Nummernkreis eine andere Farbe.

Warum ist ein Aktenplan erforderlich?

Während Ihrer Abwesenheit müssen sich Ihr Chef, Ihre Vertretung und unter Umständen befugte Mitarbeiter/Innen in Ihrer Ablage auskennen. Dies wird durch einen Aktenplan gewährleistet. Darüber hinaus stellt er für Sie ein Mittel zur konsequenten Ablage dar. Ein Aktenplan verhindert, dass das Ablagegut unter verschiedenen Kriterien abgelegt wird.

Grundmuster eines Aktenplans

Der Aktenplan ist ein Verzeichnis über Ihre Ablage. Aus ihm ist ersichtlich, was wo und unter welchen Kriterien abgelegt wurde. Er ist für Außenstehende ein Wegweiser durch Ihre Ablage. Für Sie selbst soll er ein Organisationsleitfaden sein.

1. Alphabetische Ordnung

Stellen Sie sich bitte folgende Situation vor: Sie sind Sekretärin des Einkaufsleiters eines Pharmakonzerns. Für die Produktgruppe „Herzprodukte" gibt es einen neuen Lieferanten „Meyer, Hamburg", für den Sie eine neue Lieferantenakte anlegen müssen.

Bei der alphabetischen Ablage können Sie verschiedene Ablagekriterien benutzen: personenbezogen, firmenbezogen, sachbezogen.

Wenn Sie Ihre Ablage nach Produkten alphabetisch geordnet haben (also sachbezogen), werden Sie unter dem Buchstaben „H" die Herzprodukte finden. Dort legen Sie beim Buchstaben „M" die Akte „Meyer, Hamburg" an.

Der Aktenplan dazu

Produkte von A bis Z:	Lieferanten von A bis Z:	Ordnernummer:
Produktgruppe H – Herzprodukte –	– Meyer, Hamburg	H1

Ist Ihre Ablage nach Lieferanten geordnet, sieht der Aktenplan so aus:

Lieferanten von A bis Z:	Produkte von A bis Z:	Ordnernummer:
– Meyer, Hamburg	Produktgruppe H – Herzprodukte –	M1

Bei der alphabetischen Ordnung ist die alphabetische Reihenfolge der Buchstaben immer genau zu beachten. Richtet man sich nach den ersten beiden Buchstaben, gehört die Akte der Firma Meyer, Hamburg, hinter die Akte der Firma Maier, Köln.

Vorteil der alphabetischen Ablage: Ihre Organisation ist leicht nachzuvollziehen.

Nachteil: Um die gewünschten Unterlagen zu finden, benötigt man eine genaue Kenntnis der Produkt- und Firmenbezeichnungen.

2. Nummerische Ordnung

Sie haben wieder die gleiche Situation. Für die Produktgruppe „Herzprodukte" muss eine Akte für den neuen Lieferanten „Meyer, Hamburg" angelegt werden.

Ihre Ablage ist nach Produktgruppen in nummerischer Ordnung angelegt. Dies bedeutet, dass Sie jeder Produktgruppe eine Zahl zugeordnet haben. In diesem Fall entspricht der Buchstabe A der Zahl 01, der Buchstabe Z der Zahl 26 und der Buchstabe „H" für „Herzprodukte" der Zahl 08.

Produkte von A bis Z:	Lieferanten von A bis Z:	Ordnernummer:
also von 01 bis 26:	Also von 01 bis 26:	
Produktgruppe 08 – Herzprodukte –	Meyer, Hamburg = 13	08, Akte 13

Weitere Sortierkriterien bei der nummerischen Ordnung können Geschäfts-Nummern, Personal-Nummern oder sonstige Daten in Zahlenform (Geburtsdatum) sein.

Vorteil der nummerischen Ablage: Die Ablage kann an jedem Punkte durch die entsprechenden Zahlenkombinationen unendlich erweitert werden, ohne das System zu „sprengen".

Nachteil: Jeder muss die genaue Definition der Zahlenkombination kennen. Hier können Schwierigkeiten hinsichtlich der deutlichen Zuordnung auftreten.

Handschriftlicher Aktenplan

Der Aktenplan bildet einen festen Rahmen für die systematische und logische Ablage des gesamten Schriftguts. In der Regel ist er in einzelne Gruppen unterteilt:
Hauptgruppe, Gruppe, Untergruppe, Sachgruppe.

Der Vorteil des Aktenplanes nach Kontenplan: Auch Ihr Chef, Ihre Vertretung und befugte Mitarbeiter/Innen können sich schnell in diesen Aktenplan einfinden. Es wird sehr gut verdeutlicht, wo welche Unterlagen abgelegt sind.

Der Nachteil: Durch die feste Einteilung von 01 bis 09 und deren „Unterkonten" ist eine gewisse Einengung der Erweiterungsmöglichkeiten gegeben.

Beim Erstellen eines derartigen Aktenplanes beachten Sie folgende Punkte:

- Sammeln und erfassen Sie alle vorhandenen Sachbegriffe, zu denen Ablagegut anfallen kann.
- Bilden Sie nun die Hauptgruppen, und gliedern Sie diese in Gruppen.
- Als Letztes untergliedern Sie die Gruppen in Untergruppen und – wenn nötig – in Sachgruppen. Versuchen Sie, mit diesen vier Gliederungsstufen auszukommen, sonst leidet die Übersichtlichkeit.
- Lassen Sie genügend Platz für neue Untergruppen.
- Streben Sie an, dass Ihr Aktenplan für den gesamten Verwaltungs- oder Unternehmensbereich gültig ist. Damit schaffen Sie eine einheitliche Ablageordnung für das Unternehmen.
- Erstellen Sie eine alphabetische Auflistung der Ordnungsbegriffe analog dem folgenden Muster.

Muster-Aktenplan 1

1.   Firmengründung, Geschäftsführung
▶ Gründungsunterlagen (Gewerbeamt/HRB)
▶ Firmenstruktur, Konzept, Organisationsplan
▶ Amtsgericht, Rechtsanwalt, Notar
▶ Ämter, Behörden
▶ Versicherungen
▶ Miet-/Pachtverträge, Hausverwaltung
▶ Leasingverträge (PKW, Maschinenpark)
▶ Verträge (allgemein)
▶ Berufsgenossenschaft
▶ Sitzungsprotokolle
▶ Betriebsrat

2.   Finanzen und Buchhaltung
▶ Kapital, Geldbeschaffung, Kredite
▶ Geldanlagen
▶ Finanzamt/Steuer
▶ Jahresabschluss/Bilanz
▶ Budget
▶ Rechnungs-/Zahlungsverkehr
▶ Löhne/Gehälter
▶ Steuerberater

3.   Personal- und Sozialwesen
▶ Personalakten
▶ Bewerbungsunterlagen
▶ Stellen-/Arbeitsplatzbeschreibungen
▶ Tarifverträge
▶ Zeiterfassung, Urlaub, Krankheit
▶ Kranken-/Sozialversicherung
▶ Innerbetriebliches Sozialwesen
▶ Weiterbildung
▶ Betriebsveranstaltungen

4.   Materialbeschaffung/Einkauf
▶ Lieferanten
▶ Angebote (verlangte, unverlangte)
▶ Preislisten, Kataloge, Prospekte
▶ Bedarfsermittlung, Bestellwesen

5.   Produktion, Vertrieb, Dienstleistung
▶ Patente, Rezepturen, Pläne
▶ Maschinen, Werkzeuge, Fuhrpark
▶ Arbeitsberichte, Statistiken (intern)
▶ Lagerhaltung, Inventur

6. Verkauf, Kunden, Projekte
- ▶ Kunden, Projekte
- ▶ Angebote, Ausschreibungen
- ▶ Präsentationen
- ▶ Werbung, Presse, Öffentlichkeitsarbeit

7. Allgemeine Verwaltung
- ▶ Allgemeiner Schriftverkehr
- ▶ Internes Berichtswesen
- ▶ Dienstanweisungen/Rundschreiben
- ▶ Organisationshilfen
- ▶ Kopiervorlagen

8. Infothek, Nachschlagwerke

(gegebenenfalls 9. Vertrauliches/10. Nach Bedarf)

Diese Hauptgruppen können beliebig erweitert bzw. ergänzt oder auch nach Sachgebieten abgetrennt werden. Sie sollten sich optisch gut erkennbar voneinander unterscheiden, damit Vorgänge, die zusammengehören, auch zusammen bzw. nebeneinander stehen, liegen oder hängen (farbige Ordner, Rückenschilder oder Symbole, Hängemappen mit farbigen Reitern).

Muster-Informationsstrukturplan

Spalte 1

0 .....Geschäftsführung
0-0 ....Gründung, Entwicklung und
         Führung des Unternehmens
0-00....Allgemeine Unterlagen
0-01....Gesellschaftsverträge
0-02....Umwandlungen
0-03....Handelsregister
0-04....Gewerbegenehmigungen

0-1....Besitzverhältnisse am
        Unternehmen
0-10....Inhaber, Gesellschafter
0-11....Stille Teilhaber
0-12....Schriftwechsel mit Gesellschaftern
        und Teilhabern

0-2....Führung
0-20....Aufsichtsrat
0-20-0..Mitglieder und Geschäftsordnung
0-20-1..Tagungen u. Protokolle
0-21....Geschäftsführer, Vorstand,
        Geschäftsleitung
0-21-0..Tagungen und Protokolle
0-22....Generalversammlung,
        Gesellschafterversammlung
0-22-0..Tagungen und Protokolle
0-23....Vollmachten
0-23-0..Prokuristen
0-23-1..Handlungsbevollmächtigte
0-23-2..div. Zeichnungsbefugnisse
0-23-3..Bankvollmachten
0-24....Personalakten der Führung

0-3....Zweigbetriebe,
        Tochtergesellschaften
0-30....Werk A (Einzelakte je Werk)

0-4....Beteiligung an fremden
        Unternehmen
0-40....Einzelakte je Beteiligung

0-5....Geschäftsberichte

0-6....Mitgliedschaften
0-60....Öffentlich-rechtl. Institutionen (IHK)
0-61....Verbände (Arbeitgeberverband)
0-62....Vereine (Einzelakte je Mitgliedschaft)

0-7....Firmengeschichte
0-70....Chronik
0-71....Archiv
0-72....Jubiläen

1.....Anlagen
1-0....Grundbesitz
1-00....Grundstücksverzeichnis
1-01....Einzelakte je Grundstück, evtl.
        Unterteilung:
1-02....Erwerb, Kaufverträge
1-03....Grundbuch, Lageplan
1-04....Einheitswert
1-05....Belastung
1-06....Grundsteuer

Spalte 2

1-1....Gebäude
1-10....Verzeichnis Wohngebäude (Einzelakte
        vom Gebäude), evtl. Unterteilung:
1-11....Erwerb bzw. Bau, Pläne
        (evtl. weitere Unterteilung)
1-12....Einheitswert
1-13....Belastung
1-14....Installation
        (Nutzung siehe unter 7-Verwaltung)

1-2....Betriebsgebäude
1-20....Verzeichnis Betriebsgebäude (Einzel-
        akte je Gebäude), evtl. Unterteilung:
1-21....Erwerb, Bau, Pläne
1-22....Einheitswert
1-23....Belastung
1-24....Installation

1-3....Gesamt-Installation
1-30....Strom
1-31....Gas
1-32....Wasser
1-33....Telefon, Telefax, Suchanlage
1-34....Rohrpost
1-35....Aufzüge
1-36....Heizung

1-4....Großanlagen
1-40....Kraftzentrale
1-41....Förderanlage ┐ Einzelakte je Anlage
1-42....Gleisanlage ┘

2.....Finanzen und Buchhaltung
2-0....Bilanzen und Abschluss-
        Unterlagen
2-00....Monatsabschlüsse
2-01....Jahresbilanzen, G + V.
2-01-0..Steuerbilanz
2-01-1..Handelsbilanz
2-02....Saldenlisten
2-03....Inventur
2-04....Inventar
2-05....Abschreibungen

2-1....Finanzierung
2-10....Finanzierungsplan
2-10-0..kurzfristig
2-10-1..langfristig
2-11....Investitionsplan
2-12....Bürgschaften
2-13....Leasing

2-2....Banken, Postgiro, Kasse
2-20....Einzelakte je Bank, eventuell
        Unterteilung:
2-20-1..Konto-Auszüge
2-20-2..Kredit, Sicherheit
2-20-3..Wertpapiere
2-20-4..Schließfach
2-20-5..Daueraufträge, Einzugsaufträge
2-21....Postgiro
2-22....Kasse

Spalte 3

2-3....Steuern
2-30....Allgemeines, Gesetze
2-31....Besitz-Steuern
2-31-0..Grundsteuer
2-31-1..Vermögensteuer
2-32....Betriebsteuern
2-32-0..Gewerbesteuer, Lohnsummensteuer
2-32-1..Kraftfahrzeugsteuer
2-32-2..Umsatzsteuer
2-32-3..Ausfuhr-Vergütung
2-33....Verbrauchssteuern
2-34....Ertragsteuern
2-34-0..Einkommensteuer
2-34-1..Körperschaftsteuer
2-34-2..Lohnsteuer

2-4....Buchhaltung
2-40....Grundsätzliches, Buchungssystem
2-41....Kontenplan, Buchungsschlüssel
2-42....Kunden-Rechnungen
2-43....Lieferanten-Rechnungen
2-44....Belege
2-44-0..Buchungsbelege
2-44-1..Bankbelege ┐ je Belegart numerisch,
2-44-2..Kassenbelege │ alphabetisch oder
2-44-3..Spendenbelege ┘ chronologisch geordnet
2-44-4..Reisekostenbelege
2-45....Mahn- und Klagewesen
2-46....Steuerberater
2-47....Buchprüfungen
2-48....Lizenzabrechnungen

2-5....Betriebswirtschaft
2-50....Kostenartenrechnung
2-50-0..Plan
2-50-1..Ist
2-51....Kostenstellenrechnung
2-52....Kostenträgerrechnung (Kalk.)
2-52-0..Vorkalkulation
2-52-1..Nachkalkulation

2-6....Stiftungen

2-9....Statistik, Finanzwesen

3.....Personal- und Sozialwesen
3-0....Arbeitsrecht, Tarife
3-00....Allgem. gesetzl. Bestimmungen
3-01....Tarifverhandlungen und Verträge
3-01-0..Angestellte
3-01-1..Arbeiter
3-02....Betriebsordnung
3-03....Arbeitszeit, Überstunden, Feiertage
3-04....Urlaub, Kurzarbeit
3-05....Rechtsangelegenheiten Personal
3-06....Reiserichtlinien
3-07....Gewerbeaufsicht
3-07-0..Mutterschutz
3-07-1..Jugendschutz

3-1....Gesetzliche, soziale
        Aufwendungen
3-10....Krankenversicherung
3-10-0..AOK
3-10-1..Ersatzkassen

32

(Quelle: Leitz)

Ein wichtiger Hinweis:
Diesen Aktenplan sollten Sie nicht nur in Papierform führen, sondern auch identisch im PC ablegen. Machen Sie sich Gedanken, ob Sie diesen Aktenplan eventuell auch auf Ihr E-Mail-System ausdehnen, denn so brauchen Sie sich nur ein Ablagesystem zu merken.

Bitte vergessen Sie auch nicht: Die beste Ablage haben Sie nur dann, wenn Sie auch regelmäßig Ihre Ordner durchforsten. Regelmäßig heißt: zweimal im Jahr ist ideal, einmal im Jahr muss sein.

An dieser Stelle möchte ich Sie auf eine Kreativitätstechnik hinweisen, die Ihnen bei der Erarbeitung der Ablage Hilfestellung bietet: Ich kann mich noch gut erinnern, als ich für mein Büro einen Aktenplan erstellt habe. Zuerst habe ich dies in der herkömmlichen Form gemacht, alles untereinander geschrieben, und dann ging es ans Ordner beschriften. Nach ein paar Monaten stellte ich fest, dass ich einige Ordner gar nicht nutze, mir andere wiederum fehlten. Ob ich nun wollte oder nicht, mein Ablagesystem musste überarbeitet werden. Mir fiel dann dabei die so genannte Mind-Map-Methode ein. Ich empfand sie als enorme Arbeitserleichterung und arbeite noch heute, zehn Jahre später, mit dieser Ablage.

Mind-Mapping
Eine Kreativitäts-Technik, die 1970 vom Engländer Toni Buzan „erfunden" wurde und die sich in ihrer Begründung auf die unterschiedlichen Fähigkeiten unserer linken und rechten Gehirnhälfte stützt. Sie verspricht mehr Wirksamkeit beim Gewinnen neuer Ideen, beim Einprägen und beim Überblick.

Und hier die Vorgehensweise: Schreiben Sie die Wörter auf Linien und verbinden Sie jede Linie mit den anderen Linien. Beachten Sie bitte, dass Sie dabei Druckbuchstaben verwenden. Wählen Sie jeweils ein Wort für eine Linie, denn dies gibt Ihren Aufzeichnungen mehr Freiheit und Flexibilität. Durch grafische Mittel können Sie das Ganze zusätzlich veranschaulichen und leichter verständlich machen. Sie können Symbole oder Randzahlen für sich hinzufügen.

Für die Ablage könnte danach zum Beispiel Ihr Mind-Map wie in der Abbildung aussehen:

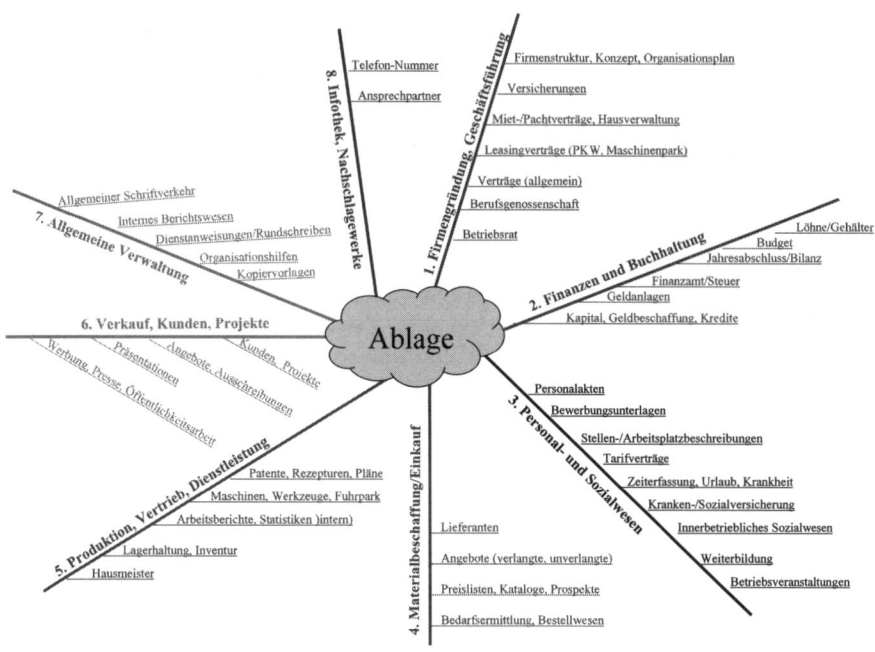

Beispiel für ein Mind-Map

Mind-Mapping eignet sich auch für viele andere Situationen. Zum Beispiel, wenn Sie eine Tagung planen, Events organisieren müssen, einen komplizierten Brief schreiben, zur Problemlösung, oder wenn etwas verändert werden soll.

1.5.7 Wiedervorlage

Eine gut organisierte Wiedervorlage kann auf vielerlei Weise Zeit sparen. Benötigen Sie Unterlagen, brauchen Sie nicht lange herumzusuchen, da Sie immer wissen, wo sie zu finden sind. Gleichzeitig brauchen Sie jedoch keine Aufmerksamkeit darauf zu verwenden, ehe eine Maßnahme fällig wird. Ein sehr gutes System kommt mit lediglich sechs Fächern aus. Sie tragen die Bezeichnungen „Heute", „Diese Woche", „Nächste Woche", „Mittelfristig" (ein bis drei Monate), „Langfristig" (drei bis zwölf Monate) und „Schwebe" ein. Ein beliebtes System ist die so genannte „31-Tage-Wiedervorlage".
Alle Unterlagen werden in eine Mappe abgelegt, deren Fächer mit den Zahlen 1 bis 31 beschriftet sind.

Ablage-Fristen für die Wiedervorlage

Die Entscheidung darüber, wie lange Unterlagen in der Ablage bleiben, fällt ebenfalls in Ihren Zuständigkeitsbereich. Sie können folgende Kodierung verwenden oder Ihr eigenes System entwickeln.

Beispiel:

1/V	=	Nach einem Monat vernichten
1/12	=	Bis zum Ablauf dieses Kalenderjahres abzulegen
2/12	=	Bis zum Ablauf dieses und des kommenden Jahres abzulegen
7/12	=	Bis zum Ablauf dieses und der nächsten sieben Jahre abzulegen
EP	=	Bis zum Abschluss des Projektes abzulegen
A	=	Archiv

1.6 Organisation von Veranstaltungen

„Organisation besteht darin, weder den Dingen ihren Lauf noch den Menschen ihren Willen zu lassen."

(Helmut Nahr, deutscher Unternehmer, Aphoristiker)

Als Sekretärin oder Assistentin sind Sie die zentrale Anlaufstelle im Unternehmen, wenn es darum geht, Veranstaltungen jeglicher Art zu organisieren. Dabei ist es nicht nur Ihre Aufgabe, für einen reibungslosen Ablauf zu sorgen, Sie sind bei der Planung, Organisation und Durchführung das Bindeglied für die unterschiedlichsten Interessengruppen. Sie sind sich auch bewusst, dass Sie mit einer Veranstaltung Ihr Unternehmen, Ihre Abteilung und damit Ihren Chef nach außen vertreten, hier gilt es mit äußerster Sorgfalt zu arbeiten. Unterlaufen Ihnen Fehler oder Pannen, und seien sie noch so geringfügig, wird schnell daraus auf die Arbeitsweise Ihres Chefs geschlossen.

Sie finden auf den nächsten Seiten Hinweise und Checklisten, die Ihnen helfen, jedes Event und jede Besprechung souverän zu meistern.

1.6.1 Besprechungen

Besprechungen, Konferenzen und Sitzungen gehören als Hauptbestandteil zu den Aufgaben eines Managers. Die meiste Zeit verbringen Führungskräfte in Besprechungen, sind aber zum größten Teil mit dem Ergebnis unzufrieden. Ich habe einmal anlässlich eines Moderatorentrainings den interessanten Spruch gehört: „Das, was häufig bei Besprechungen nur herauskommt, sind die Teilnehmer, die vorher hineingegangen sind." Ketzerisch, aber häufig wahr. Stimmen Sie dem zu? Und weshalb unternehmen Sie dann nichts dagegen? Lassen Sie uns gemeinsam an der Verbesserung der Situation arbeiten.

Übrigens, der italienische Wirtschaftswissenschaftler Wilfredo Pareto stellte fest, dass 20 % der Besprechungszeit 80 % der Beschlüsse bewirken. Also, höchste Zeit, daran etwas zu tun!

Beginnen wir mit den Zeitfressern, denn Ihr Chef wird Ihnen dankbar sein, wenn Sie ihm Zeitfresser vor Augen führen. Hier Tipps, die zu effektiveren Besprechungen führen.

Bestandsaufnahme
Führen Sie zwei Wochen Buch über alle Besprechungen Ihres Chefs. Notieren Sie die Teilnehmer, errechnen Sie den durchschnittlichen Stundensatz. Stellen Sie diesen Wert konkreten Ergebnissen gegenüber (konkret heißt: Entscheidungen/Maßnahmen, deren Erledigung kontrolliert werden kann). Haben Sie den Eindruck, dass die Ergebnisse gemessen am Zeitaufwand mager sind, betreiben Sie Ursachenforschung.

Typische Ursachen für Zeitvergeudung:
► Besprechungen sind schlecht oder gar nicht vorbereitet.
► Noch während des Termins müssen entscheidende Unterlagen geholt werden.
► Es sitzen zu viele oder die falschen Teilnehmer in der Runde.
► Unwichtiges wird – zu Beginn oder zwischendurch – besprochen.
► Hinter endlosen Detaildiskussionen verstecken sich persönliche Spannungen.
► Der Moderator ist entweder zu dominant, was zu wenigen kreativen Beiträgen führt, oder zu lasch. Dann ufert die Veranstaltung aus.
► Die Teilnehmer werden nicht auf Ergebnisse und Umsetzungen verpflichtet.

Haben Sie die Ursachen herausgefunden, dann stellen Sie Ihrem Chef Vorschläge für gestraffte Abläufe vor:

► Keine Besprechung ohne Vorbereitung: Tagesordnung, Themen, Ziele (und wenn nötig Vorabinformationen für die Teilnehmer).
► Teilnehmer sorgfältig auswählen: Wer muss warum mit an den Tisch?
► Zeit begrenzen und einhalten. Neuen Termin für Nichterledigtes ausmachen.
► Flipchart/Pinnwand einsetzen und darauf Themen, Vorschläge, Ergebnisse, Maßnahmenplan (wer macht was?) festhalten. Möglich: abfotografieren und den Teilnehmern vorlegen.
► Trick: Nach der Beendigung zum Chef gehen und an den „dringenden Termin in fünf Minuten" erinnern, sonst wird er von Teilnehmern aufgehalten, die ihm unbedingt „noch ganz schnell etwas mitteilen" wollen.
► In der Einladung Beginn und Ende der Besprechung vermerken.
► Sind auch Beiträge von anderen Teilnehmern zu erwarten, diese nach deren Zeitdauer fragen. Die wird dann in der Einladung vermerkt, so können Sie die Teilnehmer dazu „erziehen", auf Zeiten zu achten. Bei denjenigen, die permanent überziehen, eignet sich folgende Methode: mit gelber und roter Karte aufzeigen.
Pech, wenn Ihr eigener Chef der „Überzieher" ist.

Sie sehen, Sie haben eine ganze Reihe von Möglichkeiten, wie Sie Ihren Chef entlasten können. Aber mit der Besprechung selbst ist es ja noch nicht getan, nun gilt es, das „lästige" Protokoll zu schreiben. Was halten Sie von dieser Art Protokoll?

Tagesordnung/Protokoll nach dem Rickover-System
Die wohl organisierteste Form der straffen Besprechungsführung geht auf den amerikanischen Admiral Hyman Rickover zurück. Seine Formulare dienten gleichzeitig als Tagesordnung und als Protokoll. Ein Muster finden Sie auf der folgenden Seite.

Zeit	Thema	Entscheidung	Zuständigkeit	Frist
10.00 h	A	JA	A.S.	10.01.
13.10 h	B	NEIN	- - -	- - -
13.45 h	C	VERTAGT	- - -	- - -
14.00 h	D	JA	- - -	- - -
14.30 h	E	JA	T.D.	20.01.
15.00 h	ENDE			

Sicher eine Alternative für die häufig nie enden wollenden Protokolle, die sich kaum jemand genau anschaut. Ich weiß, Sie werden jetzt sagen, dass es nicht immer ohne das herkömmliche Protokoll geht, darum an dieser Stelle Hinweise, was Sie dabei beachten müssen.

Protokolle können lästig sein, …
- ▶ wenn sie sehr lang sind,
- ▶ wenn sie als Kontrollinstrument eingesetzt werden,
- ▶ wenn daraus gegen Sie zitiert wird,
- ▶ wenn die Ergebnisse sich nicht halten lassen,
- ▶ wenn die Erledigung der Beschlüsse schwierig wird,
- ▶ und natürlich, wenn Sie es schreiben müssen.

Protokolle haben aber unbestritten Vorzüge:
- ▶ der Ablauf einer Sitzung kann verfolgt werden,
- ▶ gute Vorschläge werden nicht vergessen,
- ▶ Beschlüssen wird Nachdruck verliehen,
- ▶ die Einhaltung erteilter Aufgaben ist nachvollziehbar,
- ▶ Widersprüche können aufgeklärt werden,
- ▶ falsche Formulierungen können korrigiert werden,
- ▶ Sitzungsteilnehmer können diszipliniert werden.

Alles dies leistet ein Protokoll aber nur dann, wenn es ordnungsgemäß und dem Verlauf der Sitzung entsprechend abgefasst wurde. Dazu dient Ihnen eine gut strukturierte Tagesordnung, die man auch als „Mutter des Protokolls" bezeichnen könnte.

Protokoll ist nicht gleich Protokoll
Es gibt unterschiedliche Protokolle. Welche Form des Protokolls Sie wählen, hängt von der Versammlung und von der Geschäftsordnung ab, die bisweilen sehr konkret die Art der Protokollführung vorschreibt. Die üblichste Form dürfte das **Beschlussprotokoll** sein.

Es ist das in seiner Form einfachste und in seiner Aussage deutlichste Protokoll, in dem zu den einzelnen Tagesordnungspunkten nur jeweils der Beschlusstext vermerkt wird.

Das **Ergebnisprotokoll** ist ebenfalls ein Beschlussprotokoll, das aber zusätzlich den wichtigsten Hergang der Sitzung wiedergibt. Hier werden auch die Sprecher mit den wesentlichen Wortbeiträgen namentlich genannt.

Das **Wortprotokoll** ist das umfangreichste, in dem alle Beiträge mit Namensnennung wörtlich wiedergegeben werden. Dieses Protokoll wird gewöhnlich mit stenografiert (oder direkt in ein Laptop geschrieben), wie im Berliner Parlament durch die Bundestagsstenografen, oder von einer Tonaufzeichnung abgeschrieben. Dabei ist besonders sorgfältig vorzugehen, denn die schriftliche Wiedergabe ist in ihrer Wirkung und in ihrem Verständnis nicht genauso wie das gesprochene Wort.

Tipp 1: Gehen Sie bei den Protokollen immer von der gleichen Form aus. Das äußere Bild eines Protokolls sollte einen vertrauten Eindruck erwecken. Bei Wortprotokollen dient es der Übersicht und Klarheit, wenn die Namen der Redner unterstrichen werden. Sie können auch mit dem Namen des zitierten Sprechers eine neue Zeile beginnen. Auch das trägt zur besseren Lesbarkeit bei.

Checkliste: Das gehört in ein Protokoll

▶ Die Überschrift: Protokoll der Sitzung ...
▶ Name und Adresse des Veranstalters
▶ Tag, Ort und Datum der Sitzung
▶ Tag, Ort und Datum der Abfassung des Protokolls
▶ Sitzungsdauer, von ... bis ...
▶ Teilnehmer, Verteiler des Protokolls
▶ Themen (können aus der Tagesordnung übernommen werden)
▶ Name der Person, durch die die Sitzung eröffnet wurde, Mitunterzeichner des Protokolls, neben Protokollführerin und Vorsitzendem
▶ Feststellung der Beschlussfähigkeit, falls gefordert
▶ Einwände zur Tagesordnung
▶ Tagesordnungspunkte mit Verlauf, Wortmeldung, Beschlusstext
▶ Anträge
▶ Abstimmungsergebnisse
▶ Ende der Sitzung

Beschlussprotokolle haben einen sehr konstruktiven Charakter: Was dort niedergeschrieben wird, ist oft eine Art Handlungsanweisung. Sie sollten insbesondere auf eindeutige und unmissverständliche Formulierungen achten. Das gilt besonders, wenn es sich um Punkte handelt, die eine direkte Auswirkung auf Angelegenheiten mit finanziellen Folgen haben.

Häufig sind die Protokolle von Vorstandssitzungen ein sehr politisches Papier. Es gilt nicht nur, den Verlauf einer Veranstaltung festzuhalten, sondern die aus der Diskussion nicht immer eindeutigen Meinungen und unklaren Beschlussvorschläge „auf den Punkt" zu bringen.

Tipp 2: Ende offen? Das Ende einer Sitzung wird in vielen Protokollen vermerkt. Grundsätzlich gibt es hierfür keine feste Vorschrift. Wenn Sie ein Sitzungsende festhalten, sollten Sie aber daran denken, dass manches Protokoll nicht nur von den Teilnehmern gelesen wird. Das protokollierte Ende einer Sitzung kann Folgen haben, an die zuvor mancher nicht dachte. Immerhin lässt sich – von der Ehefrau bis zum Chef – für jeden Mitleser exakt ableiten, wann ihre Aufgabe als Sitzungsteilnehmer konkret beendet war.

Formulierungen absichern
Vielfach ist nicht allen Versammelten der genaue Wortlaut bekannt, und es kann später zu Einwänden kommen. Empfehlenswert ist es, bei der Versendung des Protokolls oder auch schon bei der Endabstimmung mit dem Vorsitzenden in einem kleinen Anschreiben darauf hinzuweisen, dass der Beschluss in der Versammlung vorgelesen und zur Kenntnis genommen wurde. Das kann etwa mit dem Satz geschehen: „Die im Protokoll vermerkten Beschlüsse zu den Tagesordnungspunkten 4 und 5 wurden nach der Formulierung durch den Vorsitzenden in der Versammlung noch einmal als Text der Niederschrift verlesen und ohne Einwände zur Kenntnis genommen."

Übrigens: Die in einer Tagesordnung aufgeführten Organisationshinweise bleiben für das Protokoll unberücksichtigt.

Zuständig für das Protokoll ist der feststehende oder von einer Versammlung zu ernennende **Protokollführer**. Dessen Funktion wird oft unterschätzt. Durch die Wahl bestimmter Formulierungen oder das – bewusste oder unbewusste – Auslassen von Beiträgen können Protokolle – unabhängig vom Sitzungsverlauf – stark beeinflusst werden. Um besonders bei Beschlüssen Unstimmigkeiten zu vermeiden, werden diese oft vom Vorsitzenden in der Sitzung diktiert, oder es wird der Beschlusstext der Vorlage übernommen. Hier sollte der komplette Wortlaut festgehalten werden, denn das Protokoll hat längere Wirksamkeit als die Tagesordnung.

Während der Sitzung sollte der Protokollführer nur mit der Niederschrift beschäftigt sein. Alle störenden Nebentätigkeiten sind von ihm fernzuhalten. Als Protokollführerin dürfen und sollten Sie wegen einer Ihnen entgangenen Formulierung nachfragen.

Wenn Teilnehmer vorzeitig die Sitzung verlassen, sollte der Protokollführer sich einen Vermerk darüber machen, ob dieses im Protokoll vermerkt werden muss. Zeit und Tagesordnungspunkt können vielleicht von entscheidender Bedeutung sein.

Anträge sind möglichst im Wortlaut zu übernehmen. Der Protokollführer hat das zu vermerken, was in der Sitzung gesprochen, festgestellt oder beschlossen wird. Er hat weder seine eigenen, noch fremde sprachliche Formulierungen in das Protokoll hineinzubringen. Auch wenn er selbst in dem einen oder anderen Punkt engagiert ist; das hängt u. a. auch von der Frage der Beschlussfähigkeit ab.

Die gestellten Anträge in der Sitzung sollten möglichst im Wortlaut vermerkt werden. Zitate müssen immer mit Nennung des Namens und der Quelle erfolgen. Wenn Sie ein Wortprotokoll erstellen müssen, ist es zweckmäßig, die Sitzung auf einem Tonband mitzuschneiden. Dies muss der Vorsitzende aber vorher der Versammlung mitteilen, oder es muss in der Tagesordnung darauf hingewiesen werden. Trotzdem müssen Sie sich als Protokollführer Notizen über den Verlauf der Sitzung machen.

Ein Protokoll soll aktuell sein. Wenn Sie das Protokoll abfassen, müssen Sie sich streng an den Verlauf der Sitzung halten. Schreiben Sie das Protokoll möglichst unmittelbar nach einer Sitzung. Der noch haftende Eindruck hilft neben Ihren Sitzungsnotizen bei der Abfassung einer korrekten Niederschrift. Nehmen Sie sich auch die Tagesordnung zur Hand, und vermerken Sie möglichst den genauen Wortlaut der Tagesordnungspunkte. Wählen Sie eine übersichtliche Form. Sparen Sie nicht mit Absätzen.

Ein Protokoll muss ehrlich sein. Im Protokoll darf nur das stehen, was in der Sitzung vorgegangen ist. Das klingt banal, ist in der Protokollpraxis aber oft ein sehr zwiespältiger Punkt. Lassen Sie sich nicht zu so genannten „Glättungen" oder „Verdeutlichungen" verleiten, weder als Vorsitzender noch als Protokollführerin, auch nicht als Mitunterzeichner.

Den Inhalt eines Protokolls müssen Sie, als Protokollführerin auf jeden Fall, mit dem Vorsitzenden oder Tagungsleiter abstimmen. Auch bei Unstimmigkeiten mit dem Mitunterzeichner muss eine Klärung herbeigeführt werden, im Zweifel wieder mit dem Vorsitzenden. Nach der endgültigen Abstimmung wird das Protokoll in der Regel der nächsten Versammlung zur Genehmigung vorgelegt.

Vorbereitung

Besonders bei Besprechungen größeren Umfangs ist es empfehlenswert, mit einer Checkliste zu arbeiten, die alle Punkte enthält, die unter Umständen bei der Planung und Vorbereitung berücksichtigt werden müssen. Diese Checkliste können Sie irgendwann einmal in Ruhe erstellen und nach und nach ergänzen. Sie spart Ihnen für künftige Sitzungen erneute Denkarbeit und stellt sicher, dass Sie auch unter Zeitdruck nichts Entscheidendes vergessen.

Checkliste: So werden Ihre Besprechungen effektiver

	Ja	Nein
Ist die Besprechung überhaupt notwendig?		
Ist das Ziel der Besprechung allen Teilnehmern klar?		
Ist die Einladung vollständig und rechtzeitig verschickt?		
Ist die Tagesordnung rechtzeitig verschickt?		
Haben alle Entscheider ihr Kommen zugesagt?		
Sind Pausen eingeplant?		
Ist der Besprechungsraum groß genug?		
Ist der Besprechungsraum reserviert?		
Steht der Besprechungsleiter fest?		
Ist der Protokollführer ernannt und ausreichend in das Thema eingearbeitet?		
Ist die erforderliche Technik bereitgestellt?		
– Beamer, Laptop		
– Overhead		
– Flipchart		
– Pinwände		
– Moderatorenkoffer		
Sind Namensschilder erforderlich und wenn ja, sind diese vorbereitet?		
Ist für Bewirtung gesorgt?		
Liegt/steht eine Uhr bereit?		
Ist das Telefon umgestellt?		
Haben Sie ein Simultanprotokoll vorbereitet?		

Checkliste: Vorbereiten, Durchführen und Nachbereiten von Besprechungen

Vorbereitung	To do
Ziele und Inhalt	▶ Ziele des Meetings festlegen ▶ Themen, Beiträge und Inhalte festlegen ▶ Reihenfolge der Themen (Tagesordnung) festlegen ▶ Zeitplan erstellen (Dauer der einzelnen Beiträge und der Konferenz) festlegen ▶ Pausen festlegen
Einladung der Teilnehmer	▶ Ziel und Zweck der Besprechung ▶ Inhalt und Tagesordnung ▶ Ort und Zeit ▶ evtl. Zimmerreservierung

Eröffnung	▶ Information über:
	  – Ziel und Zweck der Besprechung
	  – organisatorische Hinweise
	▶ Regelung der Protokollführung

Abschluss	▶ Zusammenfassung ▶ Ergebnisse, Entscheidungen, Anweisungen festhalten ▶ weiteres Vorgehen festlegen ▶ Ausgabe von Unterlagen
Nachbereitung	▶ Protokoll sofort nach der Besprechung erstellen und an die Teilnehmer versenden (E-Mail nutzen!) ▶ Umsetzung und Kontrolle der Umsetzung

Vor der Besprechung

Häufig beginnen hier schon die Schwierigkeiten, alle Teilnehmer „unter einen Hut zu bringen". Nicht selten setzt dies zeitaufwändige Telefonate voraus. Hier ein Hinweis, wie es vielleicht schneller geht; arbeiten Sie mit einer Termin-Umlauf-Matrix:

Terminabstimmung für Besprechungen			
Thema der Besprechung:			
Teilnehmer	Terminvorschläge		
	1. J/M/T	2. J/M/T	3. J/M/T
Rückgabe bis zum ...			
Rückgabe an Sekretariat Frau Müller			

▶ Sammeln Sie die Besprechungspunkte und legen den Zeitrahmen nach Abfrage des Bedarfs fest.

▶ Informieren Sie alle Teilnehmer über die anfallenden Besprechungspunkte (evtl. Tagesordnung).

▶ Bereiten Sie die Unterlagen vor.

▶ Sorgen Sie für die erforderlichen technischen Hilfsmittel (z. B. Beamer, Laptop, Flipchart, Overhead-Projektor inkl. Ersatzbirne! usw.).

▶ Informieren Sie betroffene Stellen im Haus (z. B. Empfang, Werkschutz, Kantine).

▶ Kümmern Sie sich um Namensschilder, Unterlagen, Schreibzeug und die Sitzordnung.

▶ Klären Sie die Getränke- oder auch Essensfragen, damit Sie so wenig wie möglich stören müssen.

Während der Besprechung

▶ Schirmen Sie die Teilnehmer vor Störungen ab und

▶ notieren gegebenenfalls Anrufe, Informationen usw.

Nach der Besprechung

▶ Erkundigen Sie sich nach den Besprechungsergebnissen, um stets auf dem neuesten Informationsstand zu sein.

Checkliste: Konferenzplanung

	Termin Bemerkungen	WV	Erledigt	
Programm				
Themen				
Inhalt				
Reihenfolge				
Zeiten/Pausen				
Ort/Stadt				
Haus				
Räume				
Hotels				
Betten				
Preis				
Anreise				
Parkplätze				
Teilnehmer				
Zahl				
Referenten				
Gäste				
Presse				

Hotelreservierungen			
Einladung und Presse			
Inhalt			
Form			
Anzahl			
Herstellung			
Versand			
Teilnahmebestätigung			
Veranstaltungsraum			
Anzahl der Plätze			
Sitzordnung/Podium			
Belüftung			
Beleuchtung			
Verdunkelung			
Projektionsfläche			
Technik und Hilfsmittel			
Mikrofon/Verstärker/Lautsprecher			
Filmprojektor/Diaprojektor			
Laptop, Beamer/OHP			
Videorecorder			
Tonbandgerät			
Anschlüsse/Kabel/Stecker			
Tafel/Flip-Chart/Stecktafel			
Zeigestock/Laserpointer			

Büromaterial				
Locher/Hefter				
Tesafilm				
Schreibmaschine/PC				
Rechenmaschine				
Kopiergerät				
Schere				
Bindfaden				
Klebstoff				
Papier/Umschläge				
Heftzwecken/Nadeln				
Sonstiges				
Kopfschmerztabletten/Pflaster				
Arbeitsplatz				
Schreibpapier				
Bleistift/Kuli				
Programm/Konferenzmappe				
Ordner/Hefter				
Namensschilder				
Aschenbecher				
Erfrischungsgetränke				
Raumdekoration				

Mitarbeiter und Hilfskräfte				
Empfang				
Auskunft				
Protokoll				
Vorführer, Techniker				
Kleidung				
Bewirtung				
Während der Veranstaltung				
In der Vormittagspause				
In der Mittagspause				
In der Nachmittagspause				
Abends				
Nebenprogramm				
Buchausstellung				
Theater/Konzert/Sport				
Besichtigungen				
Gesellschaftsprogramm				
Programm für Begleitung				

1.6.2 Geschäftsreisen

Wenn einer eine Reise tut – dann gibt es viel für Sie zu tun! Wenn Ihr Chef sich zu Kunden oder Partnern auf den Weg macht, bleibt die meiste Arbeit an Ihnen hängen.
Damit Sie sich auch hier die Arbeit erleichtern können, finden Sie im Anhang Adressen und Anregungen, die Ihnen die Vorbereitung von A bis Z erleichtern.

Folgende Checklisten helfen Ihnen sicherzustellen, dass die Reise reibungslos verläuft.

Checkliste I: Reisevorbereitung

Der Flug
▶ Den Flug buchen, Buchungsbestätigung anfordern.
▶ Datum, Uhrzeit, Flugnummer, Terminal und voraussichtliche Dauer der Reise sowie des Fluges in Erfahrung bringen; denken Sie auch an die Sitzplatzreservierung.
▶ Machen Sie sich Notizen über Flüge vor und nach den errechneten Zeiten, falls die Termine anders verlaufen als geplant und eine Umbuchung plötzlich nötig wird.
▶ Bei sehr frühen Flügen das Taxi bereits am Vortag bestellen.
▶ Wie viel Zeit kostet es, vom Zielflughafen zum Veranstaltungsort zu gelangen?
▶ Ist es nötig, die Weiterreise vom Zielflughafen zum Zielort zu planen (Buchung eines Mietwagens, Bahnticket, Verbindungen etc.)?
▶ Pufferzeiten in die Reiseplanung des Ankunftstages einkalkulieren (falls sich der Flug verzögert).
▶ Wenn eine Ankunft bereits am Vortag nötig ist, um die Termine einhalten zu können, buchen Sie ein Hotel. Denken Sie dabei daran, dass in den meisten Hotels die Anreise nur bis 18.00 Uhr möglich ist, eine spätere Ankunft muss ausdrücklich vereinbart werden.
▶ Verabreden Sie, auf welchem Wege Ihr Chef sein Ticket erhält. Wird es erst am Flughafen ausgehändigt, ist es sinnvoll, darüber eine Notiz zu schreiben und sie den Reiseunterlagen beizulegen.
▶ Adressanhänger besorgen und beschriften.

Wichtige Dokumente
▶ Sind Reisepass und Personalausweis noch gültig?
▶ Wird ein Visum benötigt? Wie sind die Einreisebestimmungen des Landes?
▶ Wenn ein Mietwagen gebucht wird, ist ein internationaler Führerschein vonnöten.
▶ Impfpass
▶ Auslandskrankenschein
▶ Nummern aller Schecks und Dokumente notieren.
▶ Kopien der wichtigen Dokumente anfertigen. Diese getrennt von den Originalen aufbewahren, dann sind Sie im Falle eines Verlustes vorbereitet.

Rund ums Geld
▶ Devisen beschaffen
▶ Kreditkarten und Reiseschecks
▶ Kreditkartenummern für das Ausland besorgen

Im Büro
▶ E-Mails im Büro umleiten
▶ Rufumleitung einrichten
▶ Anrufbeantworter besprechen
▶ Abwesenheitsinfo
▶ Reiseplan im Büro hinterlassen
▶ Vollmachten erstellen

Sonstiges
- ▶ Visitenkarten, Terminkalender, Adressen, Telefonnummern
- ▶ Adressen von Botschaften und Ämtern
- ▶ Laptop und Handy (auf die Tauglichkeit im jeweiligen Land prüfen und gegebenenfalls für Telefonkarte bzw. Miethandy sorgen)

Woran Sie Ihren Chef noch erinnern könnten
- ▶ Prospekte
- ▶ Visitenkarten
- ▶ Schreibblöcke
- ▶ Werbegeschenke
- ▶ Präsentations- und Geschäftsunterlagen
- ▶ Wichtige eigene Medikamente
- ▶ Brillen, Kontaktlinsen
- ▶ Persönliche Utensilien

Zum Schluss
- ▶ Erneute Überprüfung der Unterlagen auf Vollständigkeit.
- ▶ Machen Sie sich Kopien von den Reiseunterlagen, damit Sie für Rückfragen und Umbuchungswünsche gerüstet sind.
- ▶ Ordnen Sie die Unterlagen in einer Mappe nach der zeitlichen Reihenfolge an.

Checkliste II: Reisevorbereitung

Maßnahmen/ Aktivitäten	zu erledigen von	erledigt am

Vorbereitung
- ▶ Datum, Uhrzeit, Dauer der Reise (wie lange dauert An-/Abreise, wie lange dauern die Gespräche? (Berücksichtigung etwaiger Zeitverschiebungen)

Reservierungen/Anträge
- ▶ Flüge, Bahn
- ▶ Mietwagen
- ▶ Hotel
- ▶ Visum
- ▶ Teilnahme an Vorträgen, Konferenzen, Seminaren
- ▶ Abendveranstaltungen

Reisedokumente und -unterlagen
- ▶ Reiseplan, chronologische Reihenfolge mit Angabe von Flug-/Bahn-/ Reservierungsnummern, komplette Adressen mit Rufnummern von Hotel und Kunden/Gesprächsteilnehmern
- ▶ Flug-/Bahnticket (mit Platzreservierungen)
- ▶ Reservierungsbestätigungen (Hotel, Mietwagen)
- ▶ Reisepass, Visum, Impfbescheinigung, internationaler Führerschein
- ▶ Wegbeschreibungen
- ▶ Stadt-/Straßenplan
- ▶ Eventuell benötigte Einlasskarten
- ▶ Devisen, Kreditkarte
- ▶ Visitenkarten
- ▶ Für das Gespräch benötigte geschäftliche Unterlagen
- ▶ Firmenprospekte/Präsentationsunterlagen
- ▶ Interne Telefonliste
- ▶ Wörterbuch
- ▶ Blöcke, Stifte
- ▶ Briefpapier, Umschläge, Briefmarken, Stempel
- ▶ Diktiergerät, Ersatzkassetten, Ersatzbatterien (sind Batterien voll?)
- ▶ Taschenrechner
- ▶ Handy und Ladegerät
- ▶ Werbepräsente (Give-aways)
- ▶ Adapter
- ▶ Notebook

Parallele interne Termine/Projekte, Sonstiges
- ▶ Gibt es Wiedervorlagen, die geklärt werden müssen?
- ▶ Parallel vereinbarte Termine stornieren
- ▶ Wer vertritt den Chef, wer ist unterschriftsberechtigt?

1.6.3 Messen

„Innovationsmanagement macht aus den Zielen von heute die Zahlen von morgen."
(Hans-Jürgen Quadbeck-Seeger, deutscher Forschungsmanager)

Messen sind konzentrierte Märkte, auf denen Ihr Unternehmen sich dem Kunden und dem Wettbewerb präsentiert, Messebeteiligungen kosten viel Geld und binden in Vorbereitung, Durchführung und Nachbereitung viel Kraft und Zeit. Also ist es ratsam, sich hier ein praktikables Planungssystem aufzubauen. Ihr Chef wird begeistert sein, wenn er sich auch hier auf Sie verlassen kann. Wie das funktioniert, sehen Sie auf den nächsten Seiten mit Checklisten, die keinen Punkt für eine Messebeteiligung auslassen.

Checkliste I: Messevorbereitung
- Budgetantrag
  - Standgröße
  - Plankosten mit Vergleich Vorjahr
- Anmeldung beim Messeveranstalter/Katalogeintrag
- Platzierungsgespräche mit Messegesellschaft
  - Standgröße
  - Standart
- Blockstand/Reihenstand/Eckstand/Kopfstand, Laufrichtung Besucher
  - Lage Halle
  - Lage Standplatz
  - Standnachbarn
- Welche Produkte werden präsentiert
  - Bestellung Reservierung
- EDV-Ausstattung am Stand bestellen
- Welche Aktionen sollen stattfinden
- Bestellungen bei Messegesellschaft
  - Elektro/Sanitär/Druckluft
  - Entsorgung
  - Telefon/Telefax/Kopierer/Mobilteil
  - Parkkarten/Ausstellerausweise/Eintrittskarten
    – rechtzeitige Verteilung von Ausweisen etc.
  - Leergut/Stapler
  - Bewachung
- Zusammenstellung des Standpersonals
  - Anwesenheitsliste
- Werbung
  - Einladungsanzeige
  - Einklinker Anzeigen „Messehinweis"
  - Einladungsmailing

- Bestellung Info-Suchsystem mit Barcode
- Miete Audio-/Video-Equipment
- Hotelreservierung am Messeort
- Aufstellung Messegut
- Aufstellung Prospektliste/Werbematerial/Versandplan
  - Versandanschriften
  - Versand mit Versandabteilung planen
  - Wann Eintreffen
  - Montageleitung
  - Standbau
  - Aufstellungsplan
  - Rücktransport
  - Exponate-Liste (Objekt/In Betrieb/Neu/Gebraucht/Verkauft/Werks-Nr.)
- Produktion Namensschilder/Türschilder/Beschilderung/Pressekonferenz (siehe Checkliste 2, Punkt 4), Buchung der Messehosts/-hostessen, Beantragen der Kontovollmacht/Barschecks/Kreditkarte für Messekasse, Liste Referenzbetriebe,Schulung für Standpersonal planen
  - Themen/Referenten/Zeitplan/Anfahrtsplan/Hotelreservierung
- Standrundschreiben (Erstellung/Versand)
  - Allgemein (Motto/Zielsetzung/Produkte)
  - Standfläche
  - Lage
  - Telefon/Telefax
  - Öffnungszeiten
  - Standleitung
  - Ansprechpartner Presse
  - Standbesatzung
  - Montageleitung
  - Ausstellerausweise
  - Parken
  - Infotheke
  - Referenzbetriebe (Liste)
  - Info-Suchsystem
  - Standbegehung
  - Produktverantwortliche während der Messe
  - Ausgestellte Exponate (Liste)
  - Exponate in Betrieb (Liste)
  - Live-Demonstrationen/Aktionen
  - Termin Pressekonferenz
  - Einladungsmailing (Muster)
  - Messeleitkarten
  - Besprechungsstand
  - Schließfachsäulen
  - Werbegeschenke
  - Prospektliste

- ▶ Telefonieren
- ▶ Messebüro
- ▶ Hotelreservierung (Liste Adressen, Belegung, Stadtplan, Plan Messegelände)
- ▶ Standbau
  - ▶ Auswahl einer geeigneten Messebaufirma
  - ▶ Berücksichtigung der Corporate Identity
  - ▶ Standplan
    - – Konzeption
    - – Zeichnen (abhängig von Produkten, Zielsetzung, Laufrichtung)
    - – Vorstellung/Freigabe Geschäftsleitung
    - – Versand an/Freigabe durch Messegesellschaft
    - – Lokaltermin mit techn. Leiter/Hallenelektriker bzw. Sanitär der Messe
  - ▶ Festlegung der Werbewandflächen, der Beschriftung (Fernwirkung)
  - ▶ Infrastruktur
    - – Counter
    - – Besprechungsräume
    - – Materiallager
    - – Küche
    - – Telefonzentrale/Standleitung
- ▶ Zeitplan für
  - ▶ Messeaufbau, Anlieferungen/Aktionen vor Ort (wer? wann? was?)
  - ▶ Kabelverlegung
  - ▶ Standaufbau
  - ▶ Montage
  - ▶ Standpersonal
  - ▶ PC-Installation
  - ▶ Einweisung Hostessen
  - ▶ Standbegehung
  - ▶ Pressekonferenz
- ▶ Bewirtung
- ▶ Begrünung
- ▶ Transport/Messeversicherung
- ▶ Fotograf Messestand bestellen
  - ▶ evtl. Freigabe Nachtarbeit bei Messegesellschaft beantragen
- ▶ Reiseantrag/Vorschuss

Checkliste II: Während der Messe
- ▶ Permanente Erreichbarkeit der Standleitung (Handy)
- ▶ Morgengebet (Information/Briefing der Standbesatzung)
- ▶ Tägliche Erfassung der Kontakte
  - ▶ Besprechungsberichte
  - ▶ Angebotsunterlagen
  - ▶ Versand von Informationen an potenzielle Kunden noch während der Messe
- ▶ Pressekonferenz
  - ▶ Referenten
  - ▶ Pressemappe
  - ▶ Bestuhlung
  - ▶ Mikrofon
  - ▶ Ausschilderung
  - ▶ Raum mieten bzw. reservieren
  - ▶ Namensschilder
  - ▶ Fotograf
  - ▶ Infos über unternehmenseigene Veranstaltungen/News an Infocenter Messegesellschaft
- ▶ Bewirtung
- ▶ Pflege Prospektlager

Checkliste III: Messe und Medien
- ▶ Messeeinladung per AZ in Fachmedien
- ▶ Eintrag mit Produkten/Produktgruppen im Messekatalog
- ▶ Fachberichte in Fachmedien
- ▶ Kontakte zu den Redakteuren der Fachmedien
- ▶ Einladung zur Pressekonferenz
- ▶ Basismaterial für Medien
  - ▶ Pressemappen
  - ▶ Prospekte
  - ▶ Dokumentationen
  - ▶ Foto/Dia/Videotapes
- ▶ Pressekonferenz
  - ▶ Organisationsinhalte (siehe Checkliste II, Punkt 4)
  - ▶ Pressebetreuung
  - ▶ Pressemappen an die PR-Abteilung der Messegesellschaft
  - ▶ Pressemappen in die Pressefächer für die Journalisten
- ▶ Eigenes Messemagazin während/nach der Messe
- ▶ Die „daily news" am Messestand täglich aktualisieren und vor allem stark visualisieren

Checkliste IV: Messenachbereitung
▶ Messebericht
▶ Kostenübersicht
▶ Weiterverrechnung der vereinbarten Beteiligungsbeträge an beteiligte Partner
▶ Weiterverrechnung der Eintrittskarten
▶ Abrechnung Messekasse
▶ Verfilmung der Standzeichnung
▶ Messedokumentation
▶ Round-Table der Standbesatzung
▶ Messeanalyse: Vorschläge/Kritik
▶ Messeerfolge über Fachmedien verbreiten

Im Anhang finden Sie hilfreiche Kontaktadressen für Ihren Messeauftritt.

1.6.3.1 Messe und Presse

Beauftragt Ihr Chef Sie mit der Organisation der Pressemappe, lesen Sie die nächsten Zeilen aufmerksam: Ohne Pressemappe sollte eine Messe überhaupt nicht stattfinden. In die Pressemappe gehören ganz klar alle Berichte und Fotos, die Sie in der bereits erwähnten Form haben. Legen Sie alles zweifach hinein, damit ausreichendes Material vorhanden ist. Vergessen Sie auch hier nicht, Ansprechpartner mit Telefonnummer zu erwähnen.
Ein kleiner Hinweis: Machen Sie schon im Vorhinein eine Produkt-Tüte mit Werbegeschenken Ihres Unternehmens fertig.

Zusätzlich haben Sie auch die Möglichkeit, während der Messe (gegen eine geringe Gebühr) ein Pressefach zu mieten. Dieses steht Ihnen bereits einen Tag vor Beginn und auch während der ganzen Messe zur Verfügung. Achten Sie darauf, dass es jeden Tag neu bestückt wird. In dieses Pressefach wird die Pressemappe mit den entsprechenden Informationen gelegt, denn viele Journalisten haben nicht unbedingt ausreichend Zeit, zu Ihnen an den Stand zu kommen, und bedienen sich einfach an den Pressefächern.

Bitte bedenken Sie, dass die Journalisten auch während der Messe auf dem Stand einen festen Ansprechpartner haben sollten, der für sie da ist. Sollte dies nicht möglich sein, so informieren Sie immer jemanden darüber, wo die Pressemappen liegen, damit dieser sie den Journalisten auch aushändigen kann und ihnen entsprechende Fragen beantwortet.

Geben Sie den Journalisten und Redakteuren stets das Gefühl, an Ihrem Stand herzlich willkommen zu sein. Laden Sie sie ein, einen Rundgang zu machen, laden Sie sie auch auf einen kleinen Imbiss ein, denn auch das wird von vielen gerne angenommen. Häufig natürlich bleibt für Ihre Standmitarbeiter in der Hektik nicht die Zeit, darum sollte jemand ausgesucht werden, der sich um die Journalisten bemüht, denn auch deren Zeit ist knapp. Haben diese das Gefühl, auf Ihrem Stand nicht willkommen zu sein, so werden sie auch nicht unbedingt nur Positives über Ihre Produkte oder Ihr Unternehmen berichten.

Beherzigen Sie dabei auch, dass das Entgegenkommen, das Sie den Journalisten entgegenbringen, wie Sie deren Fragen beantworten und mit ihnen umgehen, auch ein Bild auf Ihr Unternehmen wirft, und es ist wichtig, dass auch das absolut positiv ist, denn schnell kann hier ein Urteil gebildet und sogar veröffentlicht werden, das Ihnen schaden kann. Achten Sie aber darauf, dass der PR-Mitarbeiter oder Assistent, der Ansprechpartner für die Medien auf der Messe ist, auch entsprechend sicher auftritt.

Ein weiterer wichtiger Aspekt für den ersten Eindruck der Journalisten, den sie von Ihrem Messestand erhalten: Ihr Erscheinungsbild muss unverwechselbar sein. Eine einheitliche Gestaltung von Firmenzeichen und Firmennamen, einheitliche Firmenfarben und unverwechselbare Produktaufmachung sind ganz wichtig für Ihre Öffentlichkeitsarbeit auf der Messe und damit auch für eine erfolgreiche Messebeteiligung. Das einheitliche Erscheinungsbild schafft Bekanntheit für Ihr Unternehmen. Wichtig: Es muss immer wieder dem Wandel der Zeit angepasst werden.

Pressekonferenz
Hier können Sie zeigen, was Sie können und wie Sie mit Fingerspitzengefühl Journalisten für sich gewinnen. Laden Sie doch einmal die Presse anlässlich einer Messeteilnahme ein. Für besondere Anlässe – und dazu zählt eine Messe – eignen sich Pressekonferenzen sehr gut. Bitte überlegen Sie jedoch vorher, dass für jede Einladung zur Pressekonferenz als oberstes Gebot gilt: Muss es eine Pressekonferenz sein, oder reicht auch eine Pressemitteilung? Für Sie ist nichts peinlicher, als eine „PK", wie es im Fachjargon heißt, vor leeren Stühlen abzuhalten, und dies kann Ihnen leicht passieren, wenn die Redakteure den Eindruck haben, dass Sie viel Wind um Nebensächliches machen. Eine PK ist also nur dann gerechtfertigt, wenn Ihre Informationen interessant sind und Sie damit viele Medien ansprechen können.

Haben Sie sich aber dafür entschieden, laden Sie dazu die Medien ein bis zwei Wochen vorher schriftlich ein. Vergessen Sie dabei niemanden. Erwecken Sie nicht den Eindruck, dass lokale Anzeigenblätter oder kleine Rundfunkstationen für Sie unbedeutend sind. Oft ist das Gegenteil der Fall, denn die vielfach unterschätzten Lokaljournalisten schreiben häufig sehr ausführlich über die neuesten Storys von der heimischen Nachrichtenfront. Wenn Sie diese einmal verärgern, kann es sein, dass sie das nächste Mal bei Ihnen gar nicht mehr erscheinen.

Bei Zeitschriften ist es ratsam, eine Vorankündigung zwei bis drei Monate vor dem geplanten Termin zu schicken und sie zu bitten, diesen Termin bereits vorzumerken.

Fügen Sie eine Themenbeschreibung (Schnellinfo mit Kurzdarstellung, worum es auf der PK gehen soll) und auch Antwort-Karten oder -Faxe bei. Bei Medien, von denen Sie keine Antwort erhalten, fragen Sie auf jeden Fall telefonisch nach. Sie haben auch die Möglichkeit, verhinderten Journalisten ein Interview vor Ort anzubieten. Auf jeden Fall sollten Sie allen nicht erschienenen Journalisten alle Presseunterlagen per Telefax, Express oder Kurier zuschicken.

Bei der Terminwahl entscheiden Sie sich auf keinen Fall für einen ungünstigen Tag, z. B. Montag (Wochenendberichterstattung) oder Freitag (Wochenendausgabe). Damit Sie nicht vielleicht gleichzeitig mit einem anderen Unternehmen Ihre Pressekonferenz ansetzen, und die Journalisten sich nicht entscheiden können, sprechen Sie dies vorher mit dem Veranstalter ab, der Ihnen genau sagen kann, wann wer eine Pressekonferenz abhält. Die Messe wird auch in ihrem Überblick für die Journalisten vermerken, dass bei Ihnen eine Pressekonferenz stattfindet.

Es ist auch ratsam, die größte Tageszeitung am Ort anzurufen, denn dort liegen die wichtigsten Medienereignisse der kommenden Wochen vor, ebenso bei den Presseagenturen, bei denen können Sie erfahren, ob vielleicht andere, wichtige Ereignisse am Tag Ihrer geplanten Pressekonferenz stattfinden.

Den Beginn Ihrer Veranstaltung legen Sie vorzugsweise nicht vor 10.00 Uhr vormittags und das Ende nicht nach 14.00 Uhr nachmittags. Die Dauer einer Pressekonferenz mit anschließenden Fragen sollte nicht länger als eine Stunde betragen.

Bevor Sie sich jedoch endgültig für eine Pressekonferenz entscheiden, müssen noch folgende Dinge geklärt werden:
► Ist der Anlass für eine Pressekonferenz ausreichend?
► Gibt es eventuell bessere Möglichkeiten, z. B. Einzelgespräche mit Journalisten?
► Wer trägt die Verantwortung für die Vorbereitung und für den Ablauf der Veranstaltung? Ist dieser im Voraus festgelegt?
► Wer denkt in Ihrem Unternehmen über mögliche Kritikpunkte nach und arbeitet dafür die entsprechenden Antworten aus?
► Wer moderiert die Konferenz?
► Wer referiert?
► Wer steht für Interviews zur Verfügung?
► Sind die Räumlichkeiten und technischen Hilfsmittel vorhanden?

Auch hier ist wieder die PR-Abteilung der Messe ein guter Ansprechpartner. Sie können je nach den Gegebenheiten Ihres Standes zur Pressekonferenz auch auf Ihren Stand einladen, sollte dies nicht möglich sein, gibt es ausreichend Räumlichkeiten, die Ihnen von der Messe zur Verfügung gestellt werden. Dies sind natürlich Zusatzkosten.

Noch eine Möglichkeit für Räumlichkeiten: Ist in der Nähe der Messe ein Hotel oder ein Restaurant, können Sie natürlich auch dieses wählen. Bitte beachten Sie aber immer, dass ausreichend Parkplätze zur Verfügung stehen und reserviert werden.

Damit die Journalisten die Reden nicht mitschreiben müssen, werden diese gedruckt und an die Journalisten verteilt, und da immer noch der alte Spruch gilt: „Ein Bild sagt mehr als tausend Worte", legen Sie Grafiken, Fotos oder auch Tabellen bei.

Achten Sie darauf, dass der Konferenztisch, an dem die Referenten sitzen, groß genug ist, denn Referenten, die sich gegenseitig einengen, machen auf Fotos keinen guten Eindruck. Denken Sie auch daran, dass speziell die Rundfunkjournalisten gerne den Rednern hinterher noch Fragen stellen und ihnen ihr Mikrofon vorhalten. Sie sollten also wirklich nur kommunikationsbegabte Mitarbeiter Ihres Hauses auftreten lassen.

Versäumen Sie auch nicht, an die Bewirtung Ihrer Gäste zu denken: Kleine Häppchen werden von jedem gerne gesehen, ebenso ein Getränk, nicht notwendigerweise Alkohol.

Stellen Sie ausreichend Pressemappen mit Text und Bildmaterial zur Verfügung und halten Sie die entsprechenden Namensschilder für die Journalisten bereit, und führen Sie auch eine Anwesenheitsliste. Überlegen Sie sich vorab genau, welche PR-Maßnahme in diesem Falle angemessen ist, denn nichts ist peinlicher als eine aufgeblähte Pressekonferenz.

Achten Sie auch darauf, dass Ihre Mitarbeiter bei einer Pressekonferenz entsprechend eingewiesen werden und sie „richtig" mit den Journalisten umgehen. Dies gilt natürlich auch für den Umgang am Stand, wenn einmal der Ansprechpartner nicht zur Verfügung steht. Denn man geht davon aus, dass Sie so, wie Sie die Journalisten behandeln, auch mit Ihren Kunden umgehen, also bitte nicht vergessen, dass dies ein ganz wichtiger Teil der Öffentlichkeitsarbeit ist.

Ob Person oder Unternehmen, Image hat man, ob man es will oder nicht, und es verändert sich durch das eigene Verhalten. Uns allen ist bekannt, dass das Image eines Unternehmens den Verkaufserfolg von Produkten oder Dienstleistungen sehr stark beeinflussen kann. Hier zeigt sich ganz massiv der Unterschied zur Werbung, und es kann einfach so formuliert werden:
PR will nicht den Verkauf eines speziellen Produktes oder einer Dienstleistung steigern, sondern versucht, das Image des gesamten Unternehmens zu beeinflussen.

Dies bedeutet, dass alle möglichen Menschen mit Kontakt zum Unternehmen, und dazu zählen natürlich auch Journalisten und Redakteure, entsprechend behandelt werden müssen. Hier ist es vielleicht auch für Sie wichtig, die Meinung der Journalisten über Ihr Unternehmen oder Ihre Darstellung zu erfahren. Scheuen Sie sich nicht, diese nach ihrer Meinung zu fragen. Nutzen Sie gekonnt die Möglichkeit, Journalisten als Image-Träger einzusetzen. Vergessen Sie nicht die drei Funktionen von Journalisten:

▶ Information
▶ Mitwirkung an der Meinungsbildung
▶ Kontrolle und Kritik

Tipps für den professionellen Umgang mit Journalisten
Wir wissen alle um die Macht des „Vitamin B", und das ist für den Umgang mit Journalisten ein sehr wichtiger Aspekt. Dies heißt, dass Sie bereits im Vorfeld einer Messe persönliche Kontakte zu Journalisten aufbauen und diese auch entsprechend pflegen. Bemühen Sie sich, zu den für Sie zuständigen Fachjournalisten und vielleicht zu deren Vertretern einen guten Draht aufzubauen. Dies ist eine Voraussetzung für eine Presse-

konferenz, denn die meisten Journalisten gehen dorthin, wo sie bekannt sind, es sei denn, Sie haben etwas ganz Besonderes anzubieten.

Stellen Sie zu Journalisten ein Vertrauensverhältnis her, ohne allerdings zu aufdringlich zu wirken, da nicht zu unterschätzen ist, dass die Medienleute eine feine Antenne dafür haben, wenn man sie beeinflussen oder für seine Zwecke benutzen möchte. Da Sie jedoch eine ebenso feine Antenne haben, wird dies kein Problem für Sie darstellen.

Lob hören wir alle gern, darum versäumen Sie es nicht, wenn Ihnen der Bericht oder Artikel eines Journalisten gefallen hat, ihm ein paar Zeilen zu schreiben und ihm für die gute Berichterstattung zu danken. Wenn der Journalist Ihre Mitteilung gekürzt oder den Inhalt umgeschrieben hat: Solange dadurch keine falschen Informationen gegeben werden, akzeptieren Sie dies einfach. Wenn Ihre Meldung gar nicht veröffentlicht wurde, sollten Sie nachfragen, weshalb. Mitunter ist nicht der Inhalt der Meldung der Grund, sondern die sprachliche Qualität. Häufig haben Journalisten nicht die Zeit, einen Text komplett umzuschreiben, sie lassen die Meldung dann eher unberücksichtigt.

Wenn allerdings der Artikel falsche Informationen enthält, sollten Sie mit dem zuständigen Redakteur darüber ein ruhiges und sachliches Gespräch führen. Versuchen Sie, ihn davon zu überzeugen, dass es sinnvoll wäre, einen zweiten Bericht zu veröffentlichen, der die Fakten korrigiert. Sie legen damit den Grundstein für eine zukünftige positive Zusammenarbeit.

Sicher, Ihre Zeit und auch die Ihrer Mitarbeiter auf der Messe ist knapp bemessen, denn das wertvollste Gut der Messe ist die Zeit. Trotzdem ist die Zeit, die Sie in Journalisten und Redakteure investieren, gut angelegt. Gerade auf der Messe haben Sie Gelegenheit, persönliche Kontakte herzustellen, die Sie auch bei anderen Gelegenheiten nutzen können. Immer wieder können wir beobachten, dass Journalisten auf Messeständen eher als lästiges Übel angesehen werden. Und hinterher wundern sich dieselben Firmen über ausbleibende oder negative Presseresonanz. Wenn Sie Pressevertreter als Ihre Partner betrachten, können Sie mit objektiver und regelmäßiger Berichterstattung rechnen.

Wie heißt es so schön? Eine Messe ohne Nacharbeit hätte besser gar nicht stattgefunden. Dies bezieht sich natürlich auch auf die PR-Arbeit und auf die Pressekonferenz.

Fassen Sie nach der Messe zusammen, welche Berichte über Sie erschienen sind, und versuchen Sie auch in einer Statistik die Resonanz Ihrer Kunden auf die Pressenotizen festzuhalten. Ihr Chef wird zu Recht stolz auf Sie sein, wenn er schwarz auf weiß lesen kann, wie gut über das Unternehmen geschrieben wird und dass dies nicht zuletzt Ihr Verdienst ist.

Fotos für die Presse
- ▶ Die gängige Pressefoto-Norm: 13 x 18 cm, schwarz-weiß, Hochglanz
- ▶ Farbige Zeitschriften haben lieber Farbdias als Papierbilder.
- ▶ Legen Sie jedem Foto eine Bildlegende bei: Beschreiben Sie kurz, was das Foto zeigt. Personen werden von links nach rechts mit vollem Namen, Funktion, eventuell Alter, vorgestellt.
- ▶ Geben Sie das Copyright an und vermerken Sie für die Presse: „Veröffentlichung kostenfrei!"

1.6.3.2 Fit für Kundenkontakt – Briefing für das Messeteam

Nun haben Sie alles gut vorbereitet, aber etwas fehlt noch – die Mitarbeiter auf dem Messestand. Viele Unternehmen investieren zwar viel Geld in ihre Stände, vernachlässigen aus Unwissenheit aber ein Briefing für das Verhalten der Mitarbeiter auf dem Stand. Vielleicht können Sie Ihren Chef einmal von einem Messetraining für das gesamte Standteam überzeugen. Wenn nicht, erhalten Sie jetzt ein paar Hinweise für das Verhalten während einer Messe. Auch mit diesen Informationen können Sie glänzen:

Messen bieten den Besuchern die Möglichkeit, sich auf engstem Raum und in kürzester über neue Produkte und Trends zu informieren, und darüber hinaus die Leistungen von konkurrierenden Anbietern zu vergleichen. Das heißt, eine falsche Ansprache, eine mangelhafte oder falsche Information kann zum „Verlust" des Kunden führen, der sich vom Nachbarstand eher angezogen fühlt, oder der von aufmerksamen und freundlichen Mitarbeitern angemessen und umfassend beraten wird.

Die Einstellung: „Wer uns und unsere Erzeugnisse kennt und mit uns in Geschäftsverbindung treten will, wird uns schon ansprechen", ist für den Verkauf äußerst gefährlich. Neben der Pflege bestehender Kundenbeziehungen ist – gerade auf Messen – die Akquise neuer Kunden und Geschäftspartner essenziell.

Eine Studie beweist, dass auf Messen mehr als 70 % der Besucher/Interessenten nicht oder falsch angesprochen werden. *(EMNID-Institut)*. Es ist deshalb notwendig, sich auf die aufgezeigten Nachteile einzustellen und entsprechend zu agieren und zu reagieren.
Nun haben wir eine ganze Menge über die fachlichen Dinge gesprochen, letztendlich entscheidet aber nicht selten das Auftreten Ihrer Mitarbeiter über den Erfolg Ihrer Messebeteiligung.

Hinweise für das Verhalten der Standmitarbeiter auf Messen
- Circa 30 Minuten vor Beginn der Messe auf dem Stand sein.
- Auf dem Stand sollte möglichst nicht geraucht werde, volle Aschenbecher stören die Optik.
- Wenn Sie keine Kunden betreuen, halten Sie sich an Ihrem Exponat auf. Gehen Sie auf Standbesucher zu; bieten Sie Ihre Unterstützung an.
- Halten Sie sich nicht nur im Standinnern auf, gehen Sie auch vor dem Stand auf Besucher zu.
- Tragen Sie immer – deutlich erkennbar, nicht hinter dem Revers versteckt – Ihr Namensschild. (Sorgen Sie für ein Ersatzschild auf dem Stand.)
- Führen Sie über jedes Gespräch eine Notiz.
- Nehmen Sie ausreichend Visitenkarten zur Messe mit.
- Wenn Sie den Stand verlassen, melden Sie sich ab. Informieren Sie, wohin Sie gehen und für wie lange.
- Mitarbeiter sollten keinen Alkohol am Stand trinken, Sie sollten alkoholische Getränke allenfalls Kunden/Gästen anbieten.
- Standbetreuer sollten nicht mit Kollegen in Gruppen zusammen stehen.
- Informieren Sie sich vor der Messe, wo das benötigte Material ist, wo Sie Informationen erhalten, ob Besonderheiten zu beachten sind.
- Fragen Sie Ihren Gesprächspartner nach Namen, Tätigkeit, Branche oder Visitenkarte.
- Sprechen Sie Ihren Gesprächspartner mit Namen an.
- Begrüßen Sie Ihren Gesprächspartner per Handschlag. (Bitte Zurückhaltung bei Ausländern.) Stellen Sie sich vor.
- „Überreden" Sie keinen Kunden, überzeugen Sie ihn. Fragen Sie, so erhalten Sie Informationen.
- Sprechen Sie Kunden „richtig" an.
- Lächeln Sie!!! So wirken Sie positiv auf die Besucher.
- Stehen Sie immer zum Gang hin, nach Möglichkeit auch während eines Gespräches.
- Achten Sie auf korrekte Kleidung: Die Mitglieder des Messeteams sollten immer etwas konservativer als die Messebesucher gekleidet sein.
- Arbeiten Sie mit Ihren Kollegen zusammen! Auf der Messe gewinnt nur das Team!
- Machen Sie sich vor der Messe Gedanken über Ihre eigenen Ziele für die Messe.
- Geben Sie einem Interessenten gleich zu Beginn eines Gespräches Ihre Visitenkarte. Sie werden im Gegenzug dafür in den meisten Fällen die Ihres Gesprächspartners ebenfalls erhalten. Auf der Rückseite kann sich der Besucher ein paar Notizen machen, dies fördert die Erinnerung an Sie und Ihr Unternehmen. Sollte der Besucher später noch Rückfragen haben, kann er sich auf eine Person beziehen.
- Beobachten Sie Interessenten: Holen Sie den Kunden dort ab, wo er gedanklich steht (Augen beobachten).
- Gehen Sie sorgsam mit dem höchsten Gut der Messe um: ZEIT!
- Zum Schluss nicht vergessen: etwas 10-mal gut machen und 1-mal schlecht machen: Nur das Schlechte bleibt in der Erinnerung.

Was halten Sie von der Idee, diese Punkte in einem Messe-Leitfaden zusammenzufassen und an alle Standmitglieder zu verteilen. So kann niemand hinterher sagen, er hat es nicht gewusst.

Vergessen Sie nicht, Messeberichte vorzubereiten, die jeder Standmitarbeiter ausfüllen muss. Gesprächsnotizen sind speziell bei Gesprächen mit potenziellen Neukunden wichtig, denn nur so sind Sie in der Lage, systematisch nachzufassen.

Folgende Angaben dürfen in dem Bericht nicht fehlen
- Name, Firma und Anschrift des Besuchers
- Datum/Name des Mitarbeiters
- Position im Unternehmen
- Branche und Vertriebsform
- Neukunde, Altkunde, Interessent, Wettbewerb
- Das Hauptthema des geführten Gespräches
- Meinung zur Standgestaltung, Produktpräsentationen, evtl. Neuheiten, Service
- Hat der Besucher Informationsmaterial sofort mitgenommen?
- Erhält er Informationsmaterial per Post?
- Wünscht er erneute Kontaktaufnahme?
- Was wurde vereinbart?

Bei einer so guten Vorbereitung kann einem gelungenen Messeauftritt nichts mehr im Wege stehen. Sie sehen, also auch hier gibt es eine Menge für Sie zu tun und eine Menge Dinge, mit denen Sie Ihren Chef entlasten können.

1.6.4 Events

„Wenn Sie es sich erträumen können, dann können Sie es auch tun."

(Walt Disney)

Fällt auch die Vorbereitung von Events in Ihren Aufgabenbereich, so wissen Sie, dass hier die subjektiven Wahrnehmungen und die psychologischen Effekte im Vordergrund stehen. Ein Event ist etwas Einmaliges, Ihr Unternehmen will alle Sinne des Besuchers ansprechen, um ihn für sich zu gewinnen. Sie entscheiden sich vielleicht dafür, Prominente einzuladen, oder wählen einen attraktiven Veranstaltungsort oder bieten eine aufwändige Verpflegung, Sie wollen sich also mit entsprechender Dramaturgie in den Mittelpunkt stellen. Das Ganze hört sich schon nach diesen wenige Sätzen nach äußerst guter Organisation an.

Welchen Anlass können Sie mit einem Event feiern, zum Beispiel:
- Tag der offenen Tür
- Jubiläen
- Neue Räumlichkeiten
- Produktvorstellung

- ▶ Ein erreichtes bestimmtes Umsatzziel
- ▶ Kundenveranstaltungen
- ▶ Motivation der Mitarbeiter
- ▶ Eröffnung

Früher wurden für solche Veranstaltungen gerne Event-Agenturen gebucht. Da in Unternehmen heute überall der Rotstift angesetzt wird, wird diese Aufgabe nicht selten an die Sekretärin oder Assistentin delegiert.

Womit beginnen Sie? Am besten mit dem Motto für das Event, denn das Motto muss sich wie ein roter Faden durch die ganze Veranstaltung ziehen. Auch hier bietet das Mind-Mapping eine gute Methode zur Vorbereitung:

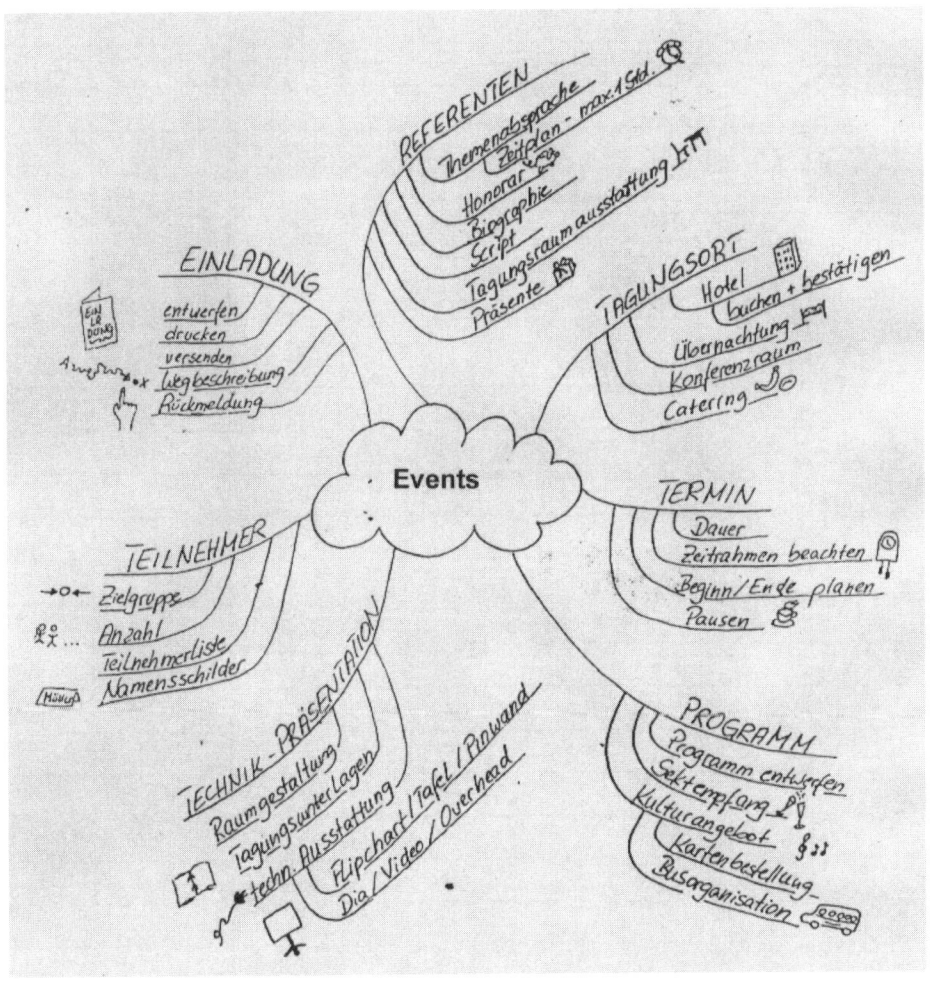

Mit der Checkliste für Konferenzplanung, die ich Ihnen ein paar Seiten vorher bereits vorgestellt habe, sind Sie auch bei der Planung von Events auf der sicheren Seite.

Hier eine Aktivitätenliste, die Sie bei Ihrer Vorbereitung unterstützen kann.

Checkliste: Aktivitäten

Datum	Priorität	Aktivität/Was?	Bis wann?	Wer?	O.K.?

2. Zeitmanagement

„Eins-Zwei-Drei! Im Sauseschritt läuft die Zeit, wir laufen mit.“

(Wilhelm Busch)

Definition des Begriffes Zeit (laut Lexikon): „Zeit ist nach gewöhnlicher Auffassung ein kontinuierliches Fortschreiten, innerhalb dessen sich alle Veränderungen vollziehen.“ Sie sollten die Verwendung der Zeit sehr ernst nehmen. Sie müssen sich darüber bewusst sein, dass Zeit mehr Wert ist als Geld, Zeit ist nicht käuflich, sie vergeht.

Jeder von uns hat die gleiche Zeit zur Verfügung, nur, jeder macht etwas anderes daraus. Wenn wir sagen, ich habe keine Zeit, so ist dies nicht richtig ausgedrückt, es muss heißen: „Dafür habe ich jetzt keine Zeit, weil ich in dieser Zeit etwas anderes mache.“

Verinnerlichen Sie sich einmal, was es für Ihr Unterbewusstsein bedeutet, wenn Sie ihm permanent klar machen, dass Sie keine Zeit haben. Sie werden merken, dass Sie schon mit dieser kleinen Wortspielerei anders empfinden.

Mit unserer Zeit gehen wir verschwenderisch um, weil wir gar keine genaue Einteilung haben, uns fehlt häufig der Überblick, was mit unserer Zeit geschieht, wie schnell sie vergeht. Es ist unumgänglich, darüber nachzudenken, wie wir aus diesem Zwang herauskommen. Die eigene Arbeitsweise umzukrempeln und eine neue leistungsfähigere zu gestalten ist ein Abenteuer, wie es nur noch wenige gibt, eine Aufgabe, lohnend wie kaum eine andere. Lernen Sie sich selbst besser kennen und staunen Sie, welche Fähigkeiten in Ihnen stecken.

Vor diesem Ergebnis aber steht ein langer Weg des Lernens und der Selbsterfahrung. Zeit ist ein flüchtiges, unwiederbringliches Kapital. Beginnen wir also heute, jetzt Schritt für Schritt das Erfolgsgeheimnis von Zeit zu untersuchen, uns anzueignen, es zu nutzen, damit wir schon morgen etwas mehr aus unserem Leben machen können.

Nehmen Sie sich die Zeit für die Frage: Was ist eigentlich Zeit?

- ▶ Zeit ist Leben
- ▶ Zeit ist Geld
- ▶ Zeit ist einmalig
- ▶ Zeit ist unverkäuflich
- ▶ Zeit ist ausreichend vorhanden
- ▶ Mit Zeit kann man sehr viel anfangen
- ▶ Zeit ist nicht käuflich
- ▶ Zeit kann man nicht lagern oder aufheben
- ▶ Zeit kann man nicht zweimal verbrauchen
- ▶ Zeit verschwindet ungenutzt, wenn sie nicht gebraucht wird

Zeit ist demnach eine völlig unflexible und sehr begrenzte Größe, während die Aktivitäten, mit denen wir diese Zeit verbringen, in hohem Maße variabel sind. Allerdings geht es uns auch nicht darum, wie Sie das, was Sie tun, schneller tun können – bis auf wenige Ausnahmen (z. B. Lesen) hat es meist keinen Sinn, einfach nur das Tempo zu steigern:

Es ist wichtiger, die richtige Arbeit zu tun (Effektivität), statt richtig zu arbeiten (Effizienz)!

Bisher gibt es die „Zeitpresse" noch nicht, in die Sie oben Ihre Arbeit einfüllen und aus der unten das richtige Ergebnis mit minimalem Aufwand herauskommt, schade!

Sie müssen also diese Aufgabe selbst übernehmen. Trotz zahlreicher Hilfsmittel, die Ihnen diese Arbeit erleichtern können, bleibt die Zeitplanung immer eine Arbeit wie alle anderen: Sie benötigt Zeit, Konzentration und Kontinuität.

Trotzdem lohnt es sich, denn durch Zeitmanagement können Sie viel gewinnen:

- ► Stress abbauen
- ► Raum für Kreativität schaffen
- ► Übereilte Entscheidungen verhindern
- ► Ordnung und Übersicht gewinnen
- ► Qualität verbessern

2.1 Ziele setzen

„Gegenüber der Fähigkeit, die Arbeit eines Tages sinnvoll zu ordnen, ist alles andere im Leben ein Kinderspiel ..."

... sagte schon Joh. Wolfgang von Goethe

- ► Die Zielsetzung ist die Voraussetzung für ein erfolgreiches Zeitmanagement. Erst wenn klar ist, was Sie erreichen wollen (Soll-Zustand), ist es sinnvoll, sich über das Wie Gedanken zu machen.
- ► Das Erfassen und Analysieren der bisherigen Arbeitsweise ist der nächste Schritt (Ist-Zustand). Hierdurch wird die Grundlage für eine Neuorganisation Ihrer Arbeitsweise geschaffen (Ist-Soll-Analyse).
- ► In der Phase der individuellen Planung setzen Sie Ihre Erkenntnisse in Ihrem Arbeitsalltag um: Sie verteilen Ihre Aufgaben auf die Arbeitsstunden, ziehen Konsequenzen aus Ihren Prioritäten etc.
- ► In der letzten Phase geht es darum, Ihre neu organisierte Arbeitsweise täglich zu nutzen und zu kontrollieren. So verhindern Sie, dass sich alte Arbeitsgewohnheiten wieder „einschleichen".

Ziele setzen ist sicherlich eine der wichtigsten Aufgaben für unser gesamtes Leben, für ein wirksames Zeitmanagement ist es unerlässlich.

Jeden Tag stehen Sie vor der Aufgabe, Prioritäten zu setzen. Auf Ihren Schreibtisch kommt viel Arbeit, und Sie können diese nur bewältigen, wenn Sie die richtigen Prioritäten setzen. Für diese Prioritäten aber müssen Sie auch Maßstäbe setzen, d. h., je mehr Ihnen eine Aufgabe hilft, Ihr gestecktes Ziel zu erreichen, desto höher ist ihr Rang im Hinblick auf deren Erledigung.

Ein weiterer wichtiger Punkt beim Zeitmanagement ist die Kontrolle und damit die Analyse der Schwachstellen: Wo habe ich nicht so gehandelt, wie ich möchte, und wo gab es noch Schwierigkeiten? Darum stellen Sie sich stets folgende Fragen:

- War die Tätigkeit notwendig?
  Welche Folgen hatte sie?
  Was geschah dadurch?
- War der Zeitaufwand gerechtfertigt (z. B. Besprechungen)?
- War die Ausführung zweckmäßig?
- War der Zeitpunkt sinnvoll?

Analysieren Sie ebenfalls Ihre Zeitverluste
1. Zielsetzung:
   - Wie bewusst waren mir die Zusammenhänge zwischen meinen an diesem Tag zu erledigenden Aufgaben und anderen Arbeitsgruppen?
   - Hatte ich einen Überblick über alle Aufgaben, die an diesem Tage anfielen,und wenn nicht, welche Ursachen hatte das?
   - Habe ich mich an diesem Tage vielleicht verzettelt, weil ich mir zu viele Ziele, zu viele Erledigungen gleichzeitig zugetraut habe?
2. Planung:
   - Hatte ich mich auf mögliche Schwierigkeiten bei der Planung eingestellt?
   - Hatte ich Pufferzeiten eingeplant?
   - War mir klar genug, wie der zeitliche Aufwand für die Erledigung der einzelnen Aufgaben war?
   - Habe ich die Planung übersichtlich und schriftlich vorgenommen?
3. Entscheidung:
   - Habe ich eine Rangordnung (ABC-Analyse) der Arbeiten festgelegt?
   - Mache ich mir Gedanken über die Dringlichkeit und Notwendigkeit einer Arbeit, bevor ich mit ihr beginne?
   - Nehmen Routinearbeiten zu viel Zeit in Anspruch, weil ich sie zu gründlich erledigen will?
4. Arbeitsorganisation:
   - Nutze ich alle modernen Hilfsmittel, die mir zur Verfügung stehen (Wählerautomaten, Textautomaten, Formulare, Checkliste)?
   - Neige ich dazu, alle Arbeiten selbst durchführen zu wollen?
   - Wie übersichtlich sind die zu erledigenden Aufgaben auf meinem Schreibtisch geordnet?
   - Mache ich mir darüber Gedanken, was ich an meiner Arbeit noch leichter gestalten bzw. vereinfachen kann?

68

5. Arbeitsbeginn:
   ▶ Plane ich den nächsten Tag bereits am Vorabend?
   ▶ Beginne ich eine Arbeit spontan oder konzentriere ich mich erst einige Minuten, bevor ich beginne?
   ▶ Wie oft unterbreche ich eine Arbeit, um vielleicht eine andere zu beginnen?
   ▶ Wie weit schiebe ich wichtige, aber für mich unangenehme Aufgaben vor mir her?
6. Tagesgestaltung:
   ▶ Berücksichtige ich meinen Biorhythmus, bzw. kenne ich meine Leistungshochs und -tiefs, und inwieweit berücksichtige ich diese bei der Arbeitsplanung?
7. Information und Kommunikation:
   ▶ Überfliege ich zunächst einen Text, bevor ich ihn genau lese?
   ▶ Bereiten Sie sich gezielt als Leiter oder Teilnehmer auf eine Besprechung vor?
   ▶ Wie planen Sie strategisch und praktisch Vorbereitungen für ein Gespräch oder eine Verhandlung?

Wenn Sie diese Punkte bei Ihrer Arbeit für eine Zeitlang erforschen, werden Sie weitere Schwachstellen in Ihrem Zeitmanagement und Ihrer Selbstorganisation feststellen.

Wie Sie Ziele setzen und erreichen

Mark Twain hat zu diesem Thema einmal gesagt: „Nachdem wir das Ziel endgültig aus den Augen verloren hatten, verdoppelten wir unsere Anstrengungen." Ein Leben ohne konkrete Ziele ist wie Hochsprung ohne Latte. Nur durch konkrete Zielsetzung verwirklichen Sie Ihre Wünsche.

▶ Ziele helfen, Prioritäten zu setzen.
▶ Sie liefern den Maßstab, Wichtiges von weniger Wichtigem zu unterscheiden.
▶ Ziele geben Orientierung.
▶ Sie zeigen Ihnen nicht nur deutlich auf, wohin es geht, sie geben Ihnen auch Klarheit darüber, welche Fähigkeiten Sie brauchen, Ihr Ziel zu erreichen.
▶ Ziele mobilisieren Energien und lösen Handlungen aus.
▶ Klare Ziele sind das wirksamste Mittel, Selbstdisziplin zu erzeugen.
▶ Ziele vermitteln Sinn.
▶ Durch Ziele bekommen die kleinen Dinge des Alltags ihre Bedeutung und sie liefern Ihnen die Antwort auf die Frage nach dem Warum.
▶ Ihr Ziel muss spezifisch sein.

Beschreiben Sie Ihr Ziel klar und deutlich. Sich selbst zu sagen: „Ich will heute meine Arbeit schaffen", ist kein Ziel, sondern vielmehr eine Illusion. Beschreiben Sie konkret und präzise, was Sie am Ende des Jahres, in jedem Monat, in einer Woche und am Tag erledigen wollen.

Nutzen Sie zur Zielformulierung das magische Dreieck:

▶ Was und wie viel davon möchte ich genau erreichen?
▶ Bis wann möchte ich es erreichen?
▶ Welchen Preis bin ich bereit, dafür zu zahlen? (In Form von Zeit, Verzicht, Ausdauer.)

▶ **Ihr Ziel muss messbar sein**

Ein Ziel, das Sie nicht messen können, ist kein Ziel. Ihre Aussage: „Ich will die Anfragen unserer Kunden schneller bearbeiten", ist kein Ziel, sondern Ihre Absicht. Um hier eindeutig zu formulieren, müssen Sie zu einem bestimmten Zeitpunkt feststellen können, ob die angestrebte Handlungsweise wirklich eingetreten ist.

▶ **Ihr Ziel muss anspruchsvoll sein**

Ihre Motivation, das Ziel zu erreichen, wird nur dann herausgefordert, wenn es ein interessantes Ziel ist.

   ▶ Ihr Ziel muss realistisch sein.
   ▶ Wählen Sie Ihr Ziel so, dass Sie sich zwar anstrengen müssen, aber auch gleichzeitig eine realistische Chance auf Erfolg haben. Ansonsten tritt sehr schnell eine Demotivation auf.

▶ **Ihr Ziel muss terminiert sein**

Sie werden kaum ein Ziel erreichen, wenn Sie keinen Termin festgelegt haben, denn wenn Sie auf den richtigen Zeitpunkt warten, wird dieser nie kommen. Darum formulieren Sie Ihre Ziele gründlich.

Zusammenfassung

Die Qualität Ihrer Ziele bestimmt die Qualität Ihrer Zukunft. Sie müssen vieles lassen, um anderes besser machen zu können.

Lassen Sie Kleines und Unwichtiges los, dann haben Sie Zeit für Großes und Wichtiges!

2.2 Umgang mit Zeitdieben und Störfaktoren

Bei Zeitdieben und Störfaktoren unterscheiden wir zwischen denjenigen, die „von außen", von Dritten kommen, und den „inneren", den eigenen. Interessanterweise überwiegen vielfach die eigenen – auch wenn es schwer fällt, dies zu glauben. Es ist ja auch viel einfacher, sich über die anderen aufzuregen, als sich einzugestehen, dass wir häufig selbst unser größter Störfaktor sind.

Es ist zwar kaum möglich, alle Störfaktoren oder Zeit fressende Angelegenheiten auf einmal zu eliminieren. Hier aber ein paar Wegweiser, wie Sie zukünftig zumindest besser damit umgehen können:

▶ Wenn möglich, verändern: Anstatt sich immer wieder darüber aufzuregen, verwenden Sie Ihre Energie besser auf eine Lösung.
▶ Feststellen: Häufigkeit, Grad des Empfindens. Sie ärgern sich über Störfaktoren, die vielleicht nur alle paar Wochen auftreten. Ihre Empfindung hängt nicht selten von Ihrer Tagesform ab.
▶ An sich selbst arbeiten = schnellste Lösung. Ihre Mitmenschen zu verändern ist schwer. Also bleibt nur, dass Sie sich ändern oder anpassen.
▶ Wenn nicht veränderbar = nicht (zu lange) ärgern = akzeptieren. Verschwenden Sie nicht unnötig Energie für Dinge, die nicht zu ändern sind.
▶ In Tagesablauf einplanen: Es gibt keinen Tag ohne störende Elemente, Sie planen aber Ihren Tag vielleicht so, als ob Sie allein auf der Welt sind.

Teilen Sie Ihre Störfaktoren ein, in solche:

▶ die Sie beeinflussen können, oder
▶ die Sie gegebenenfalls beeinflussen können oder
▶ die Sie nicht beeinflussen können.

Denken Sie in diesem Zusammenhang darüber nach, was *Störung* eigentlich bedeutet:
▶ ist es nur nicht Eingeplantes,
   aber für Ihre Tätigkeit *absolut Notwendiges* (Telefonieren, der Chef, Informationen, die Sie benötigen)
▶ oder sind diese Tätigkeiten *vermeidbar, beeinflussbar, verschiebbar?*

Übung Nr. 1

Machen Sie sich einmal Gedanken über Ihre Störfaktoren: Sie finden hier eine Liste der wichtigsten „äußeren" und „inneren" Störfaktoren. Überlegen Sie, wie Sie diese verändern können und tragen es in die Liste ein.

Störfaktoren/Zeitdiebe „von außen"	Veränderungsmöglichkeiten
Postverteilung	
Vertretung (Mehrarbeit)	
Vorarbeiten	
Probleme	
Besprechung	
Hoher Geräuschpegel (z. B. Radio)	
Kollegen	
Kunden	
Wetter	
E-Mails	
Pausen	
Positive Störungen (Snack mit Kollegen)	
Vorgesetzte	
Telefon	
Systemstörungen	
Nicht informiert sein	

Störfaktoren/Zeitdiebe „von innen"	Veränderungsmöglichkeiten
Unlust	
Müdigkeit	
Konzentrationsmangel	
Falsche Selbsteinschätzung	
Falsche Ziele	
Hunger, Durst	
Zu viele Aufgaben gleichzeitig	
Überblick verlieren	
Schlechter Arbeitsplatz	
Krank zur Arbeit kommen	
Ablenken lassen	
Fehlende Selbstdisziplin	
Selbstmotivation und Belohnung	

Im Anhang finden Sie Erläuterungen zu dieser Übung sowie Hinweise, wie Sie ab sofort besser mit Ihren Störfaktoren umgehen.

Checkliste: Häufigste Unterbrechungen

Uhrzeit	Tätigkeit	Unterbrechungen Ihrer Arbeit durch ...					Summe der
		Kunde	Chef	Kollege	Telefon extern	Telefon intern	Störungen / Unterbrechungen
06:30							
07:00							
07:30							
08:00							
08:30							
09:00							
09:30							
10:00							
10:30							
11:00							
11:30							
12:00							
12:30							
13:00							
13:30							
14:00							
14:30							
15:00							
15:30							
16:00							
16:30							
17:00							
17:30							
18:00							
18:30							

2.3   Grundregeln der Zeitplanung

Eine Grundregel der Zeitplanung ist die 60/40-Regel. Dieses bewährte Prinzip besagt, dass Sie Ihre Zeit sinnvoller Weise wie folgt einteilen:

▶ circa **60 %** auf geplante Aktivitäten verwenden
▶ circa **20 %** für unerwartete Aktivitäten (Reserve für Pufferzeiten und nicht planbare Aktivitäten, Zeitfresser) einplanen
▶ circa **20 %** für spontane Aktivitäten (Führungstätigkeiten, kreative Zeiten, soziale und kommunikative Aktivitäten) freihalten

Je nach Art der Tätigkeit können diese Werte nach oben und unten abweichen. Es kann auch sein, dass Sie einen spontanen Chef haben, der seine Zeit selbst sehr flexibel einteilt und Sie damit in Ihrer Zeitplanung einschränkt. In diesem Fall sollten Sie die Gewichtung vielleicht auf 40/60 legen.

▶ Ziel soll der 8-Stunden-Tag mit circa fünf Stunden verplanbarer Zeit sein!!

Reservieren Sie sich genügend Zeit für alle Arbeiten, die Sie in einem Arbeitsgang erledigen können. Größere Arbeitsvorhaben, die Sie nur über einen längeren Zeitraum bearbeiten können, sollten Sie in Teilbereiche zerlegen. Setzen Sie sich Fristen dafür.

„Was du schwarz auf weiß besitzt, kannst du getrost nach Hause tragen", dieser Satz hat auch beim Zeitmanagement seine Richtigkeit. Gemeint ist in diesem Fall das Prinzip der Schriftlichkeit, das oberste Planungsprinzip, denn Ihre geschriebenen Notizen bieten viele Vorteile. Sie fördern:

▶ Überblick
▶ Entlastung
▶ Konzentration
▶ Selbstmotivation
▶ Erfolg
▶ Kontrolle
▶ Dokumentation

und tragen damit wesentlich zur Chefentlastung bei.

Sie sind noch nicht ganz überzeugt, dann lesen Sie bitte weiter. Vorteile der Schriftlichkeit:

▶ Der Tagesplan liegt ständig vor Augen.
▶ Zeitpläne werden weniger leicht umgeworfen.
▶ Keine Ablenkung durch unwichtige Arbeiten (Konzentration auf das Wesentliche).
▶ Entlastung des Gedächtnisses von unnötigem Ballast.
▶ Positiver Tagesrückblick gibt Erfolgserlebnisse und Motivation für den nächsten Tag.

▶ Kontrolle am Ende des Tages lässt Unerledigtes nicht verloren gehen.

▶ Tagespläne lassen sich gut nachvollziehen, und Änderungen der Prioritäten sind besser möglich (ohne die Angst im Hintergrund, etwas Wichtiges außer Acht gelassen zu haben).

▶ Hohes Zeit- und Zielbewusstsein.

▶ Es ist für Sie leichter nachvollziehbar, warum Sie mit einer Arbeit nicht fertig geworden sind und was in Zukunft gegebenenfalls geändert werden muss.

▶ Fehler einer schlechten Tagesplanung werden nicht automatisch am nächsten Tag wieder gemacht, da sie bei der schriftlichen Planung besser zu Tage treten.

▶ Es ist besser erkennbar, wenn Arbeiten delegiert werden müssen (z. B. wenn die Zeit für eine Arbeit zu knapp wird).

▶ Arbeiten sind besser koordinierbar.

▶ Rangfolge der Arbeiten tritt besser hervor.

▶ Überblick über alle Projekte, Aktivitäten und auch delegierten Arbeiten.

▶ Weniger Zeitdruck und Hektik – weniger Stress.

▶ Schriftliche Tagespläne lassen sich zudem auch archivieren (wichtig für spätere Dokumentation Ihrer geleisteten Arbeit usw.).

2.4   Tipps für den Alltag

Checklisten

Kennen Sie das: Sie erledigen eine Arbeit schon seit Jahren, Sie beherrschen Ihre Aufgabe, Sie wissen, dass Sie für die Forecast-Besprechung einen Raum benötigen. Aber als Ihr Chef am Dienstagmorgen fragt, in welchem Raum die Besprechung stattfindet, fällt Ihnen siedend heiß Ihr Versäumnis ein. Sie müssen nun doppelte Mühe aufwenden, um noch ein Besprechungszimmer zu bekommen, ganz davon abgesehen, dass Ihr Chef auch etwas säuerlich darauf reagiert.

Um diesem Ärgernis vorzubeugen, arbeiten Sie mit Checklisten, Ihrem zweiten Gedächtnis. Ihnen kann dann auch nicht das passieren, was ich in meiner Zeit als Sekretärin erlebt habe – Sie werden schmunzeln: Mein Chef flog mehrmals im Jahr in die USA zu unserer Muttergesellschaft. Er startete seine Reise in New York. Es war stets alles klar, er flog immer mit derselben Maschine, er saß immer auf demselben Platz, er wohnte stets im selben Hotel und er fuhr stets denselben Typ von Leihwagen. Wir hatten ein eigenes Reisebüro im Haus, also alles Routine.

Nur vergaß ich einmal – sei es in der Hektik oder auch aus Gedankenlosigkeit – seinen Leihwagen zu buchen. Als mich ein böser Anruf erreichte, meinte ich noch zu wissen, dass es doch wohl in der Metropole New York noch einen Leihwagen geben wird. Au weiah – diese Worte hätte ich mir besser verkniffen. In New York war ein Weltkongress für Mediziner, es gab nicht einmal mehr ein Fahrrad zu leihen. Ich wusste, mein Chef ist nachtragend, den Rest können Sie sich denken. Dies war der Tag, an dem ich beschloss, nicht mehr ohne Checklisten zu „leben".

Für immer wiederkehrende Vorgänge erleichtern Checklisten Ihnen die Arbeit, Sie brauchen keine Sorge mehr zu haben, etwas zu vergessen. Der Begriff kommt übrigens aus der Pilotensprache (to check = prüfen). Formblätter sind Vorratskammern bereits gemachter Erfahrungen. Checklisten sind das bessere Gewissen. Sie entlasten das Gedächtnis und machen den Kopf frei für andere Dinge. Sie ersparen vermeidbare Umwege und Doppelarbeit. Damit sparen Checklisten Zeit, Aufwand und Kosten und machen sich somit zu einem unentbehrlichen Helfer für die Chefentlastung.

Formblätter sind umso wertvoller, je maßgeschneiderter sie für die einzelnen Aufgaben werden. Häufig lassen sich auch von Checklisten sinnvolle Formulare ableiten, die Informationsabläufe systematisieren.

Hier ein paar typische Anwendungsbeispiele
▶ Planung und Durchführung von Besprechungen und Verhandlungen
▶ Vorbereiten von Reden, Tagungen, Seminaren
▶ Leitfaden zur Einarbeitung neuer Mitarbeiter
▶ Einführung von Neuprodukten
▶ Beobachtung des Wettbewerbes
▶ Mitarbeiterbeurteilung
▶ Auftragsannahme und Bestellungen
▶ Reisevorbereitung
▶ Werbeplanung und -durchführung
▶ Bewerbungsgespräche
▶ Reklamationsabwicklung
▶ Pressekonferenz
▶ Messevorbereitung
▶ Firmenjubiläum
▶ Geburtstage
▶ Betriebsausflug
▶ Gebrauchsanweisungen
▶ Verbesserungsvorschläge
▶ Telefongespräche entgegennehmen, führen und weiterleiten
▶ Sicherheitscheckliste (alles aus, alles zu?)
▶ Telefonlisten, Adresslisten
▶ Urlaubsliste (Vertretungen)
▶ Zuständigkeiten (wer macht was?)
▶ A-Z-Liste
▶ Routinearbeiten
▶ Projektliste
▶ Prozessbeschreibungen
▶ Wie lange braucht man für bestimmte Vorgange?

Wie entsteht eine Checkliste?
▶ Brainstorming mit sich selbst oder anderen
▶ Alles zunächst ungeordnet aufschreiben, was das Gehirn hergibt
▶ Stets Kärtchen für Notizen mit sich führen (für spontane Ideen)
▶ Auch gerade vermeintliche Nebensächlichkeiten notieren
▶ Wörter wie „vielleicht, und so weiter, eventuell" vermeiden

Bald werden Sie feststellen, dass eine lange Liste entsteht, wobei es wichtig ist, dass Sie auch die Details beachten.

Checklisten leben und bedürfen ständig der Ergänzung oder Veränderung. Keiner hat so viele Ideen wie alle: Deshalb sollten auch andere Mitarbeiter/Innen eine Tätigkeits-/Arbeitsliste entwickeln und in einem Workshop ergänzen und optimieren. Schauen Sie sich auf den nächsten Seiten Beispiele dazu an:

Abbildung: Grundgerippe einer Checkliste

Arbeit auswählen	Teilarbeiten notieren	Logische Reihenfolge	Gruppen-bildung
… die sich wiederholt	Was muss getan werden?	Was hängt voneinander ab?	Welche Tätig-keiten wieder-holen sich?
… die ähnlich erledigt wird	Was muss beachtet werden?	Zeitliche Bedingungen	Wo gibt es logische Zwischen-stopps?
	Wer muss gefragt werden?	Was baut auf-einander auf?	
	Wer ist zu informaieren?	Wo werden Zwischergebnisse gebraucht?	

Hier für Sie ein Beispiel aus Ihrer täglichen Arbeit

Checkliste zur Terminplanung

1.	Überprüfen Sie vor der Terminvereinbarung alle dafür erforderlichen Fakten.	☐
2.	Tragen Sie alle endgültigen Termine sofort in den Kalender ein, möglichst auch im Terminplanbuch Ihres Chefs.	☐
3.	Bringen Sie – falls notwendig – auf den entsprechenden Unterlagen die Terminvermerke an. Legen Sie Vorgänge in die Termin- oder Wiedervorlagemappe.	☐
4.	Notieren Sie schon bekannte Besprechungspunkte und/oder Vorbereitungsarbeiten in der Terminkartei.	☐
5.	Legen Sie dem Chef einen Zettel mit Datum, Ort und Grund hin.	☐
6.	Informieren Sie umgehend von dem Termin zusätzlich betroffene Personen.	☐
7.	Setzen Sie sich Vortermine in Ihren Kalender bei besonders erforderlichen Vorbereitungen (zum Beispiel Geburtstagen, Jubiläen, sonstigen Veranstaltungen, Reisen, Zahlungs- und Steuerterminen u. a.)	☐
8.	Arbeiten Sie mit Plantafeln, Farbsignalen, Reitern, Pultordnern, Karteien und besonders mit einer Terminkartei.	☐
9.	Benutzen Sie zu Ihrer und anderer Erinnerung Entlastungsformulare (zum Beispiel „Nicht vergessen" – „Idee" – „Versprochen: wem, was" etc.).	☐
10.	Stellen Sie einen Wochenplan und einen Tagesplan auf.	☐
11.	Tragen Sie täglich alle unbedingt zu erledigenden Arbeiten ein und streichen Sie die ausgeführten Aufgaben durch.	☐
12.	Denken Sie bei Terminabsprachen an genügend Pufferzeiten.	☐
13.	Hängen Sie sich bei ganz dringenden Terminen, die umgehend erledigt oder dem Chef nach Rückkehr mitgeteilt werden müssen, einen Hinweiszettel an die Wählscheibe des Telefons oder spießen Sie ihn sonst sichtbar auf.	☐
14.	Tragen Sie Rücksprachetermine besonders ein. Machen Sie sich Kopien der Unterlagen oder der Weitergabezettel bzw. führen Sie einen Rückspracheblock.	☐
15.	Arbeiten Sie mit farbigen Terminzetteln. Legen Sie die Farben aber für die Aufgabengebiete einheitlich fest.	☐
16.	Bei unterminiert gegebenen Aufträgen fragen Sie sofort, bis wann oder wozu wird etwas benötigt, und halten Sie dann den Erledigungstermin fest.	☐
17.	Halten Sie zugesagte Termine unbedingt genau ein oder geben Sie Zwischenbescheide.	☐
18.	Sorgen Sie auch bei Ihrem Chef dafür, dass er seine Termine einhalten kann oder disponieren Sie rechtzeitig um.	☐
19.	Überprüfen Sie immer wieder Ihren Terminkalender.	☐
20.	Besprechen Sie möglichst heute vor Dienstschluss mit Ihrem Chef seine Termine für morgen.	☐

Systematisches Lesen

Die Informationsflut in den Büros nimmt täglich zu. Sie werden sich auch manches Mal fragen, wie Sie Zeit finden sollen, alles zu lesen. Sie wissen aber, wie wichtig es ist, als Sekretärin/Assistentin über alles informiert zu sein. Ich habe für Sie einige Tipps für das Lesen zusammengestellt, egal on es sich um Posteingänge, Zeitungen, Zeitschriftenartikel oder Fachbücher handelt. Das A und O einer guten Lesetechnik ist die Vorbereitung. Stellen Sie sich vor Beginn folgende Fragen:

▶ Was erwarte ich von dem jeweiligen Text?
▶ Habe ich schon eine Ahnung von diesem Thema?
▶ Für welchen Zweck benötige ich diesen Lesestoff?
▶ Muss ich den Inhalt an andere Personen weitergeben?
▶ Was ist von dem Inhalt so wichtig, dass ich es griffbereit haben muss?

Lesen Sie immer zuerst, wenn vorhanden, die grobe Inhaltsangabe, die Einleitung oder das Fettgedruckte. „Überfliegen" Sie die einzelnen Seiten, suchen Sie nach Stichworten, die Sie ansprechen. So können Sie schon im Vorhinein feststellen, ob der Inhalt für Sie interessant ist oder nicht. Grundvoraussetzung dafür, dass Sie schnell lesen, ist, dass Sie sich konzentrieren können: Schalten Sie nach Möglichkeit alle Störquellen (Telefon, Besucher etc.) aus, sodass Sie sich ganz auf den Text einstellen können.

Grundsätzlich gelten für das Schnelllesen folgende Regeln
▶ **Nicht zurückblicken**
  (eventuell bereits Gelesenes abdecken)
▶ Augen **ruckartig** und **schnell** bewegen
  (nicht fließend und langsam)
▶ **Nicht mitsprechen**
  (auch nicht in Gedanken)
▶ Eher **von oben nach unten** als von links nach rechts lesen
▶ Vor dem Lesen zunächst einen **Überblick** über den Text oder Abschnitt verschaffen
▶ Versuchen Sie bewusst, **größere Einheiten** wahrzunehmen
▶ Eher **vertikal** als horizontal lesen

Der Sinn eines Textes geht nicht aus den einzelnen Buchstaben oder Wörtern hervor, sondern aus den Beziehungen der Wörter zueinander, das heißt aus den Gedankenkomplexen, Sätzen, Absätzen usw. Ein schlechter Leser, der einzelne Buchstaben oder Wörter gesondert erfasst, ist gezwungen, beim Lesen in einzelnen Buchstaben bzw. Wörtern zu denken. Diese enthalten jedoch für sich gesehen wenig Informationen.

Rationelle Postbearbeitung

Die unvermeidliche Bearbeitung der Post beschäftigt uns häufig länger als eine Stunde pro Tag. Hier ein paar Tipps zur schnelleren Abwicklung:

- Erledigen Sie, soweit möglich, alle Vorgänge sofort, sobald Sie sie in die Hand bekommen.
- Richten Sie sich einen dreistufigen Postkorb ein:
  - Soforterledigung
  - Wiedervorlage
  - Ablage
- Bearbeiten Sie nur Post, die für Sie von Bedeutung ist, verzichten Sie auf die Routinepost.
- Sortieren Sie die Eingangspost in Mappen.
- Legen Sie zu den Eingangsbriefen die entsprechenden Vorgänge.
- Machen Sie sich bei jedem Schreiben Notizen, erarbeiten Sie sofort für jeden Brief eine „Leitschiene".
- Machen Sie die Ablage P (Papierkorb) zu Ihrem besten Freund.
- Leiten Sie Schreiben, die von anderer Seite bearbeitet werden müssen, sofort weiter.
- Nehmen Sie jeden Vorgang nur einmal in die Hand, leiten Sie die entsprechenden Aktivitäten sofort ab.

Vorschläge für effizientes Zeitmanagement

- Gönnen Sie sich etwas Gutes, belohnen Sie sich selbst, bevor Sie mit einer unangenehmen Aufgabe beginnen. Es wirkt oft Wunder, wenn Sie sich zu Beginn von Tätigkeiten, die unbedingt erledigt werden müssen oder die Sie ungern tun, etwas Schönes in Aussicht zu stellen.
- Planen Sie jeden Freitag die Erledigung wichtiger Dinge der kommenden Woche.
- Gestalten Sie entweder am Abend vorher oder am Morgen zu Beginn in Ruhe den kommenden Tag. 15 Minuten tägliche Vorbereitungszeit können bis zu zwei Stunden Zeit am Tag sparen helfen, so zeigen die Erfahrungen.
- Für Sie gibt es keine lästigen „Wartezeiten" mehr. Müssen Sie warten, freuen Sie sich über dieses Zeitgeschenk, Sie entspannen sich, machen Pläne oder beschäftigen sich mit Dingen, zu denen Sie sonst nicht gekommen wären.
- Sie fragen sich oft: „Würde etwas Schreckliches passieren, wenn Sie diesen Punkt links liegen lassen?" Lautet die Antwort: „Nein", lassen Sie den Punkt links liegen.
- Wenn Sie sich vor einer Aufgabe drücken wollen, fragen Sie sich: „Wovor drücke ich mich?" Suchen Sie dann eine offene Konfrontation mit dem Problem.
- Üben Sie sich darin, Ihre Aufgabenliste Punkt für Punkt abzuarbeiten, ohne die heiklen Punkte zu überspringen.
- Halten Sie Ihren Schreibtisch für das jeweils Wichtigste frei, das Sie dann genau in der Mitte postieren.
- Sämtliche Belanglosigkeiten erledigen Sie einmal im Monat.
- Vereinbaren Sie bei eiligen Sachen eine Zeitangabe.
- Bewahren Sie Ruhe, auch unter Zeitdruck. Durch Unruhe (Hektik, schnelleres Arbeiten) erreichen Sie mehr, machen aber mehr Fehler.
- Erst denken, dann handeln. Stille wirkt kreativ.
- Gehen Sie mit Ihrer Zeit nicht verschwenderisch, sondern sparsam um. Ein amerikanisches Sprichwort besagt:

„Heute ist der erste Tag vom Rest Deines Lebens!"

► Arbeiten Sie nach dem Sprichwort: „Was Du heute kannst besorgen, das verschiebe nicht auf morgen". Sie gehen beruhigt nach Hause, wenn Sie Ihre Vorbereitungen für den nächsten Tag getroffen haben.

► Legen Sie sich ein Blatt mit dem Titel „IDEEN" in Ihrem Kalender an. Hier können Sie alles eintragen, was Sie in der nächsten Zeit machen möchten. Wenn Sie ein wenig Muße haben, schauen Sie sich dieses Ideenblatt an; so wird Ihre Kreativität unterstützt.

► Beherzigen Sie so oft wie möglich den Spruch des Freiherrn von Russwurm:

> *„Was nützt die Liebe, Glück, Befriedigung und*
> *Reichtum, wenn du dir nicht die Zeit gönnst,*
> *sie in Muße zu genießen."*

2.5 Prioritäten

Mir klingt noch heute der Satz meines Chefs in den Ohren, wenn ich ihn fragte, was ich denn nun zuerst erledigen soll: „Maychen, setzen Sie doch einfach Prioritäten." Gut gesagt, aber so richtig geholfen hatte er mir damit nicht. Woher sollte ich immer genau wissen, was für ihn Priorität hatte. Deshalb wichtig: Ihre Prioritäten können Sie selbst setzen, aber in den wenigsten Fällen wissen Sie, was Ihr Chef zuerst benötigt.

Vielleicht neigen Sie auch dazu, eine Aufgabe als oberste Priorität zu sehen, die Sie gerne machen. Ja, ich sehe Sie jetzt nicken – also erwischt. Prioritäten setzen hat damit überhaupt nichts zu tun, sondern ist etwas ganz Neutrales. Die Vorteile liegen auf der Hand:

Durch Aufstellung einer Rangreihe Ihrer Aufgaben stellen Sie sicher, dass Sie:

► Zunächst nur an wichtigen oder notwendigen Aufgaben arbeiten
► Die Aufgaben gegebenenfalls nur nach ihrer Dringlichkeit bearbeiten
► Sich jeweils nur auf eine Aufgabe konzentrieren
► Die Aufgabe in der festgesetzten Zeit effektiver erledigen
► Die gesetzten Ziele unter den gegebenen Umständen noch am besten erreichen
► Alle Aufgaben delegieren, die von anderen durchgeführt werden können
► Am Ende der Planungsperiode (z. B. eines Arbeitstages) zumindest die wichtigsten Dinge erledigt haben
► Die Aufgaben, an denen Sie und Ihre persönliche Leistung von Ihrem Chef gemessen werden, nicht unerledigt liegen lassen

Im Folgenden lesen Sie, wie Sie am sinnvollsten Prioritäten setzen.

2.5.1 ABC-Analyse

Damit Sie alle Aufgaben genau zum richtigen Zeitpunkt mit der erforderlichen Konzentration erledigen können, sollten Sie sie einer qualitativen Überprüfung unterziehen. Die ABC-Analyse hilft Ihnen, Ihr Augenmerk auf die relevanten Aufgaben zu richten.

Wertanalyse der Zeitverwendung

(ABC-Analyse)

65%	20%	15%
A-Aufgaben	B-Aufgaben	C-Aufgaben
sehr wichtig	wichtig	Kleinkram Routine-Aufgaben
15%	20%	65%

Tatsächliche Zeitverwendung

A-Aufgaben vorrangig behandeln
Die oberen 15 % der aufgelisteten Aufgaben sind die A-Aufgaben, das heißt, sie haben in der Planung der Zeit absoluten Vorrang. Sie erzielen mit diesen eine hohe Effizienz.

B-Aufgaben auch delegieren
Die B-Aufgaben machen 20 % der bearbeiteten Aufgaben aus. Bedenken Sie, welche dieser Aufgaben Sie selbst bearbeiten und welche delegiert werden können. Sie dürfen keineswegs auf Grund von B-Aufgaben die A-Aufgaben vernachlässigen.

C-Aufgaben sind Routine
Die restlichen 65 % Ihrer Arbeitszeit planen Sie für die Erledigung der täglichen Routineaufgaben ein. Auch diese Zeit müssen Sie versuchen einzuhalten, denn sie dient der Abwicklung von Detailgeschäften. Je mehr C-Aufgaben Sie aufschieben können, desto besser! Sie erledigen sich unter Umständen von selbst. Denken Sie immer daran: Wichtigkeit geht vor Dringlichkeit.

Stellen Sie sich in diesem Zusammenhang immer wieder diese Fragen:

▶ Muss das *so* sein?
▶ Muss das *jetzt* sein?
▶ Muss *ich* das sein?
▶ Muss das *überhaupt* sein?

Wie kann Ihnen nun die ABC-Analyse eine Hilfe für Ihre Prioritäten sein? Arbeiten Sie mit der „Körbchen-Methode" und Sie bekommen mehr Übersicht:

Tagesprioritäten mit der „Körbchenmethode" festlegen:

Korb 1 = Rotes Körbchen (Farbe hat hier keine Bedeutung)

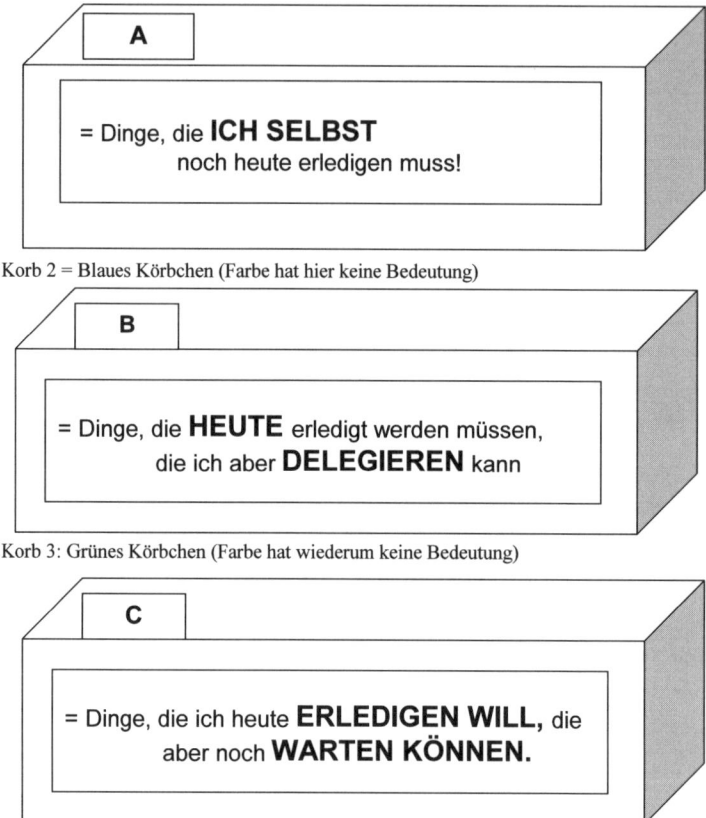

A

= Dinge, die **ICH SELBST** noch heute erledigen muss!

Korb 2 = Blaues Körbchen (Farbe hat hier keine Bedeutung)

B

= Dinge, die **HEUTE** erledigt werden müssen, die ich aber **DELEGIEREN** kann

Korb 3: Grünes Körbchen (Farbe hat wiederum keine Bedeutung)

C

= Dinge, die ich heute **ERLEDIGEN WILL,** die aber noch **WARTEN KÖNNEN.**

Mit dieser Methode haben Sie den Überblick über Ihre jeweiligen Tages-Prioritäten. Wenn Sie gegen 15.00 Uhr auf die Uhr schauen und feststellen, dass in Korb 1 noch eine Sache liegt, dann heißt es Ihre jetzige Arbeit zu unterbrechen.

Hinweis: Diese drei Körbe müssen jeden Tag neu „bestückt" werden.

Checkliste für Tagesprioritäten
▶ Notieren Sie hier die Aufgaben für den nächsten Tag.
▶ Fassen Sie Routinearbeiten zusammen.
▶ Setzen Sie die Zeit, die Sie dafür benötigen, ein.
▶ Kreuzen Sie die Prioritäten an.

Was ist zu tun?	Dauer	A	B	C

2.5.2 Das Eisenhower-Prinzip

Dieses Prinzip – nach dem amerikanischen Präsidenten Eisenhower benannt – hat als oberste Regel: „Wichtig kommt vor dringlich."

Prioritäten setzen nach den Kriterien

──────▶ **Dringlichkeit der Aufgabe**
──────▶ **Wichtigkeit der Aufgabe**

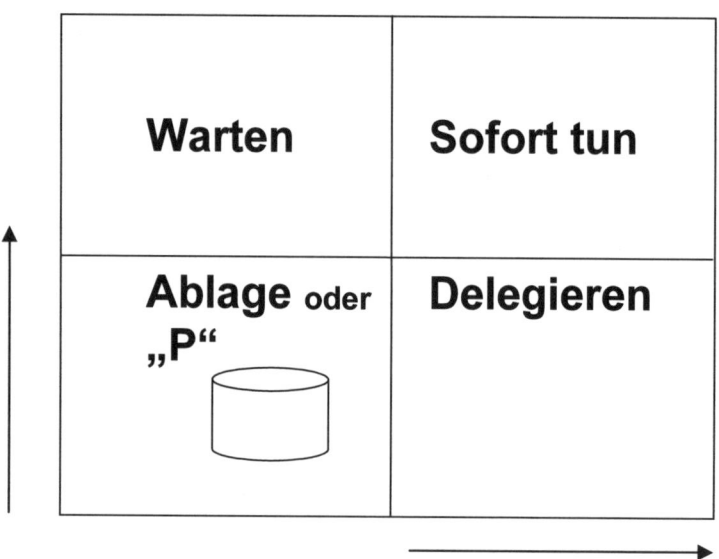

Wichtigkeit　　　　　　　**Dringlichkeit**

Anwendung des Eisenhower-Prinzips

▶ Aufgaben, die dringend und wichtig sind, muss ich selbst erledigen und sofort in Angriff nehmen, sie bringen mir erhebliche Vorteile.

▶ Aufgaben von hoher Wichtigkeit, die aber noch nicht dringlich sind, können warten (auf Termin legen).

▶ Aufgaben, die keine hohe Wichtigkeit haben, aber dringlich sind, sollten, wenn möglich, delegiert werden. Ist das nicht möglich, nachrangig erledigen.

▶ Von Aufgaben, die weder dringlich, noch wichtig sind, nehmen Sie Abstand. Diese kommen in die Ablage oder den Papierkorb. Diese Dinge erledigen sich häufig von allein.

2.5.3 Das Pareto-Prinzip

Wilfredo Pareto, ein italienischer Wirtschaftswissenschaftler, stellte fest, dass innerhalb einer Gruppe von Aufgaben normalerweise die bedeutenden Dinge einen relativ kleinen Anteil der Gesamtaufgaben ausmachen:

▶ 80 % der aufgewandten Zeit münden in 20 % der Ergebnisse.
 – „Nebensächlich viele" Situationen oder Probleme

▶ 20 % der aufgewandten Zeit münden in 80 % der Ergebnisse.
 – „Lebenswichtig wenige" Situationen oder Probleme

▶ 20 % des Zeitaufwandes bringen bereits 80 % der Ergebnisse.

Finden Sie heraus, welches Ihre bedeutenden Aufgaben sind, und verwenden Sie entsprechend Zeit für deren Erledigung.

Er fand übrigens noch weitere Punkte für seine 80/20-Regel: Sicher kennen Sie einen Teil aus Ihrem Alltag:

▶ 20 % Ihrer Kunden sind so wichtig, dass sie für 80 % Ihres Umsatzes verantwortlich sind.

▶ 20 % Ihrer Waren bringen 80 % des Umsatzes.

▶ 20 % der Produktionsfehler verursachen 80 % des Ausschusses.

▶ 20 % Ihrer Papiere enthalten 80 % der für Sie wichtigen Informationen.

▶ 20 % der Besprechungszeit bewirken 80 % Ihrer Beschlüsse.

▶ Ihre Arbeitsorganisation: 20 % Ihrer Aufgaben sind so wichtig, dass Sie damit 80 % Ihres Arbeitserfolges erreichen werden.

2.6 Stille Stunden einplanen

„Die größten Ereignisse, das sind nicht unsere lautesten, sondern unsere stillsten Stunden ...",

...meinte schon Nietzsche.

Auch Sie sollten für sich diese stillen Stunden einplanen, in denen Sie aufwändige Arbeiten erledigen können. Das ist In Ihrem Bereich sicher nicht immer ganz einfach, aber wert, darum zu kämpfen. Wenn möglich, sollten Sie für diese Arbeit in ein anderes Büro oder ein Besprechungszimmer gehen. Bitten Sie eine Kollegin oder einen Kollegen, für diese Zeit Ihr Telefon zu übernehmen.

Wenn Sie dauernd gestört oder in Ihrer Arbeit unterbrochen werden, tritt der so genannte „Sägeblatteffekt" ein. Ein Motor, den Sie nur ein paar Minuten laufen lassen und dann wieder ausschalten, wird gar nicht richtig auf Betriebstemperatur kommen. Er erreicht seine volle Leistungsfähigkeit nicht.

Ähnlich geht es uns Menschen bei der Arbeit. Wir brauchen eine gewisse Anlaufzeit – etwa 5, 10, 20 Minuten – bis wir 100-prozentige Leistungsfähigkeit erreicht haben. Werden wir vorher unterbrochen, fangen wir fast wieder bei Null an. Die volle Leistungsfähigkeit erreichen wir nie.

In diesem Zusammenhang versuchen Sie auch, Ihre Arbeit auf Serienproduktion umzustellen, und zwar mit folgendem Hintergrund: Bedenken Sie, was Sie beginnen und nicht zu Ende führen, ist wie noch nie begonnen. Darum fangen Sie wenig an, aber führen Sie es zu Ende.

Stellen Sie auf „Serienproduktion" um. So z. B. nach der Art der Erledigung: Schreiben (PC-Arbeit), Telefonate, Besprechungen, Lesen. Erst also eine Phase, in der Sie die Telefonate erledigen, in der anderen Phase diktieren Sie die Post etc. Sie sollten sich für die Erledigung der Serien feste Zeiten vornehmen. Gerade der festgelegte Zeitblock zwingt Sie zur sinnvollen Aktivität.

2.7 Zeitanalyse

Fragen Sie sich auch häufig, wo Ihre Zeit geblieben ist? Geht es Ihnen manchmal so, dass Sie Tätigkeiten völlig unter- oder überschätzen? Ihr Chef will wissen, wie lange Sie für eine bestimmte Auswertung brauchen, und Sie stellen fest, dass Sie mit den angegebenen zwei Stunden nicht klar kommen. Wenn Sie sich hier erkannt haben, dann ist Ihr einziger Ausweg eine Zeit- und Tätigkeitsanalyse, denn Sie können Ihre Arbeit nicht planen, wenn Sie nicht wissen, was Sie konkret tun.

Sie müssen also zunächst Ihre eigene Zeit analysieren. Die Bestimmung Ihrer Zeitprobleme erfordert es, Ihre tatsächliche Zeitnutzung festzustellen. Diese Maßnahme bildet den entscheidenden ersten Schritt zu einer besseren Zeitnutzung.

Darum müssen Sie sich einen Analysebogen erstellen, auf dem Sie vermerken, welchen Dingen Sie im Laufe eines Tages Ihre Aufmerksamkeit schenken. Nur dann haben Sie die Sicherheit, dass Ihnen nicht der Untergang in Arbeit droht ...! Machen Sie diese Analyse über einen Zeitraum von circa vier Wochen, und arbeiten Sie mit einer Uhr auf dem Schreibtisch, dann stellt sich auch schneller ein gutes Zeitgefühl ein.

Sie werden erstaunt sein, wie schnell Sie manche Dinge erledigen und wie lange Sie wiederum für andere benötigen. Erst mit dieser Analyse sind Sie wirklich in der Lage, Ihre Zeit realistisch zu planen.

Zeit- und Tätigkeitsanalyse

Tätigkeiten	Strichliste
Denken Lesen Schreiben Sachbearbeitung Telefonieren Ablage/Suchen Besprechung	Alle 15 Minuten – Strich bei der Tätigkeit, die Sie in diesem Augeblick gerade ausüben!
Pausen Wegezeiten	In absoluten Minuten notieren
Unterbrechungen	Genaue Anzahl, jede Störung = ein Strich

88

Zeitanalyse: Hier für Sie eine Vorlage, die Sie nutzen können, wenn Sie sich entschließen, eine Analyse über Ihre Zeit und Ihre Arbeit zu erstellen:

Protokoll: Wo bleibt meine Zeit?   **Datum:**

P/U	Min.	Art	Text	P/U	Min.	Art	Text
	7.00 h				10.00 h		
	7.30 h				10.30 h		
	8.00 h				11.00 h		
	8.30 h				11.30 h		
	9.00 h				12.00 h		
	9.30 h				12.30 h		

P/U	Min.	Art	Text	P/U	Min.	Art	Text
	13.00 h				16.00 h		
	13.30 h				16.30 h		
	14.00 h				17.00 h		
	14.30 h				17.30 h		
	15.00 h				18.00 h		
	15.30 h				18.30 h		

Mit **P/U** notieren Sie **U**-ngeplante und **P**-lanmäßige Arbeiten.
In der Zeitspalte bitte die Dauer der Tätigkeit in Minuten eintragen.
Für die statistische Auswertung werden unter „**Art**" Tätigkeitsgruppen gebildet.
Zum Beispiel:
T = Telefonat, B = Besprechung/Konferenz, S = Schreiben/Diktieren, P = Post, R = Reisezeit

2.7.1 Die Alpen-Methode

Wenn Sie beabsichtigen, mit Zeitplänen zu arbeiten, ist der erste Schritt ein Tagesplan. Ein Tagesplan ist eine gute Übung für alle anderen Pläne, denn bedenken Sie, wenn Sie Ihren Tagesplan schon nicht in den Griff bekommen, wird das bei längeren Perioden wie Wochen-, Monats- und Jahresplänen erst recht nicht gelingen.

Seien Sie bei Ihrem Tagesplan realistisch, verzichten Sie auf Marathonplanungen, die ohnehin nicht zu schaffen sind und nur Frust verursachen. Ihr Tagesplan sollte nur das enthalten, was Sie auch tatsächlich an diesem Tag schaffen wollen. Als Hilfestellung bietet sich hier die Alpen-Methode an. Keine Sorge, wir beginnen nun nicht mit schweißtreibenden Aufstiegen, Sie können schon zufrieden sein, wenn Sie Ihren Arbeitsberg schaffen.

Und so sieht diese Methode aus

A Aufgaben, Aktivitäten, Termine aufschreiben,
Unerledigtes von gestern, neue Termine, Telefonate, Briefe, wiederkehrende Aufgaben.

L Länge der Aktivitäten schätzen (realistisch), bei jeder Tätigkeit notieren Sie den Zeitbedarf (dies gelingt Ihnen umso besser, wenn Sie schon vorher eine Zeitanalyse erstellt haben). Setzen Sie für bestimmte Aufgaben ein Zeitlimit, es ist erwiesen, dass wir Arbeiten häufig in einer vorgegebenen Zeit schaffen können.

P Pufferzeiten reservieren, nicht vergessen: Verplanung von circa 60 % der Arbeitszeit. Empfehlenswert, hier das 50/50 -Prinzip anzuwenden.

E Entscheidung über Prioritäten setzen, delegieren oder Kürzungen vornehmen, eventuell Streichen von Aufgaben. Der Rest muss verschoben werden oder Sie müssen ihn in Überstunden abarbeiten.

N Nachkontrolle – Unerledigtes kennzeichnen oder auf den nächsten Tag übertragen. Dies hat den Vorteil, dass es Ihnen irgendwann lästig wird und Sie diese Aufgabe nun endlich anpacken oder sie erledigt sich von alleine – dies ist natürlich der Idealfall.

2.7.2 Die „Salami-Taktik"

Hier geht es nun nicht um Ihr wohlverdientes Essen, vielmehr liegt in dieser Taktik das Geheimnis erfolgreicher Ziel- und Zeitplanung. Alle größeren Ziele, Projekte und Vorhaben werden in kleine Scheibchen beziehungsweise Aktivitäten zergliedert und Schritt für Schritt erledigt. Bereits der französische Universalwissenschaftler René Déscartes (1596-1650) formulierte 1637 eine Arbeitsmethode, deren Grundprinzipien für die Planung der Zielerreichung bis heute noch ihre Gültigkeit haben:

1. Formuliere das Problem (Ziel, Projekt) schriftlich.
2. Zerlege die Gesamtaufgaben in einzelne, kleine Teile (in Salamischeiben).
3. Ordne die Teilaufgaben nach Prioritäten und Terminen.
4. Erledige die Aktivitäten und kontrolliere das Ergebnis.

Womit mal wieder bewiesen ist, dass Sie das Rad nicht neu erfinden müssen, schon die „Alten" hatten so manche Weisheit parat, die Sie heute noch anwenden können.

2.8 Welcher Zeittyp sind Sie/ist Ihr Chef?

In der Zusammenarbeit mit dem Chef ist es wichtig zu wissen, welche Zeittypen beide sind. Wir sprechen hier vom Morgen- oder vom Abendmensch. Ihr Chef wird sicher erwarten, dass Sie sich ihm anpassen. Sind Sie der Morgen- und er der Abendmensch, wird er nicht gerade begeistert sein, wenn Sie ihn gleich morgens mit wichtigen Dingen überfallen.

Stellen Sie fest, zu welchen Tageszeiten welche Arbeiten für Ihren persönlichen Arbeitsrhythmus am geeignetsten sind, und planen Sie dies entsprechend mit ein. Schwierige Aufgaben sollten Sie zum Beispiel in das Zentrum Ihres Tages legen.

Entsprechend arbeiten Sie dann Ihrem Chef zu.

Morgenmensch
Fangen Sie früh mit Ihrer Arbeit an, möglichst bevor die Kollegen kommen und das Telefon klingelt.
Erledigen Sie zuerst die wichtigste Aufgabe, denn was Sie jetzt nicht schaffen, schaffen Sie den ganzen Tag nicht mehr. Erledigen Sie Routineaufgaben am Nachmittag.

Abendmensch
Erledigen Sie wichtige Aufgaben am Nachmittag in Ihrem Leistungshoch. Sie müssen auf eine Balance zwischen Beruf und Feierabend achten, sonst leiden Freizeit und Familie.

> **Erkenntnis**
> Die Arbeit ist optimal über den Tag verteilt, wenn Tätigkeiten mit (niedriger) persön-
> licher Anforderung zu den Zeiten des individuellen Leistungshochs (-tiefs) erledigt
> werden. Für die Zeitplanung bedeutet dies, Tätigkeiten werden nach Anforderung
> differenziert und entsprechend der Leistungskurve platziert.

Biorhythmus, wie Sie das Mittagstief überwinden

Toter Punkt. Schlapp quälen Sie und Ihr Chef sich herum. Jeden Tag das große Gähnen.
Pünktlich zwischen 13.00 und 15.00 Uhr ist es da – das so genannte Mittagstief. Die
Flaute ist fest in unserem Biorhythmus verankert. Am besten wäre jetzt ein Turbo-
Powerschläfchen. Doch wer kann sich das heilsame horizontale Intermezzo, das Nicker-
chen am Arbeitsplatz, schon leisten? Ausnahme ist, wenn Sie in einem japanischen Unternehmen arbeiten. Wie Sie mit Ihrem Chef dem Schlappsein trotzdem ein Schnippchen
schlagen, lesen Sie jetzt.

Sieben Muntermacher

- ▶ **Kein Kantinenessen** – besser mittags nur frisches Obst, knackigen Salat, gekochtes
  Gemüse.
- ▶ **Weniger Tee und Kaffee** – Koffein macht zwar munter, dann aber eher schlapp.
  Besser: grüner oder Matetee, wirkt anhaltend anregend.
- ▶ **Pflanzenextrakt schlucken** – ein paar Tropfen Kampfer oder Weißdorn fördern die
  Durchblutung und kurbeln den Kreislauf an.
- ▶ **Verspannung lockern** – Hals und Schultern mit festem Druck massieren. Das Ge-
  hirn wird wieder besser mit Blut versorgt.
- ▶ **Fenster öffnen** – den immer flacher werdenden Atem ankurbeln. Mehrmals ganz,
  ganz tief ein und ausatmen.
- ▶ **Kurzes Powerwalking** – ein paar Minuten in frischer Luft mit großen Schritten
  schnell gehen.
- ▶ **Tomatensaft** – trinken Sie Tomatensaft mit Pfeffer. Das einzige Getränk, das fit
  macht, probieren Sie es aus.

Vielleicht können Sie Ihren Chef von dem einen oder anderen Hilfsmittel überzeugen, er
wird Ihnen für die Tipps dankbar sein, wenn er voller Elan im Mittagstief in eine Besprechung geht.

Nun stellen wir immer wieder fest, dass es natürlich auch beim Zeitmanagement verschiedene Typen und Menschen gibt. Bearbeiten Sie doch die nächste Checkliste, die
Ihnen Hinweise darauf gibt, zu welchen Typen Sie und Ihr Chef zählen. Das wird Ihnen
sicher die Zusammenarbeit erleichtern.

Analyse und Checkliste der individuellen Arbeitstechnik
(Mit Fragezeichen zur Selbstanalyse, ohne Fragezeichen als Checkliste)

▶ Planen Sie Ihre Arbeit für den nächsten Tag vorher? Für längere Tätigkeiten vorher?	▶ Bereiten Sie Wesentliches vor: Telefonate, Besprechungen?
▶ Verschaffen Sie sich einen Überblick, bevor Sie beginnen?	▶ Handeln Sie selbstständig?
▶ Erledigen Sie Aufgaben von Wichtigkeit und Eile?	▶ Achten Sie auf günstige Zeiten: Telefonate, Leistungskurve?
▶ Stellen Sie einen Zeitplan auf? Setzen Sie sich Fristen?	▶ Haben Sie Mut, „Nein" zu sagen und Verantwortung zurückzudelegieren?
▶ Verschieben Sie Unangenehmes?	▶ Machen Sie Verbesserungsvorschläge?
▶ Konzentrieren Sie sich auf die Tätigkeit, an der Sie gerade arbeiten?	▶ Nehmen Sie selbst Verbesserungsvorschläge an?
▶ Beenden Sie Angefangenes möglichst sofort?	▶ Halten Sie Ordnung, damit auch andere alles finden?
▶ Machen Sie Pausen nach gewissen Zeiten und Tätigkeiten?	▶ Verlieren Sie bei schwierigen Aufgaben nicht die Lust?
▶ Denken Sie an Ihre Gesundheit: Essen, frische Lust, Bewegung?	▶ Bilden Sie sich weiter, um Neues kennen zu lernen?
▶ Beginnen Sie nur eine Sache auf ein Mal?	▶ Halten Sie Nachschlagewerke griffbereit?
▶ Verwenden Sie Hilfsmittel: z. B. Checklisten, ABC-Analyse, Terminplaner?	▶ Richten Sie Ihren Arbeitsplatz rationell ein?
▶ Arbeiten Sie mit System: Ablage, Wiedervorlage, Erinnerungen?	▶ Räumen Sie täglich Ihren Schreibtisch auf?
	▶ Entspannen Sie sich – vergessen Sie Ihre Arbeit außerhalb der Arbeitszeit?
Wenn Sie mehr als 20 Punkte mit „Ja" beantwortet haben: Sie haben einen überdurchschnittlich guten Arbeitsstil.	Über 15 „Ja"-Antworten: Sie haben einen durchschnittlich guten Arbeitsstil. Weniger als 15 „Ja"-Antworten: Eine Änderung der Arbeitstechnik ist zu empfehlen.

Wenn Ihnen nun noch die Information fehlt, ob Sie und Ihr Chef zu den Morgen- oder Abendmenschen zählen, nehmen Sie sich ein paar Minuten für den folgenden Test:

Sind Sie ein „Morgen-" oder ein „Abendmensch"?
1. Beantworten Sie bitte alle Fragen.
2. Notieren Sie den Punktwert jeder Frage.
3. Addieren Sie den Punktwert zur Gesamtpunktzahl.

1.	Wann werden Sie abends müde?	
	Vor 21.00 Uhr	3 Punkte
	21.00 – 23.00 Uhr	4 Punkte
	Nach 23.00 Uhr	0 Punkte
2.	Ist die Müdigkeit	
	Zwingend?	1 Punkt
	Unüberwindbar?	3 Punkte
3.	Kommt danach eine wache Phase?	
	Ja	1 Punkt
	Nein	3 Punkte
4.	Werden Sie nachts häufig wach?	
	Ja	5 Punkte
	Nein	2 Punkte
5.	Haben Sie Träume und bleiben diese in Erinnerung?	
	Ja	6 Punkte
	Nein	1 Punkt
6.	Schlafen Sie spät ein?	
	Ja	7 Punkte
	Nein	6 Punkte
7.	Wann wachen Sie auf, wenn Sie nicht geweckt werden?	
	Vor 06.00 Uhr	8 Punkte
	06.00 – 08.00 Uhr	9 Punkte
	Nach 09.00 Uhr	0 Punkte
8.	Wie würden Sie Ihren Schlafrhythmus gestalten, wenn Sie keine beruflichen oder sonstigen Verpflichtungen hätten?	
	a) Aufstehen	
	05.00 – 07.00 Uhr	8 Punkte
	07.00 – 08.00 Uhr	11 Punkte
	08.00 – 09.00 Uhr	12 Punkte
	Nach 09.00 Uhr	0 Punkte
	b) Mittagsschlaf	
	Ja	1 Punkt
	Nein	4 Punkte
	c) Nachmittags Kaffeetrinken	
	Ja	13 Punkte
	Nein	2 Punkte

	d) Abends			
	Ausgehen/Gäste haben			1 Punkt
	Fernsehen			14 Punkte
	Ruhen, früh schlafen			6 Punkte
9.	Sind Sie frisch, wenn Sie geweckt werden?			
	Ja			15 Punkte
	Nein			2 Punkte
10.	Sind Sie frisch, wenn Sie normal wach werden?			
	Ja			16 Punkte
	Nein			1 Punkt
11.	Wie ist das Befinden beim Frühstück (Punkte von a – d addieren)			

		weniger	gut	sehr gut
	a) Appetit	1	2	3
	b) Frische	1	2	3
	c) Gesprächsfreudigkeit	1	2	3
	d) Konzentration	1	2	3

12.	Wann können Sie vormittags eine Ermüdung registrieren?	
	08.00 – 09.00 Uhr	1 Punkt
	09.00 – 10.00 Uhr	17 Punkte
	10.00 – 11.00 Uhr	18 Punkte
	11.00 – 12.00 Uhr	1 Punkt
13.	Wie ist das Befinden nach dem Mittagessen?	
	Eher müde	19 Punkte
	Eher frisch	1 Punkt
14.	Wann können Sie nachmittags eine Ermüdung registrieren?	
	14.00 – 15.00 Uhr	20 Punkte
	15.00 – 16.00 Uhr	21 Punkte
	16.00 – 17.00 Uhr	1 Punkt
	Gesamtpunktzahl:	

Auswertung
Bis 50 Punkte:
Sie sind ein „Abendmensch".
50 – 60 Punkte:
Sie sind ein „Morgenmensch", müssen aber die Leistungskurve um eine Stunde nach rechts versetzen.
60 Punkte und mehr:
Sie sind ein „Morgenmensch".
(Quelle: W. Dogs: „Der gesteuerte Schlaf")

3. Selbstmanagement

„Das wichtigste Resultat aller Bildung ist die Selbsterkenntnis."

(E. v. Feuchtersleben)

Selbstmanagement ist eine Schlüsselkompetenz, die nur wenige beherrschen. Verwunderlich ist dies nicht, denn weder Schulen noch Universitäten vermitteln, wie Sie Ihre beruflichen Ziele finden und zielstrebig verfolgen können. In Ihrem Aufgabenbereich bei der Chefentlastung können Sie sich einen unkoordinierten Arbeitsstil gar nicht erlauben, denn dies kostet Sie Zeit und Nerven.

3.1 Ziele setzen – der Beginn einer guten Chefentlastung

Sie werden in diesem Zusammenhang nicht umhin kommen, mit Zielen zu arbeiten. Sie erinnern sich, bereits beim Zeitmanagement in Kapitel 2 haben wir auch über das Ziele setzen besprochen. Das Setzen Ihrer Ziele stärkt Ihr Durchhaltevermögen und hindert Sie daran, sich treiben zu lassen. Ziele richten Ihren Blick in die Zukunft. Dies gilt beruflich und privat, denn häufig gehen die privaten und beruflichen Ziele ineinander über. Unter den beruflichen Zielen dürfen Sie auf keinen Fall nur die sachlichen verstehen, sondern Sie müssen sich auch stets persönliche setzen.

Hier ein paar Beispiele für berufliche Ziele:

▶ Das Erreichen einer bestimmten beruflichen Position.
▶ Das Bestehen einer bestimmten Prüfung.
▶ Die Bewältigung einer zeitaufwändigen, schwierigen Arbeitsaufgabe.
▶ Die erfolgreiche Arbeit mit einer neuen Zielgruppe. Topsecretary-Award.
▶ Der Erwerb neuer Fähigkeiten, z. B. im Bereich der EDV oder Sprachen.

Bevor Sie sich nun an das Erreichen Ihres Zieles begeben, machen Sie sich einmal Gedanken darüber, welche Maßnahmen zur Zielerreichung notwendig sind. Machen Sie sich auch darüber Gedanken, wie Sie Teilziele erreichen können. Setzen Sie sich nicht nur das Endziel, denn das ist ein langer Weg. Schon die ersten Teilziele sind ein Erfolg und motivieren Sie, Ihr Ziel zu erreichen. Erstellen Sie sich eine Liste, was Sie alles von Ihrem Ziel abhalten kann. Krisen auf Ihrem Weg zum Ziel können aus folgenden Gründen entstehen:

▶ Sie unterschätzen den Schwierigkeitsgrad einer Aufgabe.
▶ Sie unterschätzen die Zeitdauer zur Bewältigung.

► Sie haben das Gefühl, dass Sie Ihr Ziel sowieso nicht erreichen, unangenehme Situationen auch nicht vermeiden können, und geben deshalb schon vorher auf.

Ein wichtiger Punkt beim Selbstmanagement ist die Kontrolle und damit die Analyse der Schwachstellen: Wo habe ich nicht so gehandelt, wie ich möchte, und wo gibt es noch Schwierigkeiten?

Ein Leben ohne konkrete Ziele ist wie Hochsprung ohne Latte. Nur durch konkrete Zielsetzung verwirklichen Sie Ihre Wünsche.

1. Ziele helfen, Prioritäten zu setzen
   Sie liefern den Maßstab, Wichtiges von weniger Wichtigem zu unterscheiden.
2. Ziele geben Orientierung
   Sie zeigen Ihnen nicht nur deutlich auf, wohin es geht, sie geben Ihnen auch Klarheit, welche Fähigkeiten Sie brauchen, Ihr Ziel zu erreichen. Ziele mobilisieren Energien und lösen Handlungen aus. Klare Ziele sind das wirksamste Mittel, um Selbstdisziplin zu erzeugen. Ziele vermitteln Sinn. Durch Ziele bekommen die kleinen Dinge des Alltags ihre Bedeutung und sie liefern Ihnen die Antwort auf die Frage nach dem Warum.
3. Beachten Sie, Ihr Ziel muss spezifisch sein
   Dies bedeutet, dass Sie Ihr Ziel klar und deutlich beschreiben und nicht in Form eines allgemeinen Satzes. Beschreiben Sie konkret und präzise, was Sie am Ende des Jahres, in jedem Monat, in einer Woche und am Tag erledigen wollen.
   Nutzen Sie zur Zielformulierung das magische Dreieck:

   ► **Was und wie viel davon möchte ich genau erreichen?**
   ► **Bis wann möchte ich es erreichen?**
   ► **Welchen Preis bin ich bereit, dafür zu zahlen?**
   (In Form von Zeit, Verzicht, Ausdauer)

4. Ihr Ziel muss messbar sein
   Ein Ziel, das Sie nicht messen können, ist kein Ziel. Der Satz: „Ich will die Anfragen unserer Kunden schneller bearbeiten", ist kein Ziel, sondern Ihre Absicht. Um hier eindeutig zu formulieren, müssen Sie zu einem bestimmten Zeitpunkt feststellen können, ob die angestrebte Handlungsweise wirklich eingetreten ist.
5. Ihr Ziel muss anspruchsvoll sein
   Ihre Motivation, das Ziel zu erreichen, wird nur dann herausgefordert, wenn es ein interessantes Ziel ist.
6. Ihr Ziel muss realistisch sein
   Hier ist wichtig, dass Sie Ihr Ziel so wählen, dass Sie sich zwar anstrengen müssen, aber auch gleichzeitig eine realistische Chance auf Erfolg haben. Ansonsten tritt sehr schnell eine Demotivation auf.
7. Ihr Ziel muss terminiert sein
   Sie werden kaum ein Ziel erreichen, wenn Sie keinen Termin festgelegt haben, denn wenn Sie auf den richtigen Zeitpunkt warten, wird dieser nie kommen. Darum formulieren Sie Ihre Ziele gründlich.

Hängen Sie sich diese Übungen als Erinnerung sichtbar auf:

Übung Nr. 2: Ziele/Maßnahmen
Welche Ziele haben Sie für die nächste Woche?
(Nennen Sie bitte mindestens sechs.) Welche Maßnahmen leiten Sie daraus ab, und mit welchen Krisen werden (müssen) Sie rechnen?

Ziele	Maßnahmen	eventuelle „Krisen"

100

Übung Nr. 3: Ihre Ziele für den nächsten Monat
Welche Ziele haben Sie für den verbleibenden und für den nächsten Monat? Was wollen Sie tun, um diese Ziele zu erreichen?

Ziele	Maßnahmen
1.	
2.	
3.	
4.	
5.	
6.	
7.	
8.	
9.	
10.	

Übung Nr. 4: Zielsetzung/Vision

Ich wünsche mir ....

1.	
2.	
3.	
4.	
5.	
6.	
7.	
8.	
9.	
10.	

Machen Sie sich bei dieser Übung bitte Gedanken darüber, was Sie sich so innerhalb der nächsten acht Jahre vorstellen, was Sie erreichen möchten. Wenn Sie sich jetzt fragen, warum gerade acht Jahre: Die Zeitmanagement-Experten haben für uns herausgefunden, dass wir etwa acht Jahren im Voraus denken können und uns etwas vorstellen können. Hier können Sie natürlich nicht planen, denn Sie wissen ja nicht, was dazwischen kommt. Aber jeder von uns hat ja seine Wünsche, Visionen, Illusionen. Und die tragen Sie hier einfach spontan ein. Und dann empfehle ich Ihnen im Laufe der Zeit, immer mal wieder dieses Blatt zu nehmen, und Sie werden überrascht sein, wie viel Sie in diese Richtung wirklich auch bewerkstelligen. Ein Wunsch könnte zum Beispiel sein, beruflich noch mehr zu erreichen und vielleicht eine Ausbildung zur Office-Managerin zu machen.

3.2 Leitfaden für Ihr Selbstmanagement

Selbstmanagement bedeutet auch Ihren Umgang mit sich selbst, die Entwicklung Ihrer eigenen Persönlichkeit und Ihrer Vorgehensweise. Ihr Selbstmanagement besteht aus:

► Ihrer ganz persönlichen Weiterentwicklung (Wahrnehmung/Verhalten) und aus der
► Anwendung einer Ihrer Aufgaben angemessenen Arbeitsmethodik.

Haben Sie zu dieser These (vorausgesetzt, Sie stimmen zu) sofort Ideen, dann schreiben Sie diese hier auf:

1.   Was wollen/werden Sie zu Ihrer persönlichen Weiterentwicklung tun?

_____

_____

_____

Was haben Sie bisher getan?

_____

_____

_____

2.   Welche Arbeitstechniken fallen Ihnen ein, wenn Sie an Ihre persönlichen Reserven denken?

_____

_____

_____

Damit Sie an Ihrem Selbstmanagement arbeiten können, habe ich Ihnen einige Übungen zusammengestellt:

Checkliste: Auffinden und Lösen von negativen Denkprogrammen und damit negativer Sprache

1.	Situationen, die ich verändern möchte:	
2.	Wenn ich an diese Situation denke, was sage ich mir innerlich?	
3.	Wie sehe ich mich?	
4.	Welche Positiv-Bejahung ist dazu geeignet?	
5.	Welche Qualitäten/Eigenschaften benötige ich zusätzlich?	
6.	Situationen, in denen ich über diese bereits verfügte:	
7.	Welche Denkprogramme erkenne ich dahinter?	
8.	Wo will ich hin? Ziel?	
9.	Konkreter erster Schritt, den ich tun kann:	
10.	Wenn ich das Ziel erreicht habe, welche Konsequenzen bringt es mit sich?	

Übung Nr. 5: Situationsanalyse Ziel

IST-Situation		WUNSCH-Situation
So ist es!		So soll es sein!
Was stört mich daran?		Was will ich?

Was ich tun muss:
Welche Mittel muss ich einsetzen, welche Maßnahmen muss ich ergreifen, und welche Möglichkeiten habe ich, um meine Wunschsituation Realität werden lassen?

ZIEL

Mittel	Maßnahmen	Möglichkeiten	Eventuelle Krisen/ Schwierigkeiten

Leitfaden: 14 Regeln für mehr Selbstmanagement

Regel 1:
Machen Sie sich Ihre wahren Wünsche und Absichten bewusst und folgen Sie Ihren eigenen Zielen. Befreien Sie sich von der „Sklaverei der Umstände", von der Tyrannei des Dringlichen und von zu starker Fremdbestimmung.

Regel 2:
Erforschen Sie sich gründlich in Ihren Neigungen, Vorlieben und Wertvorstellungen. Beantworten Sie sich klar die Frage: Wie sieht „Erfolg" für mich aus?

Regel 3:
Nur wer auf Grund einer umfassenden Bestandsaufnahme und Analyse seiner eigenen Person und Situation seine Stärken und Chancen sorgfältig ergründet, kann genau die Ziele finden, für die er am besten geeignet ist, und für die er optimale Erfolgs-Voraussetzungen mitbringt. Mit der „richtigen" Zielwahl sichern Sie sich schon mehr als 50 % Ihres Erfolges.

Regel 4:
Gründen Sie Ihre persönliche Erfolgsstrategie für Ihre Stärken. Erkennen Sie Ihre besonderen Talente und Potenziale. Bauen Sie sie systematisch aus und setzen Sie sie optimal ein.

Regel 5:
Analysieren Sie auch Ihre Schwächen. Mit der Beseitigung einer *relevanten* Schwäche können Sie Ihre Fähigkeit, Nutzen zu bieten, vervielfachen. Stärken Sie aber vor allem Ihre Stärken. Und kümmern Sie sich nicht um Ihre „kleinen Fehler".

Regel 6:
Den einsamen Erfolg des Einzelkämpfers gibt es kaum noch. Für jede Aktion und für jedes Projekt brauchen wir die Zustimmung und die Mitwirkung anderer. Sympathien zu gewinnen, zu überzeugen, zu moderieren und zu motivieren, stellt für die meisten Positionen eine Schlüsselfähigkeit dar. Vervollkommnen Sie Ihre soziale Kompetenz.

Regel 7:
Lernen Sie, was krank macht und was gesund hält. Schaffen Sie sich mit einer gesundheitsstärkenden Lebensführung planmäßig die feste Basis für Ihren Berufserfolg und Ihr Wohlbefinden.

Regel 8:
Können allein genügt nicht. Suchen Sie selbst den „Platz" (die berufliche Aufgabe), an dem Sie mit Ihren speziellen Talenten und Fähigkeiten den größten Nutzen bieten können. Denn Erfolg ist optimal verwertetes Können.

Regel 9:

Stellen Sie die für Ihren Berufserfolg entscheidenden Kenntnisse, Fähigkeiten und Verhaltensweisen fest, und bauen Sie sie nach einem 5-Jahres-Plan systematisch zu Stärken aus. Trainieren Sie sich zum Spitzenkönner.

Regel 10:

Wachsen Sie an immer größeren Aufgaben. Lernen Sie, größere Ziele methodisch durchführbar zu machen und Probleme systematisch anzugehen und zu lösen. Eignen Sie sich die wichtigsten Problemlösungs- und Kreativitäts-Techniken an.

Regel 11:

Widmen Sie mehr Zeit Ihren Hauptzielen und Ihren künftigen Erfolgen. Das setzt strategisch erarbeitete Ziele und Prioritäten voraus. Und die konsequente Ablehnung, sich mit Routine, mit Unwesentlichem und mit Kleinkram zu beschäftigen.

Regel 12:

Wer häufig das Angenehme vorzieht und das Unangenehme liegen lässt oder aufschiebt, sabotiert seinen Erfolg. Das Wichtige vor dem Unwichtigen, aber nicht das Angenehme vor dem Unangenehmen.

Regel 13:

Machen Sie sich immer wieder bewusst, wie knapp und kostbar Ihre Zeit ist. Investieren Sie Ihre Erfolgsressource „Zeit" sehr bewusst hauptsächlich in erfolgsrelevante Tätigkeiten. Verbessern Sie Ihren „return on time" (die Ergebnisse Ihres Zeit-Einsatzes). So können Sie Ihre persönliche Effizienz erheblich steigern.

Regel 14:

Mit hoher Motivation erreichen Sie mehr. Finden Sie die Berufsaufgabe, an der Sie mit Hingabe und Leidenschaft arbeiten. Entwickeln Sie einen persönlichen Plan zur Selbstmotivierung. Verfolgen Sie Ihre Ziele begeistert, engagiert und energiegeladen.

Selbstmanagement: 10 Gebote für den beruflichen Erfolg!

1. Wähle Deinen Traumberuf!
2. Sei von morgen, nicht von gestern, und lerne täglich weiter!
3. Sei immer Teil der Lösung, nie Teil des Problems!
4. Erforsche die Bedürfnisse derer, für die Du arbeitest!
5. Konzentriere Dich auf Arbeiten, die Du „verkaufen" kannst!
6. Sei Pilot, nicht Passagier! Geld kassiert man für Leistung, nicht für Anwesenheit.
7. Sei Coach für Deinen Chef, Deine Kunden und Mitarbeiter/Kollegen!
8. Achte auf Dein Wohlbefinden und gehe nur fit in den Ring.
9. Verschaffe Dir täglich Bewegung in frischer Luft.
10. Bei allem, was Du tust: Biete ganzen Service und nicht bloß die nötigsten Handgriffe!

(Quelle: Zeitschrift „Fit for Fun")

4. Das Telefon

„Im richtigen Ton kann man alles sagen. Im falschen Ton nichts. Das einzig heikle daran ist, den richtigen Ton zu finden."

(George Bernhard Shaw)

Dem Telefon kommt in unserer Zeit eine immer größere Bedeutung zu – es ist die Visitenkarte eines Unternehmens. Der Anrufer hat mit Ihnen häufig mehr zu tun als mit Ihrem Chef, denn Ihre Aufgabe ist es, Anrufe zu filtern. Ziel eines Telefonates ist es, den Partner sowohl psychologisch gut zu verstehen als auch strategisch optimal zu reagieren.

Machen Sie sich zum Ziel, dass ab heute jeder Mensch, mit dem Sie telefonieren, von dem Gespräch mit Ihnen zumindest etwas profitieren soll.

4.1 Visitenkarte eines Unternehmens

Stimme = Stimmung: Kommt Ihnen das bekannt vor? Ihre Stimme ist das Erste, was Ihr Gesprächspartner hört. Durch Ihre Stimme signalisieren Sie, ob Sie ein kompetenter Gesprächspartner sind oder auch nicht. Ihre Stimme verrät mehr als tausend Worte – sie kehrt die Seele nach außen.

Ein paar Tipps, wie Sie Ihre Einstellung zum Telefonieren positiv beeinflussen und Ihre Ausstrahlung damit verbessern können:

- ► Gestalten Sie Ihren Arbeitsplatz, Ihr Büro positiv!
  Ein lauter, ungemütlicher Arbeitsplatz, schlechtes oder fehlendes Handwerkszeug wirken sich negativ auf Ihre Stimmung aus. Sie werden nervös, unsicher und ungeduldig. Prüfen Sie, was Sie verbessern können.

- ► Belohnen Sie sich für positive Telefongespräche!
  Meist erinnern wie uns nur an die negativen Telefonate. Schreiben Sie doch einfach mal alle positiven Gespräche auf, haben Sie und Ihr Partner sich am Ende des Telefonates wohl gefühlt? Sie werden erstaunt sein, wie viel Ihnen „gelingt".

- ► Setzen Sie Ihre Körpersprache ein, gestikulieren Sie!
  Ihr Partner sieht Ihre Körpersprache nicht, aber er hört sie! Die Körperhaltung beeinflusst Ihre Stimme. In Stresssituationen zum Beispiel neigen wir uns nach vorne und „erstarren". Dann klingt unsere Stimme angespannt und gepresst. Also, verhalten Sie sich genau gegenteilig. Lehnen Sie sich entspannt zurück, führen Sie eventuell schwierige Telefonate im Stehen.
  Stellen Sie sich vor, Ihr Gesprächspartner sitzt Ihnen am Schreibtisch gegenüber, Sie können sich dann besser auf ihn konzentrieren und einstellen.

- ▶ Achten Sie auf das richtige Sprechtempo!
  Mit einem angemessenen Sprechtempo versteht Sie Ihr Partner besser. Schnelles Sprechen erweckt nicht nur Misstrauen, es führt auch zu Missverständnissen.

- ▶ Volumen und Klang bringen mehr Ausstrahlung in Ihre Stimme!
  Zu lautes Sprechen wirkt hektisch, zu leises Sprechen wirkt unsicher. Passen Sie auch Ihre Lautstärke der Ihres Partners an.

- ▶ Setzen Sie Akzente durch gute Modulation!
  So wecken Sie die Aufmerksamkeit des Partners. Monotones Sprechen und Sing-Sang wirken unpersönlich/unnatürlich (Momääänt bittää, ich verbiindeee ...). Ein Anheben und Senken der Stimme, Höhen und Tiefen an der Stelle, wo Sie Akzente setzen und Gefühle deutlich machen wollen, rufen Aufmerksamkeit hervor.

Damit Ihnen bei schwierigen Telefonaten keine Pannen passieren, arbeiten Sie am besten mit „der 3-geteilten Telefonnotiz".

Vorher	**Während**	**Nachher**
Was will ich erreichen?	**ZUHÖREN**	Was habe ich erreicht?
Wen will ich anrufen?	Aktives Zuhören	
Wann will ich anrufen?	**NOTIEREN** Alles	Was ist zu veranlassen? → von wem? → warum? → wo? → wann?
Welche Unterlagen benötige ich? - benötigt mein Partner?	**SPRECHEN** Am Telefon „lächeln"	Wo lagen meine Schwachstellen?
Wie kann ich meinen Partner motivieren?		
Wie kann ich argumentieren?		
Welche Einwände habe ich zu erwarten?		
Wie kann ich Einwände vorher entkräften?		
Welche Kompromisse oder Zugeständnisse kann ich machen?		

4.2   Allgemeine Telefonregeln

Das Telefon hat sich zum meist genutzten Kommunikationsmittel im Kundenkontakt entwickelt. Effektiv telefonieren heißt, dem Gesprächspartner:

▶   in möglichst kurzer Zeit
▶   die gewünschte Information zu vermitteln und dabei
▶   seine Emotionen positiv zu beeinflussen.

Sie werden von Ihren Mitmenschen besser verstanden, wenn Sie:

▶   Worte wählen, sprechen, die dem Partner bekannt sind,
▶   die richtige Lautstärke (nicht zu laut und nicht zu leise) wählen.

Dies sind Dinge, die Sie bei einem Telefonpartner sicherlich als positiv empfinden. So geht es Ihrem Partner auch mit Ihnen.

Bemühen Sie sich, nur Worte zu benutzen, die für Ihren Gesprächspartner eindeutig sind, damit er nicht nachfragen muss bzw. damit keine Unklarheiten entstehen.

Vermeiden Sie Füllwörter wie „zum Beispiel", „unter Umständen", „gegebenenfalls", normalerweise", „an sich". Geben Sie Ihrem Partner das Gefühl, dass Sie sich um ihn bemühen. Seien Sie ihm gegenüber positiv eingestellt. Machen Sie sich auch einmal über Ihre persönliche Wirkung Gedanken. Was liegt Ihnen am meisten? Was klappt besonders gut beim Telefonieren? Setzen Sie dies in Zukunft noch bewusster ein. Nutzen Sie alles, was positiv wirkt, lassen Sie Sätze weg wie zum Beispiel:

    „Ich würde vorschlagen",
    „Ich würde sagen",
    „Ich würde etwas für Sie tun können"

Sagen Sie stattdessen lieber:

    „Ich tue etwas für Sie"
    „Ich schlage Ihnen vor"

So signalisieren Sie Ihrem Gegenüber am Telefon, dass Sie sich aktiv mit der Beantwortung seiner Frage oder der Lösung seines Problems auseinander setzen. Sie vermitteln so Verbindlichkeit und Engagement.

Die wichtigsten Telefonregeln auf einen Blick

▶ Ihr Gesprächspartner kann Sie nicht sehen. Deshalb kommt es besonders auf Ihre Stimme an. Was Sie sagen und vor allem, WIE Sie es sagen, ist ausschlaggebend.

▶ Korrekte Anrede. Dies ist ein eisernes Gesetz, denn nichts hört der Mensch lieber als seinen eigenen Namen. Haben Sie den Namen nicht richtig verstanden, fragen Sie nach oder lassen sich den Namen buchstabieren.

▶ Sprechen Sie deutlich. Vermeiden Sie Flickworte wie „eh" oder „hmm".

▶ Seien Sie zu jedem Gesprächspartner gleich freundlich und höflich.

▶ Lassen Sie Ihren Gesprächspartner ausreden, auch wenn es oft schwer fällt.

▶ Melden Sie sich mit einem freundlichen „Guten Tag".
(Tipp: Vor dem Namen, dann wird Ihr Name besser verstanden.)

▶ Notieren Sie den Namen Ihres Gesprächspartners, und sprechen Sie ihn auch mit seinem Namen an.

▶ Wiederholen Sie kurz das Anliegen Ihres Gesprächspartners. Er weiß dann, dass er richtig verstanden wurde.

▶ Sprechen Sie natürlich, in kurzen Sätzen, und machen Sie Pausen, damit Ihr Gesprächspartner zu Wort kommen kann.

▶ Machen Sie sich Notizen – nur so können Sie auch Ihrem Chef den Inhalt des Telefonates richtig und lückenlos wiedergeben.

▶ Stellen Sie Fragen, denn wer fragt, der führt (W-Fragen: wie, weshalb, wann, wieso, was, aus welchem Grund), „Was können wir in dieser Angelegenheit für Sie tun?".

▶ Arbeiten Sie mit Alternativfragen: „Wünschen Sie unseren Rückruf lieber vor- oder nachmittags?" Die Fragen unterstützen den Anrufer bei der Entscheidungsfindung.

▶ Anrufer nicht warten lassen, sondern sofort Hörer aufnehmen (dreimal klingeln).

▶ Probleme mitschreiben und wiederholen.

▶ Kontaktformen einbauen, z. B.: „Wie Sie selbst bei unserem letzten Telefonat bemerkt haben ..."

▶ Seien Sie zu den Mitarbeitern Ihres Telefonpartners so freundlich wie zu ihm selbst.

▶ Es ist sinnvoll, feste Telefon-Zeiten vormittags und nachmittags einzuplanen, „im Block telefonieren".

▶ Verabschieden Sie sich freundlich. Der erste Eindruck ist entscheidend, der letzte bleibt!

▶ Telefonieren Sie im Stehen – vor allem bei schwierigen Telefonaten. Ihre Stimme wirkt kräftiger und überzeugender.

▶ Nutzen Sie eine bildhafte Sprache, Ihre Partner denken in Bildern!

▶ Setzen Sie Ihre Gestik ein, dies belebt Ihre Stimme.

▶ Wenn Sie Rückrufe für Ihren Chef oder Kollegen annehmen, ist es wichtig:
  - nach der Rufnummer zu fragen,
  - nach der Erreichbarkeit zu fragen,
  - Stichworte zum Thema zu notieren.

Übung Nr. 6: Wie wirke ich am Telefon?

	Fast immer	eher	eher	fast immer	
zu schnell/zu langsam	1	2	3	4	gutes Tempo
zu viele/zu wenige Pausen	1	2	3	4	angemessene Pausen
keine Versprecher	4	3	2	1	häufige Versprecher
warm	4	3	2	1	kalt
monoton	1	2	3	4	gut moduliert
zu laut/zu leise	1	2	3	4	angemessene Lautstärke
deutliche Aussprache	4	3	2	1	undeutliche Aussprache
locker	4	3	2	1	angespannt
unsympathisch	1	2	3	4	sympathisch
hektisch	1	2	3	4	ruhig, entspannt
voll	4	3	2	1	dünn
engagiert	4	3	2	1	teilnahmslos
unsicher	1	2	3	4	sicher
freundlich	4	3	2	1	unfreundlich
überzeugt	4	3	2	1	nicht überzeugt
viele Verlegenheitslaute	1	2	3	4	undeutliche Verlegenheitslaute

Zählen Sie bitte jetzt Ihre Punkte zusammmen. Die Auflösung zu dieser Übung finden Sie im Anhang auf Seite 240.

Damit Sie Ihre eigene Einschätzung kritisch überprüfen können, bitten Sie einfach einen Kollegen oder eine Kollegin, mit dem oder der Sie viel telefonieren, Ihre Telefonstimme unabhängig von Ihnen zu bewerten.

4.3 Killerphrasen bewusst machen und vermeiden

Sicherlich ist es Ihnen schon ähnlich ergangen, Sie verwenden Formulierungen und sind manchmal erstaunt über die Reaktion Ihres Telefonpartners. Sie haben vielleicht unbewusst eine Äußerung gemacht, die wie eine Killer-Phrase wirkt. Killer-Phrasen sind nicht gerade förderlich für ein gutes Telefongespräch. Schauen Sie sich einmal ein paar dieser Phrasen an und prüfen Sie, ob Sie sich vielleicht bei der einen oder anderen wieder erkennen:

„Nun passen Sie mal auf ...“
„Ich sagte Ihnen doch schon ...“
„Sie haben mich nicht richtig verstanden ...“
„Wie war doch gleich Ihr Name ...“
„Da irren Sie sich ...“
„Wie ich Ihnen gerade ausführlich erklärte ...“
„Wenn Sie ehrlich sind ...“
„Jeder vernünftige Mensch weiß ja ...“
„Sie haben mir nicht richtig zugehört ...“
„Das kann gar nicht sein ...“
„Diese Reklamation haben wir noch nie gehabt ...“
„Das geht bei uns leider nicht ...“
„So etwas habe ich noch nie gehört ...“

Diese Liste ließe sich beliebig fortführen. Manchmal sagen wir Dinge, bei denen wir uns gar nicht bewusst sind, welche negative Wirkung sie haben können. Damit Ihnen das nicht passiert, hier eine Übung für Sie:

Übung Nr. 7:
Ziel: Schaffen einer positiven Atmosphäre und damit die Voraussetzung für den Einsatz der dialektischen Mittel, Verbesserung Ihres rhetorischen Wortschatzes:

1. Das glaube ich Ihnen nicht
2. Das ist bestimmt nicht richtig
3. Da haben Sie mich völlig falsch verstanden
4. Ist das etwa Ihr Ernst?
5. Das trifft auf keinen Fall zu
6. Das gibt's ja gar nicht
7. Ich kann Ihnen beweisen ...
8. Sie müssen eben die lange Lieferfrist einkalkulieren
9. Sie müssen schon entschuldigen
10. Sie müssen einsehen, dass ...
11. Haben Sie denn einen besseren Vorschlag zu machen?
12. So wie Sie sich das denken, geht es wirklich nicht!
13. Ich versuche gerade, Ihnen zu erläutern ...

Haben Sie auch schon festgestellt, dass wir häufig eine negative Sprache anwenden? Vermeiden Sie, wenn es möglich ist, die starken Negativwörter „nein", „nicht", „nie".

Zur Verdeutlichung hier ein paar Beispiele:

Schlecht: „Frau Schneider ist nicht da."
Besser: „Frau Schneider ist ab heute Nachmittag ab 15.00 Uhr wieder zu erreichen."

Schlecht: „Am Arbeitsplatz nicht rauchen."
Besser: „Rauchen bitte in den Pausenräumen."

Schlecht: „Wir können nicht innerhalb von 12 Stunden liefern."
Besser: „Sie erhalten die Ware innerhalb von zwei Tagen."

Schlecht: „Da müsste ich mich mal schlau machen."
Besser: „Das weiß ich nicht, aber ich erkundige mich."

Schlecht: „Meinen Chef können Sie momentan nur schlecht erreichen."
Besser: „Bitte nennen Sie mir Ihre Telefonnummer und den Anlass des Anrufes, ich kümmere mich darum."

4.4   Der Umgang mit schwierigen Anrufern

Sie kennen das: Sie führen ein Gespräch mit einem schwierigen Gesprächspartner, und das Gespräch endet so unerfreulich, dass Sie eigentlich gar nicht mehr anrufen wollen. Dieses Gespräch hinterlässt einen negativen Nachgeschmack bei Ihnen und verunsichert oder ärgert Sie. Im Folgenden erfahren Sie, wie Sie in Zukunft auch mit dem schwierigsten Gesprächspartner souveräner umgehen:

▶   Ihr Gesprächspartner ist ein Viel-Redner:
   ▶   er kommt vom Hölzchen aufs Stöckchen und weicht vom Thema ab.
   ▶   er lässt Sie nicht zu Wort kommen und hält nur Monologe.
   ▶   er kann nicht zuhören, unterbricht, hört sich offensichtlich selbst gerne reden.

▶   Sie reagieren falsch, wenn Sie:
   ▶   sich durchsetzen wollen, nach dem Motto: „Jetzt bin ich mal dran".
   ▶   selbst versuchen, noch längere Monologe zu halten.
   ▶   versuchen, vom Thema abzuweichen.
   ▶   dem Partner auch noch aktiv zuhören.

- Das Gespräch mit dem Viel-Redner führen Sie besser, wenn:
  - Sie ihn zwischendurch mit Namen ansprechen, er wird dann kurz innehalten, und Sie haben die Möglichkeit, dann selbst weiterzureden.
  - Sie nicht unbedingt aktiv zuhören (nur selektiv), ihm keine Verstärker geben, das ganze Thema zusammenfassen und auf die Kernpunkte eingehen.
  - Sie ein gemeinsames Ziel finden.

- Ihr Gesprächspartner wird ausfallend. Es kann dabei passieren, dass er:
  - unsachlich und emotionell ist.
  - laut wird, vielleicht sogar brüllt.
  - zynisch ist, bis hin zum Sarkasmus.
  - mit persönlichen Angriffen reagiert.

- Sie reagieren falsch, wenn Sie:
  - sich den Schuh selbst anziehen und auch entsprechend scharf reagieren. Bedenken Sie, dass der Gesprächspartner oft gar nicht Sie persönlich meint, sondern sich nur einer Verärgerung Luft macht.
  - noch ironischer reagieren.
  - Ihren Gesprächspartner gleich in eine Schublade stecken.
  - sich alles gefallen lassen und herunterschlucken (damit leidet Ihr Selbstwertgefühl, und Sie blockieren sich selbst).

- Sie telefonieren besser mit ausfallend werdenden Gesprächspartnern, wenn:
  - Sie genau hinhören, so bekommen Sie die Information, was die wirkliche Ursache für seine Aggression ist.
  - Sie sein Verhalten widerspiegeln („Sie sind ja unheimlich wütend, da muss Sie ja wirklich etwas verärgert haben!").
  - Sie sich von Aggressionen innerlich distanzieren.
  - Sie ihm Verständnis zeigen.
  - Sie ihm zeigen, wie betroffen und verletzt Sie sind („Frau ..., das macht mich aber wirklich betroffen, was Sie mir soeben berichtet haben!").

- Ihr Gesprächspartner ist ein Schweiger:
  - er beantwortet Fragen nur sehr sparsam, nur mit Ja oder Nein.
  - er lässt ausschließlich den anderen reden.
  - er stellt auch keine Fragen, gibt keine Kommentare, er ist so gut wie nicht aktiv.
  - er macht lange Pausen.

- Sie reagieren falsch, wenn Sie:
  - nicht wissen, warum sich Ihr Gesprächspartner so verhält, werden unsicher.
  - Es kann passieren, dass Sie in dem Moment „durchreden". Damit reden Sie aber Ihren Gesprächspartner tot, und er hat nun keinerlei Chance mehr, doch noch mit Ihnen in ein Gespräch zu kommen. Sie reagieren aggressiv, weil Sie glauben, dass der Gesprächspartner Sie ablehnt. Sie stellen in diesen Situationen auch keine Fragen mehr.

- Sie telefonieren besser mit einem Schweiger, wenn:
    - Sie möglichst viele offene Fragen stellen, um damit Informationen zu erhalten (z. B.: „Welche anderen Vorschläge haben Sie? Was haben Sie bisher getan?").
    - Sie ihm aktiv zuhören, wenn er endlich etwas sagt, denn damit signalisieren Sie, dass es wichtig ist, was er sagt.
    - Sie keine Angst vor der Stille haben, vielleicht braucht Ihr Partner etwas länger Zeit zum Überlegen.
    - wenn Sie überhaupt nicht wissen, was Sie mit Ihrem Telefonpartner anfangen sollen – dann fragen Sie ihn: „Sie sind so kurz angebunden, haben Sie keine Zeit oder ist irgendetwas?"

Haben Sie an Ihrem Arbeitsplatz viel mit Kunden zu tun, dann schauen Sie sich die Tabelle ein wenig näher an. Sicher finden Sie hier auch einige Hinweise für Ihren Arbeitsalltag. Haben Sie Ihre Kunden gut im Griff, ist dies eine super Entlastung für Ihren Chef, wenn er weiß, er kann sich auch hier auf Sie verlassen.

In der Tabelle auf dieser und der folgenden Seite sehen Sie noch einmal auf einen Blick die Kundentypen, ihre Kennzeichen und wie Sie damit am besten umgehen.

Der Rechthaberische	Der Ängstliche
Kennzeichen	**Kennzeichen**
– weiß alles besser	– schüchtern und zurückhaltend
– hat sich auf bestimmte Meinungen festgelegt und diese sitzen bei ihm bombensicher	– zimperlich
– redet knapp und energisch	– hat Komplexe
	– ist unsicher
Behandlung	**Behandlung**
- viel Lob und Zustimmung geben (Motive/Bedürfnisse)	- nicht drängen
– nicht belehren	– nicht überreden
– nicht das bessere Fachwissen herauskehren	– Sicherheit vermitteln
– seine Kompetenz betonen	– motivieren
– ihn um Hilfe bitten, weil er alles weiß	– Referenzen geben
– von ihm lernen, und zwar für andere Gespräche	– „Risiko" abbauen

Der Misstrauische	Der Nervöse
Kennzeichen	**Kennzeichen**
– schlechte Erfahrungen gemacht	– spricht unkonzentriert und abgehackt
– wartet auf Fehler von Ihnen	– unvollständige Sätze
– wachsam	– betont immer, keine Zeit zu haben
– abwartend	– unruhig
– spricht kaum	
– hat kein Vertrauen	
Behandlung	**Behandlung**
– Vertrauen aufbauen	– schnell an die Wesensart des Kunden anpassen
– in kleinen Schritten Vorteile verkaufen	– Zeitmangel akzeptieren und Gespräch darauf einstellen
– Spektakuläres meiden	– Fachkompetenz loben
– in Detailpunkten genau sein	– nicht die Übersicht verlieren, ansonsten entsteht Chaos
- keine Angriffspunkte bieten	
Der Unentschlossene	
Kennzeichen	**Behandlung**
– er ist wankelmütig	- loben
– macht sich selber durch „Wenn und aber" verrückt	– Mut machen, damit Entscheidung getroffen wird
– wiederholt eigene Fragen	– Risiko für Kunden abbauen
– unkonzentriert	– Referenzen geben
– unsystematisch	– evtl. leichten Druck ausüben (Vorsicht!)
– Übersicht fehlt	

4.5   Durch Reklamationen Kunden gewinnen

Wer hat es nicht schon erlebt: Sie haben sich etwas Neues gekauft, was nach ein paar Tagen nicht mehr richtig funktioniert. Nicht gerade darüber erfreut, rufen Sie an, um zu reklamieren. Am Telefon machen Ihnen die Mitarbeiter des Unternehmens klar, dass Sie sicher etwas falsch gemacht haben. Sie sollten sich doch bitte auch nicht so aufregen, kann ja immer mal passieren. Werden Sie bei diesem Unternehmen noch einmal etwas kaufen – hoffentlich nicht!

Wenn Sie aber bei Beschwerden ein paar Dinge berücksichtigen, werden Sie sich Ihre „Beschwerdeführer" schnell zu Freunden machen.

Was sind Ihrer Meinung nach die häufigsten Ursachen für Beschwerden?
Richtig:
- ▶ Der Kunde hat das Versprochene nicht erhalten.
- ▶ Ein Mitarbeiter ist dem Kunden gegenüber unhöflich gewesen.
- ▶ Der Kunde hat das Gefühl, dass er Ihrer Firma gleichgültig ist.
- ▶ Der Anrufer hat das Gefühl, dass ihm niemand zuhört.
- ▶ Ein Mitarbeiter hat eine „geht-nicht"-Einstellung vermittelt.

Klar, eine Reklamation kann uns manchmal den ganzen Tag verderben:
- ▶ Sie werden häufig bei Reklamationen „kalt" erwischt, Sie wissen im ersten Moment auch nicht, ob die Reklamation berechtigt ist oder nicht.
- ▶ Meist sind die Anrufer sehr verärgert und unsachlich, das erschwert Ihnen ein sachliches Gespräch.
- ▶ Sie dienen erst einmal als Blitzableiter, werden für Fehler angegriffen, die Sie nicht selbst verursacht haben; der Anrufer meint Sie selten persönlich.
- ▶ Wenn der Fehler eindeutig bei Ihnen lag, Sie die Sache nicht mehr einfach regulieren können, dann sind Sie auf die Gesprächs- und Kompromissbereitschaft Ihres Gesprächspartners angewiesen.

Entschärfen Sie die Sache, vermeiden Sie dieses Verhalten:
- ▶ Die Reklamation anzweifeln, Sie unterstellen damit dem Gesprächspartner, dass er die Unwahrheit sagt.
- ▶ Nicht auf den Gesprächspartner reagieren. Wenn dieser wirklich verärgert ist, sollten Sie erst einmal auf ihn eingehen. Das ist schon die „halbe Miete".
- ▶ Einfach nur sagen: „Tut mir leid, da kann ich jetzt auch nichts machen."(Das ist echter Kundenservice!)
- ▶ Dem Gesprächspartner erst einmal die Schuld zuschieben. („Sie haben da sicherlich einen Fehler gemacht, denn bei uns funktionierte das alles einwandfrei.")
- ▶ Den Gesprächspartner beruhigen. „Nun regen Sie sich mal nicht so auf."Dies bringt größtenteils nichts, es verärgert den Gesprächspartner nur noch mehr.
- ▶ Keine Entschuldigung, auch wenn der Fehler offensichtlich von Ihrem Unternehmen verursacht wurde.

Und so überwinden Sie die Hürden einer Beschwerde:

- ▶ **Verständnis zeigen** – Hierbei ist zu beachten, dass starke negative Gefühle nicht durch einmaliges Verständnis abgebaut werden. Hier müssen Sie so lange Verständnis zeigen, bis die negativen Emotionen abgeklungen sind und Sie zu einer sachlichen Klärung übergehen können.
- ▶ **Verpflichtende Zielsetzung** – Reklamationsgespräche laufen häufig zunächst sehr negativ ab, wenn Sie Ihren Gesprächspartner aber so weit bekommen, dass Sie sich auf ein konstruktives Ziel einigen, können Sie einen Schlussstrich unter den **negativen** Teil setzen. Beispiel: „Frau Schneider, wir werden das irgendwie hinbekommen, aber prinzipiell, sind Sie mit mir einer Meinung, dass wir hier gemeinsam an der Lösung arbeiten sollten?"
- ▶ **Zu den Fakten** – Dies ist die Einleitung für den sachlichen Teil des Gespräches, Sie signalisieren Ihrem Gesprächspartner damit, dass Sie sich den Fakten zuwenden wollen.
- ▶ **Aktivierungsfragen** – Fragen Sie Ihren Partner, was er erwartet, was Sie für ihn tun können. **Vielleicht** hat auch er Vorschläge.
- ▶ **Bekräftigung** – Geht Ihr Reklamationsgespräch positiv aus, dann ist es unbedingt wichtig, dass Sie Kooperation und Verständnis gegenüber Ihrem Partner zeigen. Beispiel: „Ich bin froh, dass wir das nun erledigt haben, und ich bedanke mich für Ihre Kooperation und Ihr Entgegenkommen."
- ▶ Paradoxe **Reaktion** – Sie reagieren genau anders, als es Ihr Gesprächspartner erwartet. Statt auf die massiven Vorwürfe aggressiv zu reagieren, fordern Sie ihn auf, sich ruhig alles einmal von der Seele zu reden. Beispiel: „Herr Schneider, ich finde es sehr gut, dass Sie offen sagen, was Sie an unserer Zusammenarbeit stört."

  Wenn Sie die paradoxe Reaktion geschickt formulieren, ist sie eine der wirkungsvollsten Lenkungsinstrumente im Gespräch. Wenn Ihnen jemand sagt, was ihn stört, dann bedanken Sie sich für die konkreten Kritikpunkte. Macht Ihnen jemand versteckt Vorwürfe, bedanken Sie sich für seine Offenheit. Als Folge davon wird Ihr Gesprächspartner sein Verhalten unmerklich ändern. Achten Sie dabei bitte unbedingt auf Ihren Tonfall; signalisiert Ihre Stimme auch nur ein Fünkchen Ironie, geht der Schuss nach hinten los.

Ist es Ihnen gelungen, einen völlig verärgerten Anrufer zu beruhigen und zufrieden zu stellen, dann vergessen Sie bitte nicht, sich selbst zu loben, falls es Ihr Chef in der Hektik des Alltags vergisst.

Übung Nr. 8: Auf Reklamationen und Angriffe reagieren

Stellen Sie sich vor, Ihr Gesprächspartner schleudert Ihnen die jeweilige Behauptung entgegen. Wie würden Sie darauf reagieren? Tragen Sie Ihre Antwort ein.

▶ Das stimmt ja alles nicht.

Reaktion:

▶ Das sehe ich aber ganz anders als Sie.

Reaktion:

▶ So eine abwegige Meinung habe ich ja noch nie gehört.

Reaktion:

▶ Meine praktischen Erfahrungen sagen aber was ganz anderes.

Reaktion:

▶ Das ist ja alles nur Theorie, was Sie da sagen.

Reaktion:

▶ Das kann ich Ihnen wirklich nicht abnehmen.

Reaktion:

▶ Das ist völlig falsch, was Sie da sagen.

Reaktion:

▶ Ich glaube, ich verfüge da über mehr Informationen als Sie.

Reaktion:

▶ Da muss ich Ihnen aber widersprechen.

Reaktion:

Sie kennen das sicher auch: Sie rufen irgendwo an, möchten etwas haben, und Ihr Gesprächspartner ist Weltmeister darin, Ihnen klar zu machen, was Sie alles nicht bekommen können und was Sie alles nicht können. Interessiert Sie das wirklich? Sicher nicht. Damit Ihnen dies nicht passiert, eine kleine Übung für Sie:

Übung Nr. 9: Vermeiden Sie Negativ-Formulierungen

Statt:		Besser:
„Sieht schlecht aus"	=	
„Da dürften Sie Probleme kriegen"	=	
„Das geht auf keinen Fall"	=	
„Das könnte klappen"	=	
„Da müsste ich mal nachsehen"	=	
„Ich kümmere mich dann mal darum"	=	
„Das machen wir grundsätzlich nicht"	=	
„Da bin ich nicht zuständig"	=	

5. Persönlichkeit

„Wie kann man sich selbst kennen lernen? Durch Betrachten niemals, wohl aber durch Handeln."

(Johann Wolfgang von Goethe)

Alles, was Sie tun, geschieht letztendlich zur

- ▶ Erhaltung,
- ▶ Verteidigung,
- ▶ Verbesserung

Ihres eigenen Selbstwertgefühls – Ihrer Persönlichkeit. Ihre Persönlichkeit ist ein entscheidender Faktor bei der Zusammenarbeit und Entlastung Ihres Chefs.

Und hier gleich zu Beginn eine Übung für Sie, um festzustellen, wie stark Ihr Selbstbewusstsein ist.

Übung Nr. 8: Selbstbewusstsein – strategische Kernfragen

▶ Was kann ich besser machen als andere?	
▶ Mache ich das, was ich besser kann?	
▶ Wer braucht das, was ich besser kann?	
▶ Wie mache ich das bekannt?	

5.1   Selbstbewusstsein zeigen – sicher auftreten

5.1.1 Was heißt Selbstbewusstsein?

Gemeint ist damit Ihre Meinung über sich selbst, Ihre eigene persönliche Vorstellung von sich selbst. Zum Beispiel die Vorstellung, wo Sie in Ihrem Unternehmen stehen. Nehmen Sie im Unternehmen den Platz ein, den Sie für sich für adäquat halten? Können Sie Ihre Fähigkeiten einsetzen und sich Ihren Neigungen entsprechend entfalten?

Sind Sie zufrieden? Ist Ihr Chef mit Ihnen zufrieden? Können Sie sich vorstellen, an diesem Arbeitsplatz auch in zehn Jahren noch motiviert zu arbeiten?

Die Liste der Fragen ließe sich weiterführen ... Sicher fragen Sie sich jetzt, wieso Sie einige, viele, alle (?) Fragen mit NEIN beantworten müssen. Sie verfügen über die notwendigen Qualifikationen? Warum dann also die NEINs?
Es gibt nur zwei Antworten: Entweder Sie werden blockiert, aus welchen Gründen auch immer, oder Ihre Selbstblockaden, Ihre Meinung über sich selbst versperren Ihnen den Weg! Was hemmt Sie, Ihre Ziele zu erreichen, was können Sie dagegen tun?

▶   **Selbstbewusstsein**
Sie selbst bezeichnen Ihr Selbstbewusstsein nicht als besonders ausgeprägt; ein frauentypischer „Karriereblocker". Ihr Chef ist sparsam mit Lob und Anerkennung?

Setzen Sie sich eigene Wertmaßstäbe, das macht Sie unabhängiger von der Meinung anderer Leute! Wenn Sie Ihr Bestes geben und Ihrer Leistung gegenüber stets kritisch bleiben, wird Ihnen das keine Schwierigkeiten machen. Sie wissen doch, dass Sie gut sind!

Fordern Sie für eine gute Arbeit auch einmal Anerkennung ein! Mit ein wenig Charme und Humor sollte Ihnen das nicht schwer fallen! („Sind Sie zufrieden mit diesem Lösungsvorschlag?") Wenn Sie gelobt werden, spielen Sie dieses Lob nicht herunter, so nach dem Motto: „Das gehört doch zu meinem Job." Nehmen Sie das Lob an, stehen Sie zu Ihrem Einsatz, Ihrem Fleiß! Zeigen Sie, dass Sie sich über ein Lob freuen können, sonst wird Ihr Chef Sie bald nicht mehr loben!

▶   **Streben nach Harmonie**
Gehören Sie auch zu den Frauen, die dazu neigen, eigene Interessen, eigene Meinungen zurückzustellen, um Konflikte und Meinungsverschiedenheiten zu vermeiden. Dabei sind dies ganz natürliche Dinge, die zum Zusammenleben/-arbeiten gehören. Verdrängen Sie sie nicht, aber bewerten Sie sie auch nicht über.

Niemand erwartet von Ihnen, dass Sie alle Menschen lieben und dass Sie mit allen gleich gut auskommen. Denken Sie dabei an Ihr Privatleben, diesen Anspruch stellen Sie hier sicher nicht an sich!

Wenn Ihr Chef Kritik übt, ist diese in der Regel nicht gegen Ihre Person gerichtet (obwohl gerade Frauen dies oft empfinden), sondern richtet sich gegen die Sache. Suchen Sie die sachorientierte Auseinandersetzung, machen Sie dabei Ihren Standpunkt oder den Grund Ihrer Handlungsweise klar. Ihr Chef wird Sie künftig als kompetente Gesprächspartnerin schätzen!

▶ **Perfektionismus**
Gerade Sekretärinnen/Assistentinnen neigen zu übermäßigem Perfektionismus. Machen Sie sich klar, dass nicht alles 150-prozentig sein muss, 100 Prozent reichen in der Regel aus! Mehr wird nicht von Ihnen verlangt und häufig noch nicht einmal bemerkt! Im Übrigen sind zu perfekte Menschen nicht immer und überall beliebt.

▶ **Angst vor Risiken**
„Wer sich nichts zutraut, dem wird auch nichts zugetraut." „Erfolg beginnt im Kopf – Misserfolg auch!" Wenn Sie die Möglichkeit sehen, Ihren Chef mehr zu entlasten und neue Aufgaben zu übernehmen, die Ihren Fähigkeiten und Neigungen entsprechen, greifen Sie zu! Seien Sie risikofreudig.

5.1.2 Ursachen

Minderwertigkeitsgefühle – bei jedem Menschen sind sie mehr oder weniger stark ausgeprägt. Alfred Adler, ein Psychotherapeut, hat herausgefunden, dass das wichtigste menschliche Bedürfnis der Drang nach Selbstsicherheit und Überlegenheit ist. Minderwertigkeitsgefühle zeigen sich in Schüchternheit, übertriebener Bescheidenheit, leichter Verlegenheit, starker Eitelkeit, gesteigertem Geltungsbedürfnis und überaus starkem Verlangen nach Lob und Anerkennung.

Wir müssen jedoch davon ausgehen, dass ein stark ausgeprägtes Selbstbewusstsein nicht unbedingt positiv ist. Im stark ausgeprägten Selbstbewusstsein liegen häufig die Ursachen für Leichtsinn. Diese Menschen handeln oft mit einer leichten Sorglosigkeit und Unbekümmertheit.

Im Umgang mit den Mitmenschen fördert es auch nicht die Zusammenarbeit, sondern es bewirkt eher das Gegenteil, denn wer übertrieben sicher auftritt, erscheint oft rücksichtslos und egoistisch. Ein solcher Mensch hat vielfach mehr Feinde als Freunde.

Die Psychotherapeuten sind der Ansicht, dass es zwei Möglichkeiten gibt, auf diese Minderwertigkeitsgefühle zu reagieren: Kompensation oder Resignation. Bei der Resignation bedeutet es, dass die Minderwertigkeit als unüberwindbar angesehen wird. Ganz klar, dass in diesem Fall keine Verbesserung des Selbstbewusstseins erreicht wird.

Alfred Adler erkannte, dass die Minderwertigkeitsgefühle häufig kompensiert werden. Dies geschieht auf verschiedene Weise: Man kann z. B. versuchen, die Unsicherheit gerade in dem Bereich zu überwinden, in dem sie auch besteht. (Beispielsweise der

Grieche Demosthenes: Er stotterte als Kind und entwickelte sich aber durch gezieltes Training zu einem exzellenten Redner.)

Es besteht auch die Möglichkeit, die Minderwertigkeitsgefühle auszugleichen, indem man die Kompensation auf einem anderen Gebiet sucht. Das bedeutet, als Ersatz für die Schwäche wird eine andere Fähigkeit besonders gut entwickelt.

Eine weitere Möglichkeit der Kompensation ist die „Als-ob-Sicherheit". Hier greift die bestimmte Person zu Täuschungsmanövern, sie täuscht aber dabei nicht nur die anderen, sondern häufig auch sich selbst. Dies macht sich z. B. bemerkbar durch Rechthaberei, Prahlerei, Trotz, Imponiergehabe und Eigensinn. Diese Selbstsicherheit ist also nicht echt und kann deshalb leicht erschüttert werden.

► Darum ist es besonders wichtig, dass Sie Ihr Selbstbewusstsein nicht vortäuschen, sondern von innen heraus entwickeln.

► Hier ist auch sehr wichtig, dass Sie eine Schwäche nicht nur durch eine Stärke ausgleichen, sondern die Schwäche auch akzeptieren, denn nur dann ist die Grundlage für Ihr gesundes Selbstbewusstsein gegeben.

Selbstbewusstsein durch Selbststeuerung
Sie können Ihr eigenes Verhalten modifizieren, steuern und verändern. Sie können schlechte Angewohnheiten loswerden, denn die Herrschaft über sich selbst ist ein wichtiger Teil des selbstbewussten Charakters. Schauen Sie sich diese Formel einmal genauer an:

► **Erstrebtes Verhalten = Zufriedenheit = gesteigertes Selbstwertgefühl**

Im umgekehrten Verhältnis sinkt das Selbstwertgefühl. Selbst die Veränderung einer belanglosen, schlechten Angewohnheit gibt das befriedigende Gefühl, dass man sich in der Hand hat. Um etwas zu verändern, müssen wir jedoch ein paar Voraussetzungen erfüllen:

► Fertigkeiten der Selbstveränderungen lernen
► Keine Passivität
► Begriffsgehalt der Willensstärke erfassen

Um eine schlechte Angewohnheit abzulegen, benötigen wir in unserem Verhalten so genannte Verstärker (positiv/negativ). Dazu ein paar Tipps, wie Sie die eigenen Gewohnheiten ändern können:

► Identifizieren Sie die Gewohnheit, die Sie ändern möchten.
► Schließen Sie eine Art Vertrag, dass Sie Ihr Verhalten ändern wollen.
► Prüfen Sie die Situation, um festzustellen, ob Sie das unerwünschte Verhalten erschweren, das erwünschte erleichtern können.
► Stellen Sie sich vor, was Ihnen die gewünschte Veränderung für Vorteile bringt. Üben Sie dabei immer wieder die Kontrolle.
► Legen Sie sich die gewünschte Gewohnheit zu.

Selbstbewusstsein = angemessenes Verhalten

Also ist Selbstvertrauen ...
▶ das Ergebnis unserer Einstellungen zu uns und unseren Fähigkeiten.
▶ in der Kindheit erlernt und kann auch noch als Erwachsener weiter aufgebaut werden.

Menschen mit Selbstvertrauen haben folgende Einstellung:
„Ich bin liebenswert und habe die Fähigkeiten, in jeder Situation eine Lösung zu finden. Was auch immer ich tue, es ändert nichts an meinem Wert."

5.1.3 Merkmale

Ob Sie selbstbewusst sind oder nicht, kann Ihr Gegenüber an Ihrer Sprache erkennen. Darum: Sprechen Sie eine konkrete, zielgerichtete Sprache und sagen Sie, was Sie meinen. Tagtäglich beurteilen Sie Menschen, und Menschen beurteilen Sie. Aus vielen verschiedenen Eindrücken erhalten wir Wahrnehmungen und Eindrücke. Zu diesen Eindrücken zählt die Sprache, unsere Kommunikation.

Die äußere Gestalt oder die Gesichtszüge zu verändern ist nur sehr schwer möglich. Einfach ist es dagegen, die Sprache zu verändern. Eine kraftvolle und positive Sprache hilft Ihnen im täglichen Leben, mehr Erfolg zu haben. Auf Grund Ihrer Sprache entscheiden Menschen, gleich ob im Berufsleben oder im Privatleben, ob sie mit Ihnen zusammenarbeiten wollen oder gegen Sie sein werden.

Wir sprechen beim Selbstbewusstsein auch von einer Sprache, mit der Sie gewinnen und von einer Sprache, mit der Sie nur verlieren können. Zur Verdeutlichung hier ein paar Beispiele für Sie:

Verlierersprache	Gewinnersprache
Lasch	Dynamisch
Unsicher	Selbstbewusst
Allgemein	Konkret
Unklar (indirekt)	Klar (direkt)
Passiv	Aktiv
Negativ	Positiv
Kraftlos	Kraftvoll
Bla, bla, bla	Zielgerichtet

Wollen Sie Ihr Selbstbewusstsein verändern, dann ändern Sie auch Ihre Sprache, denn durch die Gewinnersprache treten Sie selbstbewusst auf und handeln auch so. Mit der Gewinnersprache können Sie andere Menschen viel mehr überzeugen, als wenn Sie meckern, schimpfen oder auch drohen.

Überzeugt Sie die nächste Gegenüberstellung?

Verlierersprache negativ	Gewinnersprache positiv
ich kann es ja mal versuchen	ich tue es, ich kümmere mich darum
das habe ich eigentlich noch nie gemacht	ich habe darin noch keine Erfahrung, aber ich tue es einfach
das ist eigentlich meine Meinung	ich bin überzeugt
ich kann das nicht	ich lerne das
ich kann es eben nicht ändern	ich mache das Beste daraus
haben Sie vielleicht noch irgendwelche Fragen	was interessiert Sie genau, welche Fragen kann ich Ihnen beantworten
ich würde meinen	ich weiß, ich bin überzeugt, ich glaube
das ist nie in zwei Tagen zu erledigen	wir können in zwei Tagen das für Sie erledigen und den Rest innerhalb der nächsten zwei Tage
da kann ich leider nichts für Sie tun	ich kann Ihnen diese Information nicht geben, sage Ihnen aber, wer Sie darüber informieren kann
ich habe bis 15. Oktober auf keinen Fall mehr Termine frei	ab 16. Oktober können wir einen Termin vereinbaren
Sie sind zwar gegen diese Entscheidung, aber trotzdem müssen	können Sie den Vorschlag so akzeptieren?

5.1.4 Lernen Sie das „Nein-Sagen"

„Die ältesten und kürzesten Worte „Ja und Nein" sind die, die das meiste Nachdenken erfordern."

(Pythagoras)

Zu Ihrem Selbstbewusstsein zählt auch, dass Sie Nein-Sagen können. Sie möchten immer allen anderen gefallen, Sie schlucken alles. Besser ist es aber zu sagen: „Ich finde das nicht richtig, was Ihr sagt oder tut!" Es ist besser, Ihre Meinung zu sagen, als den Mund überhaupt nicht aufzutun.

Als wirklich selbstbewusster Mensch besitzen Sie vier Charaktermerkmale:

1. Sie scheuen sich nicht, sich offen darzulegen. Durch Worte und Handlung machen Sie klar, so bin ich, so fühle ich, so denke ich, und so sehen auch meine Wünsche aus.

2. Sie können mit allen Menschen und auf allen Ebenen kommunizieren, mit Fremden, mit Freunden und mit Angehörigen. Dabei ist Ihre Kontaktbereitschaft immer offen, aufrichtig und angemessen.

3. Sie besitzen eine aktive Lebenseinstellung. Sie streben die Dinge an, die Sie wollen. Sie versuchen, alles selbst zu bewirken, im Gegensatz zum passiven Charakter, der wartet, dass die Dinge passieren.

4. Sie handeln so, dass Sie sich selbst achten können. Sie wissen, dass Ihnen nicht alles gelingen kann, akzeptieren darum auch Ihre Grenzen. Sie versuchen aber immer, das Beste herauszuholen, und gleichgültig, ob Sie gewinnen oder verlieren, Sie erhalten stets Ihre Selbstachtung.

Ihr unangemessenes Verhalten in einem bestimmten Bereich kann auch auf die anderen Bereiche Ihrer psychologischen Organisation Einfluss haben. Es entstehen zusätzliche Ängste, Depressionszustände, Spannungen, und Ihre Selbstsicherheit wird enorm beeinflusst.

Sie kommen hier in einen neurotischen Kreislauf, der sich wie folgt abspielt:

Unruhe

Unangemessene Handlungen

Selbstzweifel

Innere Unruhe

Unangemessene Handlungen

Selbstzweifel

Innere Unruhe

Die Selbstbewusstseinsprobleme werden in verschiedene Typen eingeteilt:

▶ **Der verschüchterte Typus**
Dieser lässt sich von anderen herumstoßen, schluckt alles und bleibt in jeder Situation passiv. Er entschuldigt sich sogar noch, wenn ihm jemand auf die Zehen tritt. Aber trotz allem ist er – auch wenn er sehr zaghaft ist – kein aussichtsloser Fall, denn es gibt immer einen Punkt, an dem er anfängt, sich selbst zu verändern.

▶ **Der Typus mit Kommunikationsschwierigkeiten**
Es wurde schon erwähnt, dass auch das selbstbewusste Verhalten dazu beiträgt, selbstbewusster und angemessener zu kommunizieren. Und hier können natürlich auch entsprechende Schwierigkeiten auftauchen.

▶ **Indirekte Kommunikation**
Dieser Typus neigt dazu, zu viele Worte zu machen. Er hat ebenfalls einen Mangel an klar umrissenen Wunschvorstellungen. Er bringt seine Bitten nicht direkt vor, bekommt natürlich dadurch auch nicht immer das, was er möchte.

128

▶ **Unaufrichtige Kommunikation**
Hier haben wir es mit Typen zu tun, die offen und aufrichtig im Verhalten wirken, aber dieses scheinbare Selbstbewusstsein verbirgt einen Mangel an Aufrichtigkeit. Man spricht davon, dass zu diesem Typus auch die „Baby-küssenden" Politiker gehören.

▶ **Unangemessene Kommunikation**
Dieser Typus sagt das, was er für richtig hält, zur falschen Zeit. Durch diese offene, fast naive und unreife Art, mit der dieser Typus seine Gedanken ausspricht, kommt es für ihn zu zahlreichen zwischenmenschlichen Schwierigkeiten und diese bringen ihn den anderen nicht näher, sondern schaffen Distanz. Dadurch, dass er die falschen Dinge zur falschen Zeit sagt, kann er ausgenutzt oder gekränkt werden.

▶ **Der Typus mit Selbstbewusstseinsdefiziten**
Manche Menschen sind auf einem Gebiet selbstbewusst, auf anderen wieder nicht. Die einen können zärtliche Gefühle ausdrücken, aber sie sind unfähig, den Zorn zu zeigen oder auch umgekehrt. Die Mitarbeiterin, die bei der Arbeit ein Muster an Passivität ist, kann sich zu Hause vielleicht wie ein Tyrann aufführen. Manche Leute können sich gegenüber der ganzen Menschheit durchsetzen, aber nicht gegenüber ihrer Schwiegermutter.

▶ **Der Typus mit Verhaltensdefiziten**
Diese Menschen sind oft nicht fähig, Blickkontakte zu halten, zu plaudern oder auch mit Konfrontationen fertig zu werden. Es bereitet ihnen auch Schwierigkeiten, ein Gespräch zu beginnen.

▶ **Der Typus mit Blockierungen**
Dieser weiß schon, was er tun soll, und er ist auch in der Lage dazu, aber die Angst vor Zurückweisung, vor Kritik, hemmen ihn, es zu verwirklichen.

▶ **Der Typus, der sich die Schwierigkeiten selbst macht**
Dieser Typus packt gewöhnlich alle Dinge falsch an und hat es dann natürlich auch entsprechend schwer, nach seinen eigenen Wünschen zu handeln.

Wichtig für Ihr Selbstbewusstsein ist: Handeln Sie! Es gibt immer eine ganze Menge Gründe, warum Sie es nicht tun, und im Laufe der Zeit entwickeln Sie auch ein entsprechendes Geschick, es nicht zu tun. Bedenken Sie: Wenn Sie Ihr Handeln verändern, verändern Sie auch Ihre Gefühle. Sie müssen sich auch klar darüber sein, dass Ihr Selbstbewusstsein kein Dauerzustand ist. So wie Sie sich verändern, verändern Sie auch Ihr Leben. Sie stehen immer wieder vor neuen Situationen und brauchen immer wieder neue Fähigkeiten, um diese zu bestehen.

(In Anlehnung an: „Sag nicht ja, wenn Du nein sagen willst", H. Fensterheim/J. Baer)

Auf dem Weg zum Nein-Sagen

Um Erfolg zu haben, ist es unbedingt notwendig, dass Sie auch NEIN sagen lernen. Wenn Sie nicht NEIN sagen können, sind Sie nur eine Sklavin, die sich immer nur den Wünschen anderer unterwirft.

Überlegen Sie einmal, wie oft Sie Ja sagen, wo Sie eigentlich NEIN sagen wollen!? Wichtig ist für Sie, dass Sie Ihre eigenen Bedürfnisse in Betracht ziehen.

Analysieren Sie jede einzelne Situation: Warum können oder haben Sie nicht NEIN gesagt? (Ihre Freunde bleiben Ihre Freunde, auch wenn Sie Nein sagen.)

Ein paar Tipps:

- Passiv zuhören = den anderen ausreden lassen.
- Aktiv zuhören = sich mit dem auseinander setzen, was Ihren Partner bewegt.
- Sprechen Sie sofort ein klares Nein aus, damit sich Ihr Partner keine falschen Hoffnungen macht, freundlich, aber bestimmt.
- Begründen Sie verständlich und überzeugend, weshalb Sie Nein sagen müssen.
- Bieten Sie eine realistische Lösung statt der eigenen Leistung an.
- Vermeiden Sie Äußerungen wie: „ich werde mir die Sache noch einmal überlegen und komme wieder auf Sie zu." Dann nämlich fällt es Ihnen noch schwerer, Nein zu sagen.
- Hören Sie auf, das ewige Kind zu spielen.
- Lassen Sie sich nicht auf Diskussionen ein.
- Schauen Sie dem anderen beim Nein-Sagen direkt ins Gesicht.
- Nehmen Sie sich Zeit zum Nachdenken.
- Gestalten Sie Ihr Nein positiv.
- Legen Sie Ihre Märtyrer-Rolle ab.

5.1.5 Selbstbewusstsein und Selbstsicherheit stärken

Selbstbewusstsein können Sie trainieren:
- Glauben Sie an sich.
- Schrauben Sie Ihre Ansprüche in einem angemessenen Verhältnis herunter.
- Tun Sie Gutes und reden Sie auch darüber.
- Feiern Sie Ihre Erfolge.
- Erlauben Sie sich Fehler.
- Trainieren, trainieren und nochmals trainieren.
- Streichen Sie Sätze wie: „Das liegt mir eben, das war ja nicht so schwierig," sondern bedanken Sie sich für ein Lob, und geben Sie positive Rückmeldungen.
- Freuen Sie sich auch über Ihre kleinen Erfolge, und würdigen Sie nicht nur die großen.
- Holen Sie Rat und Unterstützung auch von anderen ein, suchen Sie Verbündete.
- Halten Sie Ihre positiven Rückmeldungen fest und speichern Sie sie.

Der Erfolg beginnt in Ihrem Kopf. Wie viel Erfolg trauen Sie sich zu? Vermeiden Sie die Erfolgskiller Perfektionismus und Angst vor Fehlern. Erfolg muss Ihnen Spaß machen, dann ist er von Dauer.

Und so fördern Sie Ihr Selbstbewusstsein:
- Akzeptanz der eigenen Person.
- Fehler als Lernquelle betrachten.
- Mentale Stärke entwickeln.
- Schwächen in Stärken umwerten.
- Initiative ergreifen.
- Sicher und natürlich auftreten.
- Entspannungstechniken nutzen.
- Sachlich und persönlich vorbereiten.
- Beherzigen Sie Dale Carnegies Worte: „HANDELN BESIEGT ANGST."
- Akzeptieren Sie nie Ausreden von sich selbst.
- Glauben Sie daran, dass Sie Erfolg haben können, und Sie werden Erfolg haben.
- Setzen Sie sich täglich und monatlich Ziele.
- Schreiben Sie sie auf und programmieren Sie Ihr Unterbewusstsein, sie zu erreichen, indem Sie sich mit Bildern von ihnen umgeben.
- Finden Sie selbst heraus, wodurch Ihre Minderwertigkeitsgefühle verursacht werden. Wenn Sie sich über die Ursache im Klaren sind, dann können Sie daran gehen, die Selbstsicherheit gezielt zu verbessern.
- Trainieren Sie Ihre Schwächen!
- Versuchen Sie, Ihre Fähigkeiten und Talente mehr auszubauen. Sie haben dann eine Kompensation für Ihre Schwächen, und diese erscheinen Ihnen nicht mehr so wesentlich.

Seien Sie stolz auf Ihre guten Leistungen auf einem anderen Gebiet. Ihre persönliche Beurteilung der Leistung ist für Ihr Selbstwertgefühl wichtiger als das Urteil anderer Menschen.

- Hören Sie nicht nur auf die Meinungen Ihrer Mitmenschen, sondern handeln Sie nie gegen Ihre persönliche Überzeugung, dann fühlen Sie sich frei und selbstsicher.
- Sind Sie z. B. im Beruf unzufrieden und haben Sie im Moment auch keine Möglichkeit, dies zu verbessern, dann entfalten Sie Ihre Fähigkeiten in einem Hobby.
- Haben Sie eine schwierige Aufgabe zu lösen, versuchen Sie, mit Optimismus heranzugehen. Tun Sie dies nicht, werden Sie auch in Zukunft wenig Vertrauen in Ihre eigene Leistungsfähigkeit haben. Schon kleinere Probleme können dann zu einem großen Hindernis werden.
- Übermäßiger Ehrgeiz ist schädlich. Dies bedeutet, je ehrgeiziger Sie sind, desto schwerer können Sie Ihre hohen Ansprüche erfüllen.
- Vergleichen Sie sich nicht immer mit anderen Personen. Es gibt viele Menschen, die bei anderen Tätigkeiten besser sind als Sie. Wenn Sie sich aber stets damit vergleichen, laufen Sie Gefahr, dass Sie von sich selbst enttäuscht sind, und dies beeinträchtigt Ihr Selbstwertgefühl.

Gestalten Sie Ihr Berufsleben positiv:

- ▶ Denken Sie positiv.
- ▶ Spielen Sie keine Rolle, seien Sie Sie selbst.
- ▶ Haben Sie keine Angst – überlassen Sie dies den anderen.
- ▶ Gehen Sie Konflikten nicht aus dem Weg.
- ▶ Bilden Sie sich weiter (lebenslanges Lernen).
- ▶ Entschuldigen Sie Ihre Unfähigkeit zu lernen nie mit dem Alter.
- ▶ Üben Sie sich in Teamarbeit; bringen Sie sich im Team aktiv ein.
- ▶ Ihre Ausbildung muss nicht dem ausgeübten Beruf entsprechen.
- ▶ Fantasie, Intellekt und Kreativität sind häufig mehr wert als Leistungsbereitschaft und Disziplin.
- ▶ Nutzen Sie Ihre Energie. Versuchen Sie, die Situation nach Ihren Vorstellungen zu verändern – statt sich zurückzuziehen.
- ▶ Stärken Sie Ihr Selbstbewusstsein, indem Sie sich an Ihre Erfolge erinnern – statt sich abzuwerten.
- ▶ Analysieren Sie die Situation und prüfen Sie, wie Sie es das nächste Mal besser machen können – statt sich zu verurteilen und mit sich zu hadern.
- ▶ Verlassen Sie die Situation oder meistern Sie sie, wenn Sie nicht zu verändern ist – statt sich in die Opferrolle zu begeben.
- ▶ Lernen Sie, die Situation zu akzeptieren – statt endlos dagegen aufzubegehren.
- ▶ Sprechen Sie mit anderen darüber – statt sich selbst zu bedauern und sich zu isolieren.
- ▶ Erstellen Sie sich eine „Das gönn´ ich mir"- Liste.
- ▶ Versuchen Sie, folgende Lebenseinstellung zu haben: „Ich bin für meine Entscheidungen und Taten selbst verantwortlich."
- ▶ Bedenken Sie, negatives Denken, Angst und Furcht halten den Menschen zurück.
- ▶ Positive Menschen mit der „Ja-Einstellung" setzen vieles in Bewegung.
- ▶ Sagen Sie „Ja", und Sie können es!

Warum Selbstvertrauen wichtig ist:

- ▶ Selbstvertrauen ist das Ergebnis unserer Einstellung zu uns und unseren Fähigkeiten.
- ▶ Selbstvertrauen ist in der Kindheit erlernt und kann auch noch als Erwachsener weiter aufgebaut werden.
- ▶ Menschen mit Selbstvertrauen haben die Einstellung: „Ich bin liebenswert und habe die Fähigkeiten, in jeder Situation eine Lösung zu finden. Was auch immer ich tue, es ändert nichts an meinem Wert."

So strahlen Sie mehr Selbstsicherheit aus:

- ▶ Suchen Sie bewusst unangenehme Situationen.
- ▶ Korrekte Kleidung macht selbstsicher.
- ▶ Keine Angst vor Vorgesetzten.
- ▶ Verteidigen Sie Ihr Territorium.
- ▶ Kontrollieren Sie Ihre Nervosität.

Die beiden folgenden Übungen helfen Ihnen, Ihre Stärken und auch Ihre Schwächen zu identifizieren. Natürlich ist es sinnvoll, an den Schwächen zu arbeiten, sie zu minimieren. Wichtiger aber ist es, positives Potenzial stärker zu nutzen und auszubauen. Nur wenn Sie Ihre Stärken kennen, können Sie sie stärken.

Übung Nr. 10: Selbstbewusstsein stärken – strategische Kernfragen

► Was kann ich besser machen als andere?	
► Mache ich das, was ich besser kann?	
► Wer braucht das, was ich besser kann?	
► Wie mache ich das bekannt?	

Übung Nr. 11: Analyse der Stärken und Schwächen

Welche Stärken habe ich? Welche meiner positiven Eigenschaften kann ich einsetzen, um mein Ziel zu erreichen?	Welche Schwächen habe ich? Welche meiner negativen Eigenschaften könnte mich hindern, mein Ziel zu erreichen?

Übung Nr. 12: Welchen Nutzen kann ich bieten?

Überlegen Sie, welchen Nutzen Sie durch Ihre Talente und Fähigkeiten anderen Menschen bieten können. Listen Sie die Fähigkeiten auf. Wie der Volksmund so schön sagt: „Von Nichts kommt nichts." Aus diesem Grund müssen wir für andere Menschen nützlich sein und ihnen in Form von Ideen und Dienstleistungen etwas bieten.

_____

_____

_____

_____

_____

_____

Wenn Sie Ihre Punkte notiert haben, dann versuchen Sie herauszufinden, welchen Nutzen Sie am besten bringen können auf Grund Ihrer persönlichen Stärken.

Dann versuchen Sie herauszufinden, welchen Nutzen Sie am besten bringen können auf Grund Ihrer persönlichen Stärken im Zusammenhang mit der Chefentlastung.

Übung 13: Lenken Sie Ihre Aufmerksamkeit auf die positiven Aspekte Ihres Alltags.

1. Was hat mir heute besonders an mir gefallen?

    _____
    _____
    _____

2. Welche Erfolge habe ich heute zu verzeichnen?

    _____
    _____
    _____

3. Welches Lob oder Kompliment habe ich wem ausgesprochen?

    _____
    _____
    _____

4. Welches Lob oder Kompliment hat mir wer ausgesprochen?

    _____
    _____
    _____

5. Habe ich jemandem eine Freude bereitet?
    Nein   ف
    Ja   ف wem und was

    _____
    _____
    _____

6. Was war das Wichtigste, was ich heute erledigt habe?

    _____
    _____
    _____

7. Wofür habe ich heute „danke" zu sagen?

    _____
    _____
    _____

5.2   Motivation und ihre Bedeutung

„Wenn das Leben keine Vision hat, nach der man strebt, nach der man sich sehnt, die man verwirklichen möchte, dann gibt es auch kein Motiv, sich anzustrengen."

(Erich Fromm)

Wir alle wissen, wir schwer es ist, sich selbst immer wieder zu motivieren. Beleuchten wir vorab den Begriff der Motivation etwas näher.

Grundlegenden Prinzipien der Motivation

1. „Motive" sind die Beweggründe für menschliches Verhalten. Motive können auf einem Mangel oder einem Interesse beruhen. Sie können extrinsischer Natur (von außen befriedigend) oder intrinsischer Natur (von innen her befriedigend) sein. Motive sind dauerhaft, nicht sichtbar und können nur aus dem Verhalten oder durch direkte Befragung erschlossen werden.

2. Die Wichtigkeit eines Motivs hängt davon ab, welche Bedeutung ich sowie meine Umwelt ihm geben. Im Weiteren kann ein Motiv je nach der momentanen Situation an Bedeutung gewinnen oder verlieren.

3. „Motivation" ist die Handlungsbereitschaft eines Menschen in einer ganz bestimmten Situation. Sie kann eine Kombination von Motiven beinhalten, einschließlich der Erwartungen darüber, mit welcher Wahrscheinlichkeit ein bestimmtes Verhalten die entsprechenden Motive in welchem Ausmaß befriedigt. Ist die Erwartung gleich Null, so ist auch keine Motivation vorhanden, d. h. die Bereitschaft, eine bestimmte Handlung auszuführen.

4. Nach der Motivationstheorie von Maslow gibt es fünf wesentliche, Motive, die menschlichem Verhalten zugrunde liegen: physiologische Bedürfnisse, Bedürfnisse nach Sicherheit, Zugehörigkeit, Wertschätzung und Selbstverwirklichung. Diese Bedürfnisse sind hierarchisch in Form einer Pyramide angeordnet und setzen jeweils die Befriedigung niedrigerer Bedürfnisse voraus. Doch kann es durchaus sein, dass durch einen Krisenfall „niedrigere" Bedürfnisse wieder in den Vordergrund rücken.

5. Die Ergebnisse eines Verhaltens (Beförderung, Einkommen, Status-Symbole, die eigentlich Mittel zum Zweck sind (Befriedigung grundlegender Bedürfnisse wie Sicherheit, Anerkennung, etc.)), können auch einen Wert an sich annehmen und um ihrer selbst willen angestrebt werden.

6. „Motivation" ist die Handlungsbereitschaft eines Menschen in einer ganz bestimmten Situation. Sie kann eine Kombination von Motiven beinhalten, einschließlich der Erwartungen darüber, mit welcher Wahrscheinlichkeit ein bestimmtes Verhalten die entsprechenden Motive in welchem Ausmaß befriedigt. Ist die Erwartung gleich Null, so ist auch keine Motivation vorhanden, d. h. die Bereitschaft, eine bestimmte Handlung auszuführen. Kennt man also Motive und Erwartungen eines Mitarbeiters, so kennt man auch die Stärke seiner Motivation.

Maslowsche Bedürfnispyramide

7. Um die Motivation und Motive eines Mitarbeiters verstehen zu können, ist das Gespräch von großer Bedeutung, da Motive und Erwartungen nicht unmittelbar ersichtlich sind und nur aus der direkten Befragung oder dem Verhalten erschlossen werden können.

8. Es gibt eine Reihe von Maßnahmen, durch die die einzelnen Bedürfnisse innerhalb eines Unternehmens befriedigt werden können. Wichtig ist, hier zu beachten, dass die Bedürfnisstruktur von Mitarbeiter zu Mitarbeiter verschieden ist und diese herausgefunden werden muss, damit Maßnahmen gewählt werden können, die den Einzelnen ansprechen.

9. Nach der Zweifaktorentheorie von Herzberg gibt es Faktoren, die motivieren, so genannte „Motivatoren" (Leistung, Anerkennung, die Arbeit selbst, Verantwortung, Beförderung) und Hygienefaktoren oder Dissatisfaktoren, die nicht motivieren, doch Unzufriedenheit schaffen, wenn sie nicht „stimmen" (Personalpolitik, Kontrolle, Verdienst, zwischenmenschliche Beziehungen, Arbeitsbedingungen).

Um Unzufriedenheit zu vermeiden, sollten daher die „Bedingungen" (Hygienefaktoren) den Erwartungen der Mitarbeiter entsprechen. Um zu motivieren, sollten die einzelnen Motivatoren im Rahmen des Möglichen gezielt eingesetzt und ausgenutzt werden. Jede Führungskraft sollte sich daher fragen, inwieweit sie ihren Mitarbeiter durch Leistung, Anerkennung, Verantwortung, Beförderung und Arbeitsinteresse motiviert.

5.2.1 Sich selbst und die Umwelt motivieren

Motivation in der Praxis

Die Verlaufsanalyse der Motivation beinhaltet bestimmte Dinge, die Sie als Sekretärin/Assistentin tun können, um Ihre Motivationsfähigkeiten zu verbessern. Dazu gehören:

1. Versuchen Sie, Ihre Bedürfnisse entsprechend der Maslowschen Kategorien – Sicherheit, soziales Ansehen, Selbstverwirklichung – zu verstehen.

2. Stellen Sie nicht nur fest, was sie brauchen, sondern auch, was sie wollen. Es mag sein, dass Sie es ihnen nicht geben können, aber zumindest können Sie angesichts Ihres Wissens darum Ihren Motivationsansatz modifizieren.

3. Das primäre Motiv sollte Geld sein. Geld ist wichtig, weil es derart viele Bedürfnisse stillt – es ermöglicht den Menschen, ihren Lebensstandard zu heben, doch gleichzeitig ist es das effektivste Mittel, um eine Leistung anzuerkennen (Selbstverwirklichung). Zudem ermöglichen Sie dadurch die Demonstration des Erreichten vor anderen (Ansehen).

4. Dennoch sollten Sie nicht vergessen, dass Geld nicht alles ist, was Menschen brauchen oder wollen. Sie können auch durch Anerkennung, Lob, Beförderung und durch die Arbeit an sich motiviert werden – und durch die Gelegenheit für Extraleistungen, um mehr Verantwortung auf sich zu nehmen. Diese Art der Entlohnung ist zuweilen effektiver als Geld. Es ist freilich eine Frage der individuellen Bedürfnisse. Der Grund, warum Sie versuchen sollten, diesen Bedürfnissen auf die Spur zu kommen, ist der, dass Sie bei der Entlohnung differenzierter vorgehen können.

5. Erinnern Sie sich an die Bedeutung der Erwartungen als Motivationsfaktor. Eine Belohnung wird umso effektiver, je genauer die Mitarbeiter wissen, womit sie rechnen können, wenn sie hart und gut arbeiten. Sie sollten daher

   ▶ dafür sorgen, dass das Verhältnis von Einsatz und Belohnung in jedem finanziellen Entlohnungssystem klar definiert ist – Leistungslohn, Provisionen oder Prämienregelung.

   ▶ Ihren Mitarbeitern Ziele und Standards vorgeben, die zwar erreichbar sind, aber nicht im Handumdrehen.

   ▶ ihnen bewusst machen, dass ihre Leistungen durch Lob, eine spezielle Belohnung oder durch die Gelegenheit zu Besserem anerkannt werden – seien Sie jedoch nicht allzu großzügig damit, loben Sie nur den, dem Lob gebührt.

   ▶ dafür sorgen, dass sich die Voraussetzungen für eine Beförderung oder einen Ausbau der Verantwortlichkeiten herumsprechen.

   ▶ nicht nur deutlich aussprechen, was jemand bekommt, der gut arbeitet, sondern auch die Folgen schlechter Leistungen nennen. Das ist keine primitive Karotten- und Stocktaktik, sondern es wird dabei lediglich geklärt, dass das, was jemand leistet oder nicht leistet, ausschließlich von ihm selbst bestimmt wird.

6. Immer daran denken, das Ihr Ziel darin besteht, Bedingungen zu schaffen, durch die die Mitglieder einer Organisation in der Lage sind, ihre eigenen Leistungen am bes-

138

ten dann zu erbringen, wenn ihre Bemühungen auf den Erfolg des Unternehmens ausgerichtet werden. Daher sind folgende Dinge wesentlich:
► Die Bedürfnisse der Menschen müssen identifiziert werden, damit Sie die Entlohnung diesen Bedürfnissen anpassen können.

Extrinsische und intrinsische Motive
Sie haben bereits ein paar Seiten vorher etwas über extrinsische und intrinsische Motive gelesen, hier die Hintergründe dafür. Eine Unterteilung, die für die Diskussion der Motivation im Beruf Bedeutung erhalten hat, ist die zwischen extrinsischer und intrinsischer Motivation.

Zu den extrinsischen Motiven zählen wir:

► Geld
► Sicherheit
► Macht
► Anerkennung
► Geltung
► Kontakt

Zu den intrinsischen Motiven zählen wir:

► den Wunsch nach Energieabfuhr
► den Wunsch nach Aktivität und Sinnesreizung
► Neugier (den Drang, Neues zu lernen)
► Leistungsmotivation
► Sinngebung
► Selbstverwirklichung

Extrinsische Motive sind solche, die von anderen, vor allem der Organisation, erfüllt werden. So ist z. B. Geld ein extrinsisches Motiv. Wenn ich eine bestimmte Leistung erbringe, erhalte ich von anderen als Gegenleistung Geld. Übrigens, Untersuchungen in den USA haben ergeben, dass der motivierende Effekt eine Gehaltserhöhung nur circa sechs Wochen anhält. Überrascht Sie das?

Intrinsische Motive dagegen werden durch die Tätigkeit bzw. den Beruf selbst befriedigt. Es verschafft mir Genugtuung, wenn ich mir eine bestimmte Leistung zum Ziel gesetzt habe und dieses Ziel auch erreiche. Auch verinnerlichte Normen wie „Verlässlichkeit", „Ehrlichkeit" oder „Stetigkeit" fallen in die Gruppe der intrinsischen Motive, da es Genugtuung verschafft, sie zu erfüllen.

Die Unterscheidung zwischen extrinsischer und intrinsischer Motivation spielt im Berufsleben eine wichtige Rolle, da die intrinsisch motivierte Person aus innerer Eigenverpflichtung heraus arbeitet. Sie kontrolliert sich selbst und ist in der Regel auch zufriedener. Unzufriedenheit wird weniger schnell auf die anderen abgeschoben. Sie sehen also, mit positivem Denken und Verhalten motivieren Sie nicht nur sich, sondern auch Ihre Umwelt.

Menschen, die andere Menschen ändern wollen, sind negative Menschen. Versuchen Sie nicht, andere zu ändern, sondern versuchen Sie sich zu ändern. Wenn Sie wollen, gehen Sie immer mit guten Beispielen voran. Beispiele helfen viel mehr und schneller als Ratschläge. Wenn Sie wollen, dass jemand anderes lächelt, lächeln Sie. Wenn Sie möchten, dass der andere ruhiger wird, werden Sie ruhiger. Bedenken Sie, dass sich negative Dinge übertragen, dann übertragen sich auch positive Dinge. Fragen Sie sich, welchen Nutzen Sie anderen Menschen bringen möchten. Sie selbst müssen sich ernst nehmen. Verstärken Sie Ihr Gefühl, ich bin wichtig. Stellen Sie sich die Frage: „Für wen bin ich wichtig, warum bin ich wichtig?" Ein Mensch, der sich nicht selbst respektiert und akzeptiert, kann dies auch mit anderen nicht. Welche Menschen sind für Sie wichtig? Erfolgreiche Menschen brauchen Vorbilder, Ideale.

Das Schlimmste, was einem Menschen passieren kann, ist, dass er den Glauben an seine persönliche Zukunft verliert. Motivation ist die Kunst, die Leistungsreserven zu mobilisieren. Was motiviert die Menschen am meisten: die eigenen Wünsche, Träume und Ziele, Träume und Sehnsüchte. Zu unseren eigenen Träumen und Sehnsüchten sollten wir uns bekennen. Von Menschen, die wissen, was sie wollen, geht eine Begeisterung aus. Diese Menschen werden geachtet.

Für jeden von uns öffnen sich im Laufe eines Lebens und jeden Tag viele Türen. Der erste Eindruck ist entscheidend. Dazu gehört natürlich die Kleidung. 90 % des ersten Eindruckes gilt dem Äußeren und nur 10 % den Händen und dem Gesicht. Sie sollten andere nicht unbedingt nach ihrer Kleidung beurteilen, aber seien Sie sich darüber bewusst, dass andere Sie stets nach Ihrer Kleidung und Ihrem Äußeren beurteilen. Den zweiten Eindruck, der entscheidend ist, hinterlassen dann unsere Augen. Unsere Augen sind ein Fenster für innen und außen. Der dritte entscheidende Faktor für unseren ersten Eindruck ist die Stimme. Unsere Stimme signalisiert Ruhe und Festigkeit. Sie zeigt unseren Optimismus oder unsere Niedergeschlagenheit. Der erste Eindruck entsteht also durch: 1. Ihr körperliches Verhalten, 2. Ihre Augen, 3. Ihre Stimme.

Wir beschäftigen uns jetzt mit der Macht des Unterbewusstseins. Hermann Hesse hat die Menschen mit einem Baum verglichen. Aus der Biologie wissen wir, das wichtigste sind die Wurzeln. Also das Wesentliche ist für die Augen unsichtbar. Die Wurzeln müssen genauso groß sein wie die Krone.

Das heißt, wenn bei einem Baum einmal ein Ast abbricht, seine Wurzeln aber tief und groß genug sind, so wird er das überwinden. Er wird wieder grünen und blühen. Und genauso ist es bei uns, wenn unsere Wurzeln fest genug sind, wenn der Glaube an uns selbst fest genug ist, werden wir Misserfolge viel besser überstehen. Entscheidend sind also die Wurzeln. Diese Übung soll zeigen, wie wichtig das Unterbewusstsein ist und wie groß die Macht des Unterbewusstseins ist. Erfolg heißt, mit uns und mit anderen richtig umzugehen.

Beispiel: Ein Bauer bereitet im März den Boden vor, und erst dann legt er sein wertvolles Saatgut in den gut vorbereiteten Boden. Kein Bauer würde jemals sein wertvolles Saatgut in einen nicht vorbereiteten Boden legen. Im Herbst kommt dann die Ernte. Das soll heißen, die Kunst im Gespräch besteht darin, dass wir versuchen, erst einmal unseren Partner in den Alpha-Zustand zu versetzen, in dem er vollkommen entspannt ist. Darum beginnen wir ein Gespräch niemals mit einer Neuigkeit, sondern wir bringen eine Sache vor, der unser Gesprächspartner zustimmt. Dann gehen wir über, indem wir ihm das schildern, was für uns wichtig ist. Wenn wir aber das Gefühl haben, dass wir nicht weiterkommen, dann sagen wir auch zu ihm: „Ich habe das Gefühl, oder ich glaube, meine Argumente überzeugen Sie nicht, bitte helfen Sie mir, sagen Sie mir, was Sie überzeugt." Der Abschluss sollte grundsätzlich darin bestehen, dass Sie etwas zum handeln, etwas Motivierendes sagen.

Zum Thema Lob: Ein Mensch wächst über sich hinaus, wenn er gelobt wird. Lob kann eine starke Motivation sein. Lob ist das wirksamste Mittel, das Ihnen zur Verfügung steht und damit ein wichtiges Führungsinstrument. Lob ist eine positive, wirksame Kraft. Lob muss aufrichtig und im Einklang mit dem Augenblick stehen. Glück wohnt niemals bei den Undankbaren. Das kürzeste Kompliment heißt: „Danke". Dank ist die beste Investition in Ihre Mitmenschen. Wer dankbar ist, bleibt unvergessen. Dank ist eine positive Suggestion. Durch Dank macht man seine Mitmenschen zu Wieder-holungstätern. Danken schafft Harmonie. Alle Bewegungen unseres Körpers werden vom Gehirn gespeist, darum sagt man, dass 70 bis 80 % der Krankheiten aus der Seele kommen. Sie entstehen im Gehirn und gehen dann auf den Körper über. Wenn wir das Magengeschwür herausoperieren und beim Menschen selbst ändert sich aber nichts, kann es sein, dass schon bald ein neues entsteht. Ist die Zentrale negativ programmiert, ist auch mein Körper, meine Erscheinung entsprechend programmiert und umgekehrt auch. Darum ist es entscheidend, wie mein Unterbewusstsein programmiert ist.

Zum Nachdenken:

„Ein Professor wanderte weit in die Berge, um einen berühmten Zen-Mönch zu besuchen. Als der Professor ihn gefunden hatte, stellte er sich vor, nannte alle seine akademischen Titel und bat um Belehrung. ‚Möchten Sie Tee?' fragte der Mönch. ‚Ja, gern', sagte der Professor. Der alte Mönch schenkte Tee ein. Die Tasse war voll, aber der Mönch schenkte weiter ein, bis der Tee überfloss und über den Tisch auf den Boden tropfte. ‚Genug!' rief der Professor. ‚Sehen Sie nicht, dass die Tasse schon voll ist? Es geht nichts mehr hinein.' Der Mönch antwortete: ‚Genau wie diese Tasse sind auch Sie voll in Ihrem Wissen und Ihren Vorurteilen. Um Neues zu lernen, müssen Sie erst Ihre Tasse leeren.'"

(Dan Millmann)

Kraftvoll, positiv und aufbauend denken → Eine Frage der inneren Einstellung:
Zwei Schuhfabrikanten schicken ihre Verkäufer nach Afrika. Der eine Verkäufer ruft sofort zurück: „Reise noch heute ab, kein Markt, niemand trägt Schuhe."
Der andere Verkäufer meldet sich auch sofort: „Brauche weitere zwei Wochen, ein riesiger Markt – keiner trägt Schuhe."

5.3 Umgang mit Stress

Geht es Ihnen auch so, ich habe manchmal das Gefühl, dass Stress ein richtiges Modewort geworden ist. Wer keinen Stress hat, ist nicht „in". Wir vergessen dabei sicher, dass wir einen Teil unserer Stress-Situationen selbst verursachen. Was sagen Sie zu folgender Auswertung in diesem Zusammenhang?

Wir machen uns Sorgen über ...
... Dinge, die niemals eintreffen: 40 %.
... Dinge, die wir nicht ändern können: 30 %.
... Gesundheitsprobleme, die wir nicht beeinflussen können: 12 %.
... Kleinigkeiten, die uns nicht wirklich wichtig sind: 10 %.
... wirkliche Probleme: 8 %.

Fazit: Durchschnittlich machen sich Menschen zu 92 % Sorgen über Dinge, die entweder nie eintreffen, nicht zu ändern sind oder keine Bedeutung haben! – Und das macht uns in den meisten Fällen nicht einmal Spaß. Erstaunlich, nicht wahr? Dabei sind 8 % Stress, wenn sie dann auftreten, enorm. Befassen wir uns aber trotzdem näher mit dem Thema, damit es Ihnen in Zukunft in hektischen Situationen besser geht.

5.3.1 Stress und sein Ursprung

Wir unterscheiden zwischen verschiedenen Stressarten:
1. **Biologischer Stress**
   Dieser kann zum Beispiel ausgelöst werden durch:

   ▶ Emotionen
   ▶ Misserfolge
   ▶ Kälte oder Hitze
   ▶ Schlafentzug
   ▶ bestimmte soziale Gegebenheiten

2. **Kognitiver (Wissens-Stress)**
   Dieser kann durch eine besondere geistige Beanspruchung entstehen.

3. **Emotionaler (Verstehens-Stress)**
   der zum Beispiel durch die Veränderung des Wohlbefindens entstehen kann.

Wir neigen dazu, Stress zu bewerten. Dies kann in drei Punkten geschehen:

Irrelevant = unbedeutend
günstig
stressend

Im ersten Fall reagieren wir nur ganz kurz und entscheiden dann, dass die Situation für uns weder Gefahr noch Anerkennung bringt, und wir wenden uns ab. Im zweiten Fall entspannen wir und empfinden Freude oder Heiterkeit. Es könnte aber trotzdem für Sie notwendig sein zu handeln, um die Situation gegebenenfalls noch in Ihrem Sinne zu verbessern. Für den dritten Fall wiederum haben wir drei Gründe:

1. Die Gefahr einer Schädigung oder eines Verlustes (Ihr Ansehen im Büro, Ihr Selbstwertgefühl).
2. Eine Bedrohung. Es besteht die Gefahr einer Schädigung oder eines Verlustes für Sie (Ihre finanzielle Situation, Ihr Status, Ihre Berufsaussichten).
3. Eine Herausforderung. Das hängt davon ab, wie Sie Ihre Bewältigungsfähigkeiten einschätzen. Sehen Sie diese als hoch an, dann werden Sie gelassen reagieren.

Stress ist ein „Konzentrationshemmer": Während automatisierte oder einfache Tätigkeiten und Gedanken unter Stress besonders schnell und effektiv ausgeführt werden können, verhindert die Stressreaktion die Bewältigung von neuartigen oder komplexen Aufgaben.

Obwohl wir uns bewusst sind, dass Stress oft schädlich oder hinderlich ist, steigen wir trotzdem immer wieder in den „Teufelskreis der Stressreaktion" ein:

Situation/Verhalten: Stress entsteht zumeist in bestimmten Situationen und durch ein bestimmtes Verhalten – sei es das eigene oder das anderer Beteiligter. Lernen Sie, stressinduzierende Situationen und Ihr Verhalten in diesen Situationen zu erkennen, und beginnen Sie, diese Situationen und Ihr eigenes Verhalten zu ändern!

Gefühle/Gedanken: Es gibt keine objektive Stressreaktion: Stress hängt immer damit zusammen, dass Sie selbst sich „gestresst" *fühlen*. Lernen Sie, in Belastungssituationen alternative Gedanken zu denken und Ihre Gefühle in eine produktive und gesündere Richtung zu lenken!

Physiologische Reaktionen: Stress macht krank: Ihr Körper reagiert auf Stress mit physiologischen Prozessen, die auf die Dauer zu gesundheitlichen Schäden führen. Lernen Sie, die Reaktionen Ihres Körpers zu erkennen und durch gezielte Entspannung und den Abbau der entstandenen Energie die negativen Folgen von Stress zu begrenzen.

Stress verstehen
Die Ursache für die „unangenehmen Nebenwirkungen" von Stress liegt in der Funktion, die Stress ursprünglich in der Evolution des Menschen erfüllte. Hier diente die Stressreaktion zur Schaffung optimaler **Kampf- und Fluchtbedingungen**. Auf Grund der Wichtigkeit dieser Handlungen für das Überleben sind wir sozusagen auf die Stressreaktion „programmiert". Sie läuft weitgehend unbeeinflusst vom bewussten Willen ab und ist mit der Ausschüttung bestimmter Hormone und den zugehörigen körperlichen Reaktionen verbunden:

Die Stressreaktion läuft dabei zumeist in bestimmten **Phasen** ab (s. u.). Dieser Ablauf macht allerdings in vielen Bereichen unseres Alltags inzwischen keinen Sinn mehr: Die Bereitstellung körperlicher Energie ist zum Beispiel völlig überflüssig, wenn es um die Bewältigung eines EDV-Problems geht. Am modernen Arbeitsplatz können Sie die aufgebaute Spannung meistens nicht durch Bewegung abbauen, und Flucht oder Kampf (mit der damit verbundenen Aggressivität) sind in der Regel nicht die erwünschte Reaktion auf belastende Situationen im Berufsleben.

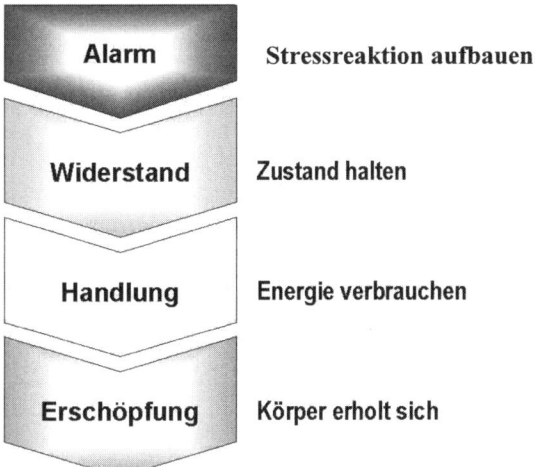

5.3.2 Stressfaktoren erkennen

Denkweisen, die mit für Ihren Stress verantwortlich sind. Kommen Ihnen diese bekannt vor?

- ▶ Sie haben Angst vor Ablehnung. Als Folge davon stellen Sie keine Forderungen, äußern Ihre Bedürfnisse nicht, zeigen Ihre Gefühle nicht, sagen Ihre Meinung nicht.
- ▶ Sie fühlen sich verantwortlich für die Gefühle anderer, haben Angst, anderen weh zu tun. Als Folge davon scheuen Sie sich, Nein zu sagen.
- ▶ Sie fordern von sich, alles perfekt machen zu können (gute Mitarbeiterin, gute Hausfrau). Als Folge davon überfordern Sie sich.
- ▶ Sie haben Angst vor Fehlern. Als Folge davon trauen Sie sich nicht an neue Aufgaben.
- ▶ Sie haben Angst vor Konflikten. Als Folge davon äußern Sie Ihre Meinung nicht.

Auf diese Warnsignale für Stress sollten Sie achten
- Unruhe
- Lustlosigkeit
- Reizbarkeit
- Bleierne Müdigkeit
- Konzentrationsschwäche
- Schlaflosigkeit
- Muskelverspannungen
- Kopfschmerzen
- Gewichtsprobleme

Natürlich treten nicht alle Symptome bei jedem gleichzeitig auf, dies hängt vom jeweiligen Typ ab.

In unserem Leben gibt es viele Belastungen, die oft unvermeidbar sind. In der nachfolgenden Tabelle finden Sie die häufigsten Stresssituationen, die der amerikanische Psychologe Dr. Thomas Holms zusammengestellt hat. Nach seiner Meinung dürfen pro Jahr nicht mehr als 300 Punkte von Stresssituationen zusammenkommen. Sind es dennoch mehr, stellte er bedenkliche Krankheitssymptome wie z. B. Herzanfälle, Depressionen fest.

Anlass	Punkte
Tod des Ehegatten	100
Scheidung	73
Ehetrennung	65
Gefängnisstrafe	63
Tod eines nahen Familienmitglieds	63
Eigene Verletzung oder Krankheit	63
Unfall oder Krankheit	53
Eheschließung	50
Kündigung durch Arbeitgeber	47
Entlassung	47
Versöhnung der Ehepartner	45
Pensionierung	45
Krankheit in der Familie	42
Schwangerschaft	39
Sexuelle Schwierigkeiten	39
Familienzuwachs	39
Berufsanfang	39
Veränderung der finanziellen Situation	38
Tod eines nahen Freundes	37
Versetzung auf einen anderen Arbeitsplatz	36
Berufswechsel	36
Mehr oder weniger Streit mit dem Ehegatten	35

Hypothek über 100 000 Euro	31
Kündigung eines Darlehens	30
Zwangsvollstreckung	30
Neuer Verantwortungsbereich am Arbeitsplatz	29
Sohn/Tochter verlässt das Haus	29
Schwierigkeiten mit Schwiegereltern	29
Ärger mit angeheirateter Verwandtschaft	29
Hervorragende persönliche Leistung	28
Ehefrau nimmt außer Haus eine Arbeit an oder beendet sie	26
Kind kommt zur Schule/verlässt die Schule	26
Veränderung persönlicher Gewohnheiten	24
Lebensstandardänderungen	26
Schwierigkeiten mit dem Chef	23
Veränderte Arbeitszeiten oder Arbeitsbedingungen	20
Wohnungswechsel	20
Schulwechsel	20
Änderung der Freizeit	19
Veränderter gesellschaftlicher Umgang	18
Hypothek oder Kredit unter 20 000 Euro	17
Veränderte Schlafgewohnheiten	16
Mehr oder weniger Familienbesuch	15
Veränderung der Essgewohnheiten	15
Urlaub	13
Weihnachten	12
Kleinere Rechtsübertretungen	11

In jeder Stresssituation, in die wir geraten, müssen wir uns aber darüber im Klaren sein, dass die Stressverträglichkeit bei den Menschen total unterschiedlich ausgeprägt ist. Eine Stresssituation, die den einen Menschen zum Zusammenbruch bringt, schüttelt der andere mühelos ab. Ferner hat man festgestellt, dass die häufigsten Stresssituationen in den Bereichen Ehe und Beruf liegen. Sie müssen sich den täglichen Belastungen der Arbeitswelt anpassen, das sind u. a. zu großes Arbeitspensum, Mitarbeiterversagen, Termindruck, bei Pannen einspringen müssen, man wird gestört und unterbrochen, der Lärm ist zu groß, Intrigen der Kollegen, schlechtes Betriebsklima, der Vorgesetzte hat Sie übergangen – und diese Liste lässt sich endlos fortsetzen. Sie können diese Stressbelastungen nicht vermeiden, aber Sie können Ihre Einstellung dazu verändern.

Ein weiterer Hinweis des Psychologen: Belastungen sollten möglichst noch am gleichen Tag verarbeitet werden. Sie sollten also nicht noch eine Nacht darüber schlafen und grübeln, sondern am gleichen Tag noch mit Ihrem Freund oder Ehepartner den Ärger durchsprechen.

Stress darf man aber keineswegs nur negativ sehen. Machen Sie sich einmal Gedanken über folgende Aussagen:

- ▶ Stress hat eine positive Bedeutung für die menschliche Lebensqualität. Der richtige Umgang mit Stress ist eine wichtige Säule im Gesundheitsverhalten eines Menschen.
- ▶ Achtsam mit seinen Gedanken- und Emotionsmustern umzugehen verspricht gesundheitliche Vorteile.
- ▶ „Stress" ist die Summe der Belastungsfaktoren, die auf einen Organismus einwirken.
- ▶ Beim Stress kommt es nicht allein darauf an, wie die Situationen objektiv sind, sondern wie die Menschen sie subjektiv sehen und damit umgehen.
- ▶ Stresserleben ist von realen und irrealen Faktoren geprägt.
- ▶ Von einem positiven Stressor fühlt sich ein Mensch herausgefordert, vitalisiert und zur Leistung angespannt.
- ▶ In der so genannten Alarmphase der Stressreaktion wird eine erhöhte Aufmerksamkeits- und Reaktionsbereitschaft erzeugt.
- ▶ Nach Ablauf der Schrecksekunde und nervalen Reaktionen setzen hormonelle Vorgänge (Adrenalinausschüttung) ein.
- ▶ Die zivilisierten Verhaltensweisen in Beruf und Gesellschaft gestatten es kaum, Stressreaktionen durch Flucht oder Kampf zu beenden.
- ▶ Bewegung sorgt auch zu einem späteren Zeitpunkt für einen Stressabbau und eine gute Erholungsphase.
- ▶ Auch die Suche nach Stress kann zu einem Problem werden: Beispiel Extremsportarten.
- ▶ Stresssüchtige haben ihre Umwelt nicht im Griff, sondern umgekehrt.
- ▶ Körperliche Beschwerden verschiedener Art wie beispielsweise häufige Kopfschmerzen können ein Hinweis des Organismus sein, den persönlichen Lebensstil umzustellen.
- ▶ Es ist wichtig, Stresssignale frühzeitig wahrzunehmen und durch aktives Verhalten den Aufschaukelungsprozess zu stoppen.
- ▶ Stresssignale äußern sich häufig auch in ständigem Grübeln.
- ▶ Körperorientierte Entspannung fördert geistig-seelische Veränderungen und eine positive Selbsteinschätzung.
- ▶ Die körperliche Bewegung führt beim moderaten Ausdauertraining zu Entspannung und positiver Stimmungsveränderung.
- ▶ Überschäumende Emotionen verstärken die Wirkung von negativem Stress.

Gedankenstopp und bewusste Zerstreuung
Ausgehend von der Erkenntnis, dass man sich künstlich durch bestimmte Feindbilder, Gedanken oder Situationen in Rage bringen kann – wie beispielsweise Boxer dies tun, wenn sie sich auf einen Kampf vorbereiten – hat man auch umgekehrt Deeskalationstechniken entwickelt: etwa die Gedanken-Stopp-Technik oder die bewusste Zerstreuungstechnik (so fällt z. B. Ärger und Zorn schwer, wenn wir bewusst anfangen zu lachen, zu tanzen, Sport zu treiben oder uns zu vergnügen).

Wutgefühlen freien Lauf zu lassen und sie dort und bei dem auszuagieren, wo sie entstanden sind, wird von Fachleuten entgegen weit verbreiteter Meinung als eine der schlechtesten Methoden der emotionalen Regulation angesehen. Zwar kann eine Abreaktion in der Abkühlphase an einem neutralen Ort (Auto, Wald etc.) durchaus sinnvoll sein, doch in der Konfrontation mit dem Verursacher treibt sie die Erregung meist noch mehr in die Höhe. Sehr viel besser ist es, sich zunächst an einem neutralen Ort zu beruhigen, um sich dann selbstsicherer und sachlicher dem anderen zu stellen.

Der Philosoph Epiktet äußerst seine Meinung zum Stress so: „Es sind nicht die Dinge, welche die Menschen beunruhigen, sondern die Vorstellungen, die sie sich von ihnen machen."

Die notwendige Veränderung des Handelns
Schließlich bedarf die Einstellungsänderung aber auch eines intensiven Praxis-Trainings, denn nur durch tägliches Handeln nach den neuen Wertkriterien verankern und automatisieren sie sich. Schwächen zu zeigen, Fehler einzugestehen, Perfektheitsansprüche aufzugeben erfordert Mut und positive Selbstüberzeugung. Ebenso Ablehnung und Verachtung zu riskieren, indem man Nein sagt. Öfter das tun, was man eigentlich will, und nicht anderen folgen. Sich abgrenzen und gegen Überforderungen schützen lernen, indem man aufhören, aufgeben und sich begnügen lernt. Nicht zu vermeidende schmerzliche Situationen, Frust und Lebenskrisen aushalten und als Chance nutzen lernen, ohne andere dafür verantwortlich zu machen.

Zufriedenheitserlebnisse als Ausgleich schaffen
Die Veränderung des Handelns ermöglicht mit der Zeit einen Ausstieg aus der Stressspirale. Zwar lösen sich nicht die Widersprüche des Lebens auf, aber Ausgeglichenheit, Selbstzufriedenheit und Frustrationstoleranz wachsen. Diesen Prozess gleichsam als Erfolgskontrolle einer gelungenen Umbewertung erleben zu können bereitet die Grundlage für die Schaffung eins Belastungsausgleichs. Hierunter versteht man angenehme, entspannende und genussvolle Wohlfühlaktivitäten, die einen Ausgleich zu den Anstrengungen und Belastungen des Alltags herstellen.

Sie kennen es aus Ihrem Alltag, gerade in stressreichen Phasen haben Sie kein Interesse daran, Freude, Genuss und Spaß zu erleben. Deshalb müssen Sie Ihre Zufriedenheitserlebnisse regelmäßig pflegen. Aktiv einem anregenden Hobby nachgehen, ein Kino oder Konzert besuchen, Bücher lesen, musizieren, nicht leistungsorientierten Sport treiben, gemütlich essen gehen, verreisen, in die Sauna gehen, ohne schlechtes Gewissen faulenzen, Gartenarbeit, Natur erleben etc. fördern die Fähigkeit zu Muße und Erholung.

Wenn Sie aber auch glauben, Wichtigeres zu tun zu haben als zu genießen, verlernen Sie das zweckfreie Spielen, Lachen und Genießen. Dabei belegen etliche Studien, dass Menschen mit Humor besser aus Stresssituationen herauskommen. Also, lachen Sie mal wieder richtig.

Übung Nr. 14: Erkennen Sie Ihren Stress und Ihre Gedanken dazu.

Wann habe ich Stress?	Warum ? Ursache?	Meine Gedanken

5.3.3   Wie Sie mit Stress umgehen und ihn mindern

Lösen Sie sich zuerst davon, dass Stress nur negativ ist, nutzen Sie Stress als Chance! Der amerikanische Autor Dale Carnegie empfiehlt es Ihnen in seinem Buch: „Sorge Dich nicht – lebe". Nun haben Sie alle aber schon festgestellt, dass dies im täglichen Leben nicht immer so einfach ist. Jeder von Ihnen hat seinen Stress und macht sich auch seinen Stress.

Hören Sie das Wort „Stress", verbinden Sie dies sofort mit dem negativen „Dis-Stress". Hierbei lassen Sie außer Acht, dass es auch einen positiven Stress gibt, nämlich den „Eu-Stress". Dieser Stress beflügelt Sie, motiviert Sie und treibt Sie in ungeahnte Möglichkeiten

Sie sollten natürlich dabei auch berücksichtigen, dass jeder Mensch Stress in der ihm entsprechenden Art erlebt. Was den einen negativ stresst, ist für den anderen eher positiv und umgekehrt. Eines aber dürfen Sie auf keinen Fall vergessen: dass dieser Stress der Motor für Ihr Leben ist.

Kommen Sie in eine bestimmte Situationen, die Sie negativ beeinflusst, erleben Sie den Dis-Stress. Der erste Schritt sollte hierzu sein, den Dis-Stress in Eu-Stress umzuwandeln. Dies bedeutet, dass Sie sich dazu bekennen, wenn Sie eine Sache nicht so gut können. Bekennen ist der erste Schritt zu mehr Selbstvertrauen, mehr Selbstvertrauen wiederum reduziert den Dis-Stress und steigert Ihren positiven Stress. Anstatt bei einer neuen Aufgabe zu sagen: „Davor habe ich Angst, das habe ich noch nie gemacht", sagen Sie sich: „Ich versuche es, auch wenn es nicht sofort klappt und sofort richtig ist."

Um dies zu können, machen Sie sich bitte darüber Gedanken, was Sie in Stress versetzt. Erstellen Sie sich eine Liste: „Wann habe ich Stress und warum, und was läuft dabei in meinen Gedanken ab?" Suchen Sie nach den wirklichen Ursachen für Ihren Stress. Machen Sie sich bitte bewusst, dass Sie Ihren Dis-Stress nur ablegen können, wenn Sie sich wirklich damit auseinander setzen.

Sie müssen wissen, dass der Dis-Stress im Laufe Ihres Lebens herangezüchtet wurde. Setzen Sie sich doch einfach damit auseinander, was im schlimmsten Fall passieren kann. Es bringt Sie nicht weiter, wenn Sie sagen: „Damit will ich mich gar nicht beschäftigen", sondern setzen Sie sich wirklich damit auseinander. Dies heißt nicht, alles negativ zu sehen und zu sagen: „Was passiert, wenn ...", aber Sie sind viel sicherer, wenn Sie den schlechtesten Fall im Griff haben und wissen, wie Sie damit umgehen. Wenn Ihre Vorbereitung sehr gut ist, tritt vielleicht dieser schlechteste Fall gar nicht ein.

Lösen Sie sich davon, dass jeder Fehler, den Sie machen, eine Stresssituation ist, denn jeder Mensch macht jeden Tag Fehler. Fehler aber machen menschlich. Wichtig ist dabei nur, dass Sie die Fehler genau untersuchen, damit sie vielleicht seltener oder gar nicht mehr vorkommen.

Und nun genug des Jammerns, verinnerlichen Sie sich Hinweise zur Verbesserung der Stress-Stabilität:

1. Analysieren Sie jeweils Ihre Stress-Situation und stellen Sie dabei fest, was Ihnen immer wieder zu schaffen macht. Machen Sie sich auch darüber Gedanken, wie Sie diese Stresssituation in Zukunft vermeiden können.
2. Wenn Sie keine Möglichkeit sehen, die individuellen Stressverhältnisse zu ändern, dann versuchen Sie, Ihre Einstellung dazu zu verändern. Beherzigen Sie das amerikanische Sprichwort: „Love it, change it or leave it."
3. Nehmen Sie nicht mehr so wichtig, was Sie bisher geärgert hat. Ich weiß, dass dies schwer ist, aber es lohnt sich, daran zu arbeiten.
4. Kompensieren Sie die Belastung des Tages noch am gleichen Tag in Gesprächen.
5. Stellen Sie sich schon rechtzeitig auf Stresssituationen ein, die Sie vorausahnen können.
6. Halten Sie am Wochenende vollkommene Ruhe, auch wenn Ihr Ehrgeiz Sie nicht ruhen lässt.
7. Verlassen Sie sich nicht allein auf Ihren Urlaub als Stressausgleich, denn der bringt neuen Stress mit sich und genügt nicht als Ausgleich.
8. Suchen Sie sich mehr seelische Ausgeglichenheit z. B. durch Beschäftigung in Ihrer Freizeit mit Ihren Hobbys, Sport oder auch autogenem Training, Meditation, Yoga.
9. Körperliche Reaktionen auf Stress (Schweißausbrüche, Kreislaufstörungen, Herzschmerzen, Magen-/Darmstörungen) sind ein Signal, das Sie ernst nehmen müssen. Gehen Sie sofort zum Arzt!
10. Steigern Sie Ihr Selbstbewusstsein und erreichen Sie damit eine optimistischere Lebenseinstellung.

Und so können Sie mit Belastungssituationen besser umgehen

Angst, Unsicherheit und Unzufriedenheit prägen häufig die Stimmung in den Unternehmen und auch im Privatleben. Dies ist eine Stimmung, die sich natürlich auch auf den einzelnen Menschen überträgt. Nun liegt es an Ihnen, was Sie daraus machen und wie Sie damit umgehen, denn es gibt durchaus Möglichkeiten, wie Sie Ihre Lebensqualität spürbar verbessern können. Lernen Sie, Ihre inneren Einstellungen beim Wahrnehmen, Denken und Bewerten zu verändern.

Es ist wissenschaftlich erwiesen, dass es der persönliche Blick in die Welt ist, der darüber entscheidet, ob ein Ereignis, eine Lebenssituation oder ein wie auch immer gearteter Umstand als eher belastend oder belanglos eingestuft wird. Sie können also durchaus selbst Ihres Glückes Schmied sein. Deshalb der Rat: Beobachten Sie sich bei den Auslösern von Stress und Belastungsgefühlen, wie Sie sich selbst gedanklich verhalten, denn die Veränderung beginnt im Kopf und so können Sie dies leichter bewerkstelligen:

▶ Bemühen Sie sich, Wichtiges von Unwichtigem zu unterscheiden, und steigern Sie sich nicht in jede Kleinigkeit hinein. Legen Sie auch nicht jedes Wort von anderen auf die Goldwaage. Meinen Sie nicht, jedes Mal sofort reagieren zu müssen.

- Nehmen Sie das Tun und Lassen der anderen um sich herum doch einfach nur zur Kenntnis und bewerten, urteilen und richten Sie nicht sofort. Akzeptieren Sie es, dass andere anders denken, fühlen, handeln und auch entscheiden als Sie.
- Lernen Sie, wie Sie loslassen können. Betrachten Sie die Welt und das, was die anderen tun, nicht nur immer aus Ihrem Blickwinkel heraus. Sie können nicht alles in den Griff bekommen, auch nicht beeinflussen.
- Nehmen Sie Belastungen einmal positiv, betrachten Sie sie als Herausforderung, denn Sie lernen daraus, und Sie wachsen. Jedes Ding hat zwei Seiten, nicht nur eine schlechte, sondern auch eine gute. Eine schwierige Situation kann durchaus auch eine Entwicklungschance für Sie sein. Probieren Sie doch einfach einmal neue Wege aus.
- Sie sollen durchaus Ihre Ideale und Wunschvorstellungen haben und diese auch pflegen, aber verirren Sie sich nicht darin, sondern akzeptieren Sie die Realitäten. Ihre Hoffnungen dürfen nicht zu Ihrer Messlatte werden, denn dann werden Sie nie Freude über das Erreichte empfinden.
- Bleiben Sie sie selbst und stehen Sie auch zu Ihrer Meinung. Identifizieren Sie sich nicht immer mit den anderen. Lernen Sie, Nein zu sagen, ohne zu leiden, ohne die anderen zu verletzen, aber akzeptieren Sie auch, dass andere einmal Nein sagen.
- Gefühle von Groll, Hass, Gekränkt sein und auch Nachtragen belasten Sie unnütz und zehren an Ihren Kräften. Lernen Sie darum zu verzeihen. Vielleicht sind Sie wirklich einmal richtig gekränkt worden, aber schleppen Sie dies nicht ewig mit sich herum. Lernen Sie aus dem, was geschehen ist, und dann legen Sie es einfach beiseite.

So fällt es leichter, die Ruhe zu bewahren

Es ist sicher nicht einfach, in Stresssituationen – egal welche Sie auch als solche empfinden – gelassen zu bleiben. Darum wichtig: Bevor Sie reagieren, tief Luft holen, eine Atempause einlegen und abwarten! Je schneller Sie reagieren, desto weniger Zeit bleibt, die Situation objektiv einzuschätzen. Versuchen Sie, Ihre überschäumenden Gefühle zu analysieren. Wut ist eine Form von Energie, die man besser in Arbeit oder körperliche Bewegung umsetzt. Sport gilt als vorbeugendes Mittel, um Zorn zu bewältigen. Machen Sie Entspannungsübungen. Schreiben Sie auf einen Zettel, was Sie wütend macht.

Ein paar Tipps für den stressfreien Umgang mit sich selbst

▶ Ausschlafen: Fünf bis sechs Stunden sind für die meisten auf Dauer zu wenig.

▶ Den Morgen ohne Hektik beginnen: Zehn Minuten früher aufstehen, um in Ruhe zu frühstücken oder den Morgenkaffee zu trinken.

▶ Sich ausgewogen ernähren und körperlich bewegen: Es muss nicht immer die klassische Gymnastik sein, Gartenarbeit ist genauso gut.

▶ Bei unangenehmen Gedanken öfter mal lächeln, zum Beispiel in den Spiegel.

▶ Stress thematisieren, Belastungen im privaten und beruflichen Umfeld bei passender Gelegenheit ansprechen. Vielleicht geht es anderen ja genauso.

▶ Nicht stetig gute Vorsätze fassen und bei Nichteinhaltung ein schlechtes Gewissen bekommen, sondern mit Lust und/oder Einsicht planen: Schließlich sollte Ihnen der Termin mit Ihnen selbst doch genauso wichtig sein wie die Besprechung mit Herrn oder Frau XY?

▶ Einstellung überprüfen: Wollen Sie immer 120 % Leistung bringen? Es geht nicht um Minderleistung, aber alles über 100 % ist inadäquater, meist selbst gemachter Druck. Können Sie auch einmal guten Gewissens faulenzen?

▶ Milde Verstärker des „inneren Schweinehundes" suchen, zum Beispiel Dinge in der Gruppe tun. Schließlich warten die anderen dann auf Sie.

▶ Möglichkeiten zur Distanzierung bei Entscheidungen oder schwierigen Situationen schaffen, zum Beispiel: Das Problem in schriftlicher Form anzugehen zwingt zur Strukturierung. Oder sich fragen, was man einem guten Freund in derselben Situation raten würde: Die innere Distanz zum Problem wird erhöht.

▶ Ausgleich für tägliche Tätigkeiten suchen, bei Bürotätigkeiten zum Beispiel im Stehen telefonieren, Kurzpausen mit Bewegung einlegen: Kaffee oder Post holen, PC-Drucker nicht unmittelbar am Schreibtisch positionieren, die Treppe statt des Fahrstuhls benutzen.

Stress = mangelnde Toleranz!?

Haben Sie schon einmal darüber nachgedacht, dass fehlende Toleranz auch ein Stressfaktor ist? Toleranz ist eine Eigenschaft, die schwer zu erreichen ist, weil jeder Mensch zunächst von sich selbst und von seiner eigenen Meinung und Erfahrung, die er bisher gesammelt hat, ausgeht. Wer seine Mitmenschen in ihrer Andersartigkeit (Sitten, Gewohnheiten, Alter, Lebensstil, Anschauung, Hautfarbe) akzeptieren kann, ist tolerant.

Schon im Sandkasten lernen Sie die Spielregeln einer Gesellschaft und diese sind dann meist unumstößlich. Menschen aber sind in der Lage – im Gegensatz zu den Tieren – ihre Einstellung zu ändern, dies setzt natürlich das Wollen voraus. In Diskussionen z. B. können Sie Toleranz leicht beobachten: Intolerante Menschen sagen häufig: „Das war immer so, das wird auch so bleiben", oder: „Dazu bist du zu jung oder zu dumm oder zu arm" usw. Der intolerante Mensch sieht nur schwarz oder weiß, die vielen Zwischentöne will er nicht sehen. Gewöhnen Sie sich an, gerade auf die Zwischentöne zu achten. Bewerten Sie etwas also nicht nur nach richtig oder falsch, sondern sehen Sie, dass einiges richtig und manches falsch ist. Auf diese Weise bekommen Sie ein besseres Bild von der Wirklichkeit.

Mehr Toleranz zeigen

▶ Versuchen Sie bei jedem Menschen, ihm erst einmal zuzuhören und die Meinung des anderen zu verstehen, denn jeder Mensch hat ein Recht, seine persönliche Meinung zu äußern.

▶ Viele Regeln, die früher ihren Sinn hatten, haben diesen heute verloren. Darum sollten Sie die Normen und Spielregeln des Zusammenlebens auch heute im Licht der Relativität sehen.

▶ Sie sind tolerant, wenn Sie sich von Vorurteilen freimachen.

▶ Lieben Sie die Menschen, denn das und Toleranz gehören zusammen.

▶ Glauben Sie nicht, dass nur Ihre Ansichten allein gültig sind. Ihre Toleranz ermöglicht es Ihnen, offen für neue Anregungen und Denkimpulse zu sein.

▶ Wenn Sie tolerant sind, sind Sie psychisch gesund, denn Aufregung und Ärger bleiben Ihnen erspart.

▶ Auch wenn jemand Ihrer Meinung nach Unsinn erzählt, tolerieren Sie es. Jeder kann sich irren und deshalb haben wir noch lange nicht das Recht, ihn zu verurteilen, auch wenn er auf dem Unsinn weiter beharrt.

▶ Sind Sie tolerant, so fördert das den Kontakt zu den Mitmenschen, weil sie sich von Ihnen akzeptiert fühlen. Wenn Sie dies das erste Mal bewusst erleben, wird Ihnen Toleranz in Zukunft sicher leichter fallen.

▶ Wenn Sie feststellen, dass Sie etwas total ablehnen, dann forschen Sie einmal nach, warum Sie das ablehnen und warum Sie Angst davor haben. Ihre Angst vor Ablehnung können Sie überwinden, wenn Sie die Ursache kennen und sich damit beschäftigen.

▶ Toleranz oder mehr Toleranz gewinnen Sie nicht von einem Tag zum anderen. Dies ist ein Lern- und Erfahrungsprozess, der seine Zeit braucht.

Menschenkenntnis

Kennen Sie das: Sie geraten in eine Stresssituation, weil Sie einen Menschen vollkommen falsch eingeschätzt haben. Lesen Sie, wie Sie Ihre Menschenkenntnis verbessern können, wie Sie sensibler mit Menschen umgehen können. Die intuitive Menschenkenntnis nimmt im Laufe des Lebens ständig zu. Dies hängt damit zusammen, dass Sie auf Grund Ihrer erlebten Erfahrungen immer mehr Menschenkenntnis erhalten. Trainieren Sie Ihre Menschenkenntnis durch genaues Beobachten. Achten Sie dabei auf die Mimik, Gestik, Sprechweise und den Körperausdruck der Mitmenschen.

Sie unterliegen mit Ihrer Kenntnis in Bezug auf andere Menschen häufig Täuschungsmöglichkeiten und Irrtümern. Finden Sie einen Menschen sympathisch, dann schreiben Sie ihm viele positive Eigenschaften zu. Ist Ihnen jemand unsympathisch, unterstellen Sie unterbewusst eher negative Eigenschaften. Sie tragen also einmal die rosa und einmal die schwarze Brille.

Ein weiterer Aspekt: Bei der Einschätzung von Menschen spielt die Erfahrung, die Sie im Leben gemacht haben, eine wesentliche Rolle. Beispiel: Auf einer Party begegnen Sie einer Dame, die groß, schlank und blond ist. Sie erinnert Sie an Ihre Ex-Kollegin, Frau

Schmidt, die immer gehässig und arrogant war. Automatisch gehen Sie bei der fremden Frau davon aus, dass sie genauso ist und sind erstaunt, wenn sie sich als freundlich und verbindlich erweist.

So können Sie an Ihrer Menschenkenntnis arbeiten

▶ Fremde Menschen nicht vorschnell beurteilen. Nehmen Sie sich erst etwas Zeit, um sie besser kennen zu lernen und zu beobachten.

▶ Bei Gesprächen achten Sie auf unbewusste Signale der Mimik, Gestik, Stimme und Sprechweise und können somit Ihre Sinne schärfen.

▶ Machen Sie sich von Vorurteilen frei, sehen Sie jeden fremden Menschen zunächst neutral.

▶ Achten Sie darauf, wenn Sie eine Person sympathisch oder unsympathisch finden, denn hier kann es passieren, dass Sie eine graue oder eine rosarote Brille tragen.

▶ Finden Sie jemanden unsympathisch, dann studieren Sie diese Person genau, um herauszufinden, warum Sie hier dieses Gefühl haben.

▶ Erinnert Sie jemand an eine andere Person, dann ist hier besondere Vorsicht geboten. Achtung: keine falschen Eigenschaften in diese Person hineinprojizieren.

▶ Sie dürfen in fremden Personen nicht bestimmte Typen sehen, denn Ihre Beurteilung wird dadurch stark vereinfacht.

▶ Bedenken Sie, dass jeder Mensch ein individuelles Wesen mit unverwechselbaren Gefühlen und Eigenschaften ist.

▶ Versuchen Sie nicht nur herauszufinden, wie ein Mensch ist, fragen Sie auch nach den Gründen für sein Verhalten und warum er so ist.

▶ Hören Sie sich erst einmal Erfahrungen und Erlebnisse einer Person an, dann wissen Sie auch, warum sich diese so verhält, und können sie dann besser verstehen. Bemühen Sie sich immer, bei anderen Menschen die Persönlichkeitsstruktur und den Charakter zu begreifen, dann wird sich Ihre Menschenkenntnis auch in eine optimale Menschenbehandlung umwandeln.

Stress beseitigen

Beseitigen Sie Blockaden, denn Blockaden bringen Sie in Stress. Die Angst ist einer der lähmendsten Faktoren, die Sie behindern, im Berufs- und auch Privatleben. Lernen Sie, Ihren Ängsten zu begegnen, sie abzubauen. Angst ist für 90 % aller Berufstätigen der Karriere-Hemmer Nummer eins. Darum sollten Sie sich über einen bestimmten Zeitraum selbst beobachten. Schreiben Sie auf, vor wem Sie Angst haben, vor Blamage, Autoritäten, Kunden, wirtschaftlichen Einbußen, Krankheiten. Erarbeiten Sie später einen Maßnahmenkatalog, wie Sie dagegen angehen können.

Ein paar Tipps für Ihr „positives" Berufsleben

▶ Denken Sie positiv.

▶ Spielen Sie keine Rolle, seien Sie Sie selbst!

▶ Haben Sie keine Angst – überlassen Sie dies den anderen.

▶ Gehen Sie Konflikten nicht aus dem Weg.

▶ Bilden Sie sich weiter – lebenslanges Lernen.

- Entschuldigen Sie Ihre Unfähigkeit zu lernen nie mit dem Alter.
- Üben Sie sich in Teamarbeit; bringen Sie sich im Team aktiv ein.
- Die Ausbildung muss nicht dem ausgeübten Beruf entsprechen.
- Hadern Sie nicht mit Ihrem Schicksal – handeln Sie!
- Fantasie, Intellekt und Kreativität sind mehr wert als Leistungsbereitschaft und Disziplin.

Tun Sie etwas für Ihre Gesundheit
- Stärken Sie durch häufige Aufenthalte an der frischen Luft Ihr Immunsystem. Gehen Sie jeden Tag „mit dem Hund" spazieren, auch wenn Sie keinen haben.
- An sieben Tagen in der Woche mehrmals täglich recken und strecken.
- An sechs Tagen in der Woche bewusst und gesund essen und trinken.
- An drei Tagen in der Woche sollten Sie Ausdaueraktivitäten betreiben, zum Beispiel Spazieren gehen, Radfahren und längere „Einkaufsbummel" (auch ohne Einkauf).
- An zwei Tagen in der Woche sollten Sie etwas für Ihre Muskulatur tun. Zehn Minuten gezielte Gymnastik reichen hier schon aus.
- An einem Tag in der Woche sollten Sie Ruhe und Entspannung in den Vordergrund stellen.

Tricks für die Entspannung zwischendurch, greifen Sie reichlich zu
- Gummibärchen, Schokoladen (je höher der Kakaoanteil, desto besser)
- Entspannungsbad (ab 37 Grad Celsius, 20 Minuten), schalten Sie dabei das elektrische Licht aus, und stellen Sie sich eine Kerze ins Badezimmer
- Düfte
- Bewegung: den Körper schütteln (kommt aus dem asiatischen Raum)
- Schläfen kreisend massieren
- Gesunde Ernährung, leichte Kost
- Mit gespreizten Fingern durch die Haare bis zum Nacken
- Tun Sie etwas Kreatives
- Sauna, Massage
- Viel frische Luft, Sauerstoff
- Entspannungsmusik
- Genießen

Na, auch für Sie etwas dabei? Mit Sicherheit.

Und zum Schluss finden Sie auf den folgenden Seiten noch ein paar Übungen zur Festigung des Themas für Sie.

Übung Nr. 15: Kofferübung für neue Perspektiven

Sicher haben Sie schon die Erfahrung gemacht: Neue Sichtweisen und neue Ansatzpunkte können ganz erheblich zur Lösung von Problemen beitragen. Folgende Übung verhilft Ihnen dazu:

► Packen Sie Ihren Problemkoffer: Setzen Sie sich entspannt hin, atmen Sie ruhig und tief durch. Stellen Sie sich nun geistig vor, dass Sie einen Koffer packen – aber nicht mit Outfit, sondern mit Ihren Problemen. Packen Sie alles ein, was Sie belastet: Streit im Büro, Krankheit, Familienprobleme, Krach mit Kollegen, Termindruck, Unlust, unzufriedene Kunden, grantiger Chef etc. Schließen Sie nun in Gedanken den Koffer.

► Gehen sie auf Gedankenreise: Stellen Sie sich als nächstes einen wunderschönen, entspannenden und harmonischen Ort vor, an dem Sie gerne sind oder gerne sein würden. Versetzen Sie sich in diesen Ort hinein. Dort fühlen Sie sich wohl, sicher und gelassen, sind schöpferisch aktiv und frei. Malen Sie sich alles in den schönsten Farben aus, und genießen Sie das gute Gefühl, das Sie an diesem Ort haben.

► Packen Sie den Koffer wieder aus: Nehmen Sie nun dieses gute Gefühl und schauen Sie sich damit eines der Probleme aus dem Koffer an, aber bitte wirklich nur eines! Bleiben Sie in jedem Fall in der Energie Ihres Ortes, und achten Sie darauf, welche Symbole, Bilder, Ideen und Geistesblitze in Ihnen auftauchen. Das sind die kreativen Wegweiser zur Lösung des betreffenden Problems.

Wichtig: Notieren Sie alles, was Ihnen einfällt bzw. vor Ihrem geistigen Auge auftaucht.

Wenn Sie geübt sind, können Sie nun nach und nach Ihren Problemkoffer auspacken und so zu neuen Perspektiven kommen.

Übung Nr. 16: Wege aus dem krankmachenden Stress

Analyse der individuellen Stress-Belastungen

Was/wer hat mich heute gestresst?	Welche Stress-Symptome habe ich?	Wie hätte ich es gerne?

Übung Nr. 17: Wege aus dem krankmachenden Stress

Innere Distanz

▶ Wie gehen andere mit ähnlichen Belastungen um?

_____

_____

_____

_____

▶ Was würde .... mir raten, um aus dem Stress herauszukommen?

_____

_____

_____

_____

▶ Wenn ich konsequent meinem Verstand gehorchen würde, was würde ich anders machen als bisher?

_____

_____

_____

_____

▶ So wäre mein Alltag, wenn ich nicht mehr diesen Stress hätte:

_____

_____

_____

_____

Zum Ende dieses Kapitels noch etwas zum Schmunzeln:

Wilhelm Busch zum Thema Stress

„Wirklich, er war unentbehrlich! Überall, wo was geschah zu dem Wohle der Gemeinde, er war tätig, er war da. Schützenfest, Kasinobälle, Pferderennen, Preisgericht, Liedertafel, Spritzenprobe, ohne ihn, da ging es nicht. Ohne ihn war nichts zu machen, keine Stunde hatt' er frei. Gestern, als sie ihn begruben, war er richtig auch dabei."

6. Stil und Etikette

„Die Erziehung ist das größte Problem und das Schwierigste, was dem Menschen auf-gegeben werden kann."

(Immanuel Kant)

Unsere Welt wird immer hektischer, nicht mehr nur die Persönlichkeit, sondern vielmehr unpersönliche Technik bestimmt unser Leben. Es hat den Anschein, dass nur der Recht bekommt, der rücksichtslos seine Ellenbogen einsetzt. Anstand und Stil bleiben immer häufiger auf der Strecke. Demgegenüber steht die Forderung der Unternehmen nach Mitarbeitern mit guten Umgangsformen.

Wichtig für Ihren Bereich: Der erste Eindruck ist der entscheidende, Sie bekommen keine Chance für den zweiten Eindruck, sei es telefonisch oder persönlich. Dies gilt auch für Geschäftsessen, sei es als Einladung in ein Restaurant oder zum Chef oder Kunden nach Hause. Diese gehören heute in den Unternehmen mehr und mehr zur Tagesordnung. Deshalb schauen wir uns dies später etwas näher an.

6.1 Besucher- und Gästeempfang

Gutes Benehmen ist, an andere zu denken. Deshalb achten wir darauf, dass Kunden, wenn sie mit uns sprechen, zum Beispiel nicht die ganze Zeit in die Sonne blinzeln müssen, wir helfen ihnen auch aus dem warmen Mantel, der im Sitzen bestimmt unbequem ist. Wir bieten auf Empfängen keine klebrigen Sachen an, und die Häppchen, die wir reichen, sollten mundgerecht portioniert sein, damit beim Abbeißen nicht die Hälfte auf dem Teppichboden landet. Für leere Gläser sollten Ablagemöglichkeiten vorhanden sein.

Wie war das noch mal mit dem Vorstellen?
Der Rangniedere wird immer dem Ranghöheren vorgestellt. Worte wie: „Darf ich Ihnen Frau Müller vorstellen?", klingen heute nicht mehr aktuell, besser wäre: „Haben Sie sich schon bekannt gemacht?", oder: „Kennen Sie sich schon?" Gut, wenn Sie etwas Erklärendes hinzufügen, vielleicht auf die Arbeit bezogen: „Frau Müller hat gerade eine sehr interessante Untersuchung über das Reklamationsverhalten abgeschlossen." Damit helfen Sie Ihren Gästen, dass sie miteinander ins Gespräch kommen.

Sie selbst müssen nicht warten, dass Sie vorgestellt werden, sondern auch Sie können auf die Ranghöheren zugehen.

Wer grüßt wen?
Eine Regel sagt, wer den anderen zuerst erkennt. Ansonsten grüßt immer derjenige zuerst, der als letzter kommt, zum Beispiel im Fahrstuhl oder im Flugzeug grüßt man auch innerhalb der Sitzreihe.

Im Unternehmen gilt die Hierarchie, darum grüßt also die Auszubildende den Abteilungsleiter. Aber abends im Theater z. B. ist es umgekehrt, da grüßt der Herr die Dame, auch wenn sie noch Auszubildende ist. Die Regel, dass die Dame grundsätzlich zuerst die Hand reicht, ist nicht mehr ganz aktuell, danach muss man sich nicht mehr unbedingt richten.

Small Talk während des Essens
Gehen Sie immer auf unverfängliche Themen über, bleiben Sie wachsam und Sie merken sofort, wenn ein Thema abgelehnt wird. Sie ersparen sich und den anderen damit Peinlichkeiten. Geeignet sind Themen wie Wetter, Anreise, Sehenswürdigkeiten, kulturelle Dinge, Reisen, evtl. Hobbys. Bitte auf jeden Fall vermeiden: Politik, Religion und Persönliches.

Und so empfangen Sie Gäste
Die Büromanagerin sollte ...

- ▶ den eintretenden Gast sofort zur Kenntnis nehmen. (Der erste Eindruck ist der entscheidende.)
- ▶ wenn möglich, den Besucher sofort begrüßen.
- ▶ im Normalfall zur Begrüßung eines Gastes aufstehen.
- ▶ bei einer Person niederen Ranges zuerst die Hand reichen; bei einer Person höheren Ranges warten, bis die Hand gereicht wird.
- ▶ sich dem Gast mit Namen vorstellen, damit wird auch erreicht, dass der Gast sich ebenfalls vorstellt.
- ▶ wenn sie gerade ein Telefongespräch führt, das nicht sofort unterbrochen werden kann, dem Gast mit Augen und Gesten einen Platz anbieten. In diesem Fall ist nach Beendigung des Gespräches eine Entschuldigung erforderlich.
- ▶ den Gast auffordern, den Mantel abzulegen.
- ▶ den Gast freundlich um seine Visitenkarte bitten, falls der Name nicht schon geläufig ist.
- ▶ die Visitenkarte dem Chef auf den Tisch legen, damit dieser den Gast mit korrektem Namen anspricht.
- ▶ beim Besuch mehrerer Gäste diskrete Hinweise geben, wer wer ist.
- ▶ den Gast stets mit Namen und gegebenenfalls mit Titel ansprechen.
- ▶ wenn sie den Gast nicht gleich in das Zimmer des Chefs „Weiterreichen" kann, ihm ein Getränk anbieten und, falls erwünscht, ein Gespräch beginnen, oder, wenn der Gast „seine Ruhe haben möchte", ihm etwas zu lesen anbieten.
- ▶ falls sie keine Zeit für eine Unterhaltung mit dem Gast hat, ihm dies mit einer kurzen Entschuldigung erklären.

Die beliebtesten „Vorzimmer-Fettnäpfchen"
- ▶ chaotische Unordnung auf dem Schreibtisch
- ▶ Kaffeetasse auf den Akten
- ▶ bis auf kurze Stummel verdrehte Telefonschnüre
- ▶ Besucherstühle, die erst von Papierstößen befreit werden müssen
- ▶ schmutzige Aschenbecher
- ▶ unappetitlich wirkendes, angeschlagenes Geschirr
- ▶ Tee, der in Kaffeetassen serviert wird
- ▶ trübe Gläser, Gläser mit Fingerabdrücken oder Mundabdruck am Rand
- ▶ Winterstiefel, die in einer Büroecke stehen
- ▶ Straßenschuhe, die unter dem Schreibtisch stehen
- ▶ Handtaschen unter dem Schreibtisch
- ▶ Einkaufstüten in einer Ecke des Büros
- ▶ Kollegenpostkarten als einziger Wandschmuck
- ▶ Blumenleichen oder Plastikblumen
- ▶ schlechte Luft (da wendet sich der Gast mit Grausen)

6.2 Bewirtung

Tischordnung
Der Tisch-/Sitzordnung sollten Sie größte Aufmerksamkeit schenken. Denn falls sich einer der Gäste falsch platziert fühlt, könnte das für Sie und Ihr Unternehmen unangenehme Folgen haben.

Hilfreich ist es, analog zu der protokollarischen Rangfolge zu verfahren. Die Rangfolge bestimmt dann die Sitzordnung im Hinblick zur Nähe des Gastgebers und Ehrengastes.

Grundsätzliches:
- ▶ Der Ehrenplatz ist links von der Gastgeberin und rechts vom Gastgeber. Achtung: Nach internationalem Protokoll ist der Ehrenplatz rechts von der Gastgeberin.
- ▶ Ehefrauen/Lebensgefährtinnen nehmen den Rang ihres Mannes ein, wenn sie mit eingeladen sind. Dies gilt auch im umgekehrten Fall, wenn der Ehemann/Lebensgefährte seine Partnerin begleitet. Ausschlaggebend ist dabei der Rang der Person, der die Einladung galt.
- ▶ Ehe-/Lebenspartner werden getrennt, jedoch in Gesprächsnähe zueinander, an die Tafel gesetzt (auch bei privaten Einladungen).
- ▶ Rechts neben dem Herrn sitzt „seine Tischdame".
- ▶ Tabu: zwei Damen nebeneinander zu platzieren.

Checkliste: Gastgeberpflichten

Gastgeber	Gastgeberin
Organisation der Veranstaltung Tischordnung	
Stil der Veranstaltung	Dekoration Auswahl der Menüs
Festlegen der Rednerliste/ Begrüßungsrede Auswahl der Getränke	
Begrüßung der Gäste	
Mäntel abnehmen	
Bekannt machen der Gäste untereinander „Wir begeben uns zu Tisch"	
Das Zeichen zum Trinken, „Auflösen" (Nachreichen der Getränke)	Das Zeichen zum Essensbeginn (Nachreichen der Speisen und -folge)
Small Talk	
	Aufheben der Tafel
Betreuung während der gesamten Dauer der Veranstaltung	

Korrektes Benehmen bei Tisch auf einen Blick

▶ Vor dem Essen die Serviette entfalten und auf die Oberschenkel legen.

▶ Vor dem Trinken die Lippen mit der Serviette abtupfen, damit das Glas sauber bleibt.

▶ Während des Trinkens das Besteck rechts und links auf dem oberen Tellerrand ablegen.

▶ Brot nicht abbeißen, sondern mundgerechte Stücke abbrechen, etwas Aufstrich auftragen.

▶ Suppenteller werden nicht geneigt, Suppentassen können ausgetrunken werden.

▶ Speisen, die mit der Gabel zerteilt werden können, werden nicht mit dem Messer geschnitten. Auch Salat wird mit der Gabel gegessen, große Blätter schneidet man allerdings.

▶ Wird das Messer nicht mehr gebraucht, legt man es am rechten oberen Tellerrand ab.

▶ Forelle: Haut am Rücken entlang auftrennen und ablösen.

▶ Austern: Mit der Schneidseite der Austerngabel lösen und samt Eigenwasser ausschlürfen.

▶ Muscheln: In die Hand nehmen und mit einem leeren Schalenpaar das Fleisch herausnehmen.

▶ Hummer: Es werden Zangen gereicht, ohne die Hände geht es nicht.

▶ Dem Gastgeber vor dem Essen die Absicht mitteilen, eine Tischrede zu halten.

▶ Reden werden nach dem Hauptgang gehalten (falls das Dessert warm ist, auch erst danach).

▶ Nach dem Essen die Papierserviette leicht zusammengedrückt auf den Teller, Stoffservietten locker gefaltet daneben legen.

▶ Beim Bezahlen mit Kreditkarte: Trinkgeld bar überreichen.

▶ Funktelefone gehören nicht ins Restaurant (und auch nicht in die Sauna oder ins Theater).

▶ Korrekte Haltung: Aufrecht auf der gesamten Sitzfläche des Stuhls, etwa eine Handbreit vom Tisch entfernt, sitzt man bei durchschnittlicher Körpergröße lange bequem.

▶ Die Hände liegen nur bis zu den Handgelenken auf dem Tisch, die Arme eng am Körper. So vermeidet man Entenflügelbewegungen und, bei enger Platzierung, einen Konflikt mit einem Tischnachbarn.

▶ Im Sitzen dürfen die Herren den Jackenknopf öffnen – niemals andere Knöpfe – den sie bei jedem Aufstehen wieder schließen.

▶ Der Verzicht auf die Serviette zeigt nicht, dass man das kleckerfreie Essen beherrscht, sondern offenbart, dass man den Umgang mit ihr nicht gewohnt ist. Sie ist nicht für eine Generalreinigung nach dem Essen gedacht, sondern dafür, sich vor jedem Trinken die Lippen abzutupfen, um Speise- und Fettränder am Glas zu vermeiden. Einmal gefaltet, liegt sie während des gesamten Essens auf dem Schoß.

Tabus bei Tisch sind

- abgespreizter kleiner Finger
- mit vollem Mund trinken oder sprechen
- die Serviette wie ein Lätzchen in den Kragen oder Ausschnitt stecken
- große Stücke in den Mund schieben
- hastig essen
- beim Schneiden die Messerklinge mit dem Zeigefinger berühren
- zwischen den Gängen rauchen
- Ellenbogen oder Unterarm beim Essen aufstützen
- Lippenstift bei Tisch ausbessern
- unhöfliches Verhalten gegenüber dem Servicepersonal
- lautes Benehmen im Restaurant
- Suppenlöffel in die Tasse stellen
- Teller nach dem Essen zurückschieben
- in der Öffentlichkeit mit dem Zahnstocher hantieren
- Handy ins Restaurant mitnehmen
- Handtasche auf den Tisch legen

6.3   Etikette – was ist „in", was ist „out"?

Zeitgemäße Tisch- und Trinksitten

Tisch- und Trinksitten sind gewachsene Rituale, die auch heute die gleiche Bedeutung haben wie vor Jahrzehnten. Auch wenn Pessimisten mit Anbruch der „Fast-Food-Ära" den Tod der Tischkultur voraussagten, gilt auch heute: Die korrekte Handhabung von Messer und Gabel sind unfehlbares Zeichen guter Lebensart.

Grundsätzliches

- Die korrekte Sitzhaltung bei Tisch ist aufrecht mit einer Handbreite Abstand zum Tisch. Die Arme „verweilen" bis maximal halbe Unterarmlänge am Tisch. Auch während des Essens verbleiben beide Arme auf dem Tisch. Der geschlossene Mund während des Essens ist die Grundforderung guter Tischsitten.
- Der Lippenstift darf nach dem Essen nachgezogen werden. Für intensives Auffrischen von Make-up sollten die dafür vorgesehenen Räume aufgesucht werden.
- Die Stoffserviette wird – wenn der Sitzplatz eingenommen ist – einmal gefaltet, mit der offenen Seite zum Körper auf den Schoß gelegt. Gebraucht wird die Serviette vor jedem Trinken – die Lippen werden abgetupft (keine Grundreinigung!). Nach dem Essen wird die Stoffserviette locker zusammengenommen und auf den Tisch gelegt. Papierservietten werden nach dem Gebrauch auf den Teller gelegt.
- Amuse-gueule ist ein „Appetithäppchen" des Restaurants.

▶ Der Brotteller steht links neben dem Platzteller. Er wird – in der Regel nach der Vorspeise – von links entfernt. Vom Brot oder von kleinen Brötchen, die zu Beginn eines Essens gereicht werden, werden mundgerechte Stücke abgebrochen, mit Butter oder Schmalz bestrichen und verzehrt.

▶ Suppentassen mit Henkel werden für klare Suppen verwendet. Der Rest kann aus der Tasse getrunken (geräuschlos) werden. Dazu wird die Tasse an einem Henkel gehalten.

▶ Von rechts werden Speisen eingedeckt, Teller entfernt und Getränke nachgereicht.

▶ Von links wird eine Platte gereicht, von der sich jeder Gast selbst bedienen kann.

▶ Die Gastgeberin zeigt mit dem Aufheben ihres Besteckes den Beginn des Essens an = erst dann beginnen die Gäste mit dem Essen. Der Ausspruch „Guten Appetit" ist familiär und sollte bei offiziellen Anlässen unterbleiben.

▶ Der Gastgeber nimmt sein Glas und gibt damit das Zeichen für die Gäste, ebenfalls zu trinken. Danach steht jedem Gast frei, nach Belieben zu trinken. Angestoßen wird in einem kleinen Kreis von Personen mit Wein, Sekt oder Champagner.

▶ Rauchen
Während eines festlichen Essens sollte frühestens vor dem Dessert geraucht werden. Ein Gebot der Höflichkeit, sich vorher bei seinem Tischpartner zu vergewissern, dass dies nicht als störend empfunden wird.

Do's und Don'ts
▶ Ellenbogen auf den Tisch stellen.
▶ Serviette als „Krawattenschutz" umlegen.
▶ „Stullen" streichen bei Brot oder Brötchen, die vor einem festlichen Essen gereicht werden. „Mahlzeit" zu wünschen, „Prost" oder „Zum Wohl"-Wünsche äußern.
▶ Das Entfernen von Essensresten mittels Zahnstocher (oder den Fingernägeln als Ersatz) bei Tisch.
▶ Salat darf bei Bedarf geschnitten werden.
▶ Geflügel wird mit Messer und Gabel verzehrt (Ausnahme: Das Essen von Brathendln im Festzelt).
▶ Artischocken werden mit den Fingern gegessen – die Blätter werden einzeln abgezupft in die Sauce gestippt und dann mit der fleischigen Seite durch die Zähne gezogen (Fingerschale!), vom Artischockenboden wird das „Heu" mit Messer und Gabel abgehoben und zur Seite gelegt. Der Boden wird mit Messer und Gabel zerteilt und gegessen.
▶ Austern werden heute meist vorbereitet serviert. Man träufelt etwas Zitronensaft – je nach Geschmack – auf die Austern, führt sie in der Schale zum Mund und schlürft sie aus.
▶ Fisch wird grundsätzlich mit Fischbesteck gegessen.
▶ Alle marinierten und geräucherten Fische (Aal, Lachs, eingelegte Heringe) werden mit Messer und Gabel verzehrt.
▶ Kartoffel und Knödel dürfen heute mit dem Messer geschnitten werden. Problemloser ist es jedoch – zum besseren Aufnehmen der Saucen – Kartoffeln oder Klöße mit der Gabel zu zerteilen. (Tabu: Kartoffel zu Mus drücken).

- Spargel wird mit dem Messer geschnitten. Bei der älteren Form des Spargelessens – der Spargel wird mit dem Finger zum Mund geführt – ist das Decken einer Fingerschale notwendig.
- Obst wird mit einem Obstbesteck oder mit Messer und Gabel gegessen.
- Das Frühstücksei darf – inzwischen auch beim geschäftlichen Brunch – „geköpft" werden. Eine andere – sicherlich etwas feinere – Variante: mit dem Löffel die Schale des Hühnereis beklopfen und dann vorsichtig abpellen.
- Zum Essen eines Maiskolbens brauchen Sie zwei Maiskolbengabeln. Diese werden in die Enden gesteckt. Jetzt können Sie den Maiskolben bequem abknabbern, ohne sich die Krawatte zu beschmutzen.
- Die erste Muschel wird mit der Gabel gegessen. Danach verwenden Sie die leere Schale als Zange. Übrigens: Das Schälchen mit dem Zitronensaft ist nicht zum Trinken da, sondern zum Säubern der Finger.

Bestecksprache

Besteck, das einmal mit Speisen in Berührung gekommen ist, wird nicht auf die Tischdecke zurückgelegt oder am Teller abgestützt. Die heute wieder in Mode gekommenen Messerbänkchen sind Zierde und Schmuck eines festlich gedeckten Tisches, sie haben darüber hinaus keine Funktion!

Besteck dient ausschließlich zum Zerkleinern von Speisen. Während der Unterhaltung wird das Besteck auf dem Teller „abgelegt". Messer und Gabel werden zwischen Daumen und Zeigefinger gehalten. Eine Geste der Höflichkeit ist, für Linkshänder das Besteck dementsprechend einzudecken (Messer oder Löffel links, Gabel rechts). Vorsicht bei der Sitzordnung: Bitte berücksichtigen Sie, dass zwischen Links- und Rechtshänder – ausgehend vom Linkshänder – rechts ein größerer Sitzabstand sein soll.

Tabus sind

- Fäustchen oder Bleistifthaltung beim Besteck
- Besteck als Unterstützung der Gestik einsetzen
- kleinen Finger als Zeichen der „Vornehmheit" abspreizen
- den Kaffee- oder Teelöffel vor dem Ablegen zu „säubern"! Er dient lediglich zum Umrühren und zum Verteilen der Milch oder Zucker im Getränk.

Die Basics – vor, während und nach dem Essen

Sie als Sekretärin und Assistentin haben auch häufig mit der Getränkeauswahl zu tun. Oder wenn Sie Ihren Chef bei einem Kundenbesuch beim Essen begleiten, schadet es nicht, wenn Sie auch ein klein wenig über die Getränkekunde Bescheid wissen.

Erste Regel: Trinken Sie, was Ihnen schmeckt. Wenn Sie absolut keinen Alkohol mögen, ist dies überhaupt kein Problem, das Wasser gehört heute zum gehobenen Standard. Empfehlung: Aber hier nicht groß sagen: „Oh Gott, nein, ich trinke gar keinen Alkohol", denn damit unterstellen Sie dem anderen, der Alkohol trinkt, dass er ein schlechter Mensch ist. Sagen Sie einfach: „Ich möchte gerne ein Wasser."

Welches Getränk?

▸ *Weißwein:* zu Fisch und hellem Fleisch
▸ *Rotwein:* zu Wild und dunklem Fleisch (werden heute nicht mehr mit den Prinzipien belegt wie vor einigen Jahren)
▸ *Deutsche Qualitätsweine mit Prädikat (QmP):* Kabinett, Spätlese, Auslcsc, Beerenauslese, Trockenbeerenauslese, Eiswein
▸ *Deutsche Qualitätsweine bestimmter Anbaugebiete (QbA):* Ahr, Mosel-Saar-Ruwer, Mittelrhein, Rheingau, Nahe, Rheinhessen, Rheinpfalz, Hess. Bergstraße, Franken, Württemberg, Baden, Landwein, Tafelwein
▸ *Französische Weine:* AC – Appelation Controlée (kontrollierte Abfüllung), bei Bordeaux: château; VDQS – Vins Delimites des Qualité Superieure; Vins de Pays (Landwein): Cote – Coteau – Mont – Val (Gegend, z. B. VaL = Tal)
▸ *Italienische Weine:* D.O.C.: Denominazione de Origine Controllata (Originalabfüllung), angegeben sind Region und/oder Rebsorte; Vino da Tavola (Tischwein)
▸ *Spanische Weine:* D.O. – Demoninaciones de Origen (Originalabfüllung) mit Hinweis auf geografische Anbaugebiete und Autonomias

„Benimm-Regeln" für das Geschäftsessen.

▸ Schon beim Betreten eines Restaurants kann der erste Fehler passieren. Grundsätzlich geht die Gastgeberin bzw. der Gastgeber vor. Die längst verstaubte Regel, nach der eine Frau nicht als erste das Restaurant betritt, ist völlig überholt.
▸ Die Gäste setzen sich vor dem Gastgeber an den Tisch. Ein gastgebender Vorgesetzter wartet, bis seine Mitarbeiter einen Platz gefunden haben.
▸ „Sitz gerade!" Noch Mutters Stimme im Ohr? Die alten Regeln gelten auch beim Geschäftsessen. Das heißt: aufrecht sitzen, nur die Hände auf dem Tisch und den Ellenbogen dicht am Körper. Haltung bewahren!
▸ Wichtig: Das Besteck zum Mund führen. Nicht umgekehrt. Nach dem Essen wird das Besteck parallel – leicht schräg nach rechts – auf den Teller gelegt. Und noch etwas: Geraucht wird nicht.
▸ Wer bezahlt? Es gilt: Der Gastgeber zahlt. Sollte man selbst einmal in diese Rolle schlüpfen: Das Gegenstück zu „Herr Ober" ist nicht „Frau Oberin."In der Regel reicht ein kurzes Handzeichen, um auf sich aufmerksam zu machen.
▸ Legen Sie den fälligen Betrag oder Ihre Kreditkarte auf den dafür vorgesehenen Teller. 5 bis 10 % Trinkgeld sind – je nach Qualität des Service – angemessen.

Vorstellen und Bekannt machen

Vorstellen ist die offizielle Art des Bekannt machen. Vorgestellt wird der Rangniedere dem Ranghöheren. Die Vorstellung ist einseitig (zum Beispiel Vortragender zu Plenum) und/oder anonymer. Das heißt, es werden keine Informationen zu den Personen gegeben, die einander vorgestellt werden. Bekannt gemacht werden gleichrangige Personen. Dazu werden in der Regel Informationen – als erster Anknüpfungspunkt für ein Gespräch – zu den Personen gegeben.

Grundsätzliches

▶ Tabu sind Begrüßungsfloskeln wie „sehr angenehm", „sehr erfreut".

▶ Akademische Titel werden beim Vorstellen/Bekannt machen von der Person genannt, die bekannt macht.

▶ Den Namen immer deutlich sprechen.

▶ Tabu ist, seine Frau als „meine Gattin" bzw. seinen Mann als „mein Gatte" vorzustellen. Richtig: Meine Frau/mein Mann

▶ Die Frau steht auch beim Begrüßen auf.

▶ Bekannt machen: gleiches Alter, gleicher Rang

▶ Namensschild rechts

6.4   Ihr Auftritt macht′s

Worauf Sie im Büro achten sollen

Sie können schnell einen Fauxpas landen, wenn Sie bestimmte Dinge im Büro nicht beachten, denn gerade auf Sie als Sekretärin und Assistentin wird da ganz besonders geachtet, denn Sie haben in dem Falle eine Art Vorbildfunktion. Darum beachten Sie bitte diese Punkte:

▶ Duzen: Verzichten Sie auf das Du, es sei denn, es lässt sich nicht umgehen oder es ist Standard in Ihrem Unternehmen

▶ Ein- und Ausstand: Richten Sie sich hier danach, was in Ihrem Unternehmen üblich ist.

▶ Private Faxe, E-Mails und Post haben im Büro nichts zu suchen.

▶ Geschenke: Auch hier bitte Vorsicht, weniger ist mehr. Und beachten Sie auch hier, was bei Ihnen im Unternehmen üblich ist.

▶ Liebe im Büro: Viele Unternehmen schätzen es nicht, wenn Mitarbeiter miteinander privat zu sehr bekannt sind.

▶ Pünktlichkeit: Auch hier wieder eine Vorbildfunktion. Es macht keinen guten Eindruck, wenn Sie morgens als Letzte kommen.

▶ Körperpflege

▶ Rauchen: In den meisten Unternehmen ist das Rauchen heute ohnehin untersagt und wenn nicht, nehmen Sie hier bitte Rücksicht.

▶ Melden am Telefon = Visitenkarte

Aussehen bestimmt Ansehen

So machen Sie nichts falsch
- Je edler das Hauptkleidungsstück, desto sparsamer die Accessoires
- Nur *ein* Kleidungsstück in einer auffälligen Farbe, den Rest gedeckt
- Zeigen Sie eindeutigen Stil!
- Kombinieren Sie nie mehr als drei Farben und max. zwei Muster

Speziell fürs Büro zu empfehlen
- Absätze: drei bis sechs cm, keine klotzigen Plateaus
- Accessoires: Edle Teile vermitteln Stil und Sinn für Werte
- Dekolleté: nicht zu sehr ausgeschnitten!
- Frisur: lange Haare lieber zusammenbinden
- Nägel: kurz bis halblang
- Parfüm: leichte Düfte niedrig dosiert
- Rocklänge: nicht kürzer als eine Handbreit über dem Knie

Wählen Sie die richtigen Farben
- BLAU: strahlt Kompetenz aus
- GRAU: signalisiert Neutralität
- GELB: wirkt kreativ
- GRÜN: ausgleichend und beruhigend
- PINK: gilt als Symbol für den weiblichen Vamp – Vorsicht!
- WEISS auf SCHWARZ: signalisiert Autorität und Distanz

Das Erscheinungsbild eines Menschen ist ein wesentlicher Faktor bei der Sympathiebildung und ein „Verkaufsfaktor" bei einem Mitarbeiter eines Unternehmens. Zahlreiche Sprichwörter geben davon Zeugnis:

- „Kleider machen Leute."
- „Wie du kommst gegangen, so wirst du empfangen."
- „Vestis virum reddit."(Das Kleid macht den Mann.)

Repräsentanten eines Unternehmens – und das sind Sie als Mitarbeiter/Mitarbeiterin – werden in besonderem Maße an ihrer Persönlichkeit gemessen. Neben Fachlichen werden verstärkt auch soziale Kenntnisse erwartet. Denn Sie haben – extern und intern – einen Status! Dies belegt auch eine Studie des deutschen Meinungsforschungsinstitutes GfK. Die Untersuchung ergab – gegenüber früheren Ergebnissen – eine Änderung der Kriterien, die den Status eines Menschen erkennen helfen:

1. Der Bekanntenkreis, in dem man verkehrt
2. Die Art der Kleidung
3. Die Bücher, die man liest
4. Der Beruf, den man ausübt
5. Die Gegend, in der man wohnt

Die Sprache als Ausdrucksmittel

Höfliches Verhalten gegenüber anderen Personen drückt sich auch in der Sprache – nonverbal und verbal – aus. Eine Betriebsatmosphäre, die von guten Umgangsformen geprägt ist, hat einen positiven Einfluss auf die Motivation der Mitarbeiter und Mitarbeiterinnen. Darüber hinaus ist der höfliche „Umgangston" auch bestimmend für das positive Image eines Unternehmens. Gute Umgangsformen – bewusst eingesetzt als Strategie – werden schnell im kommunikativen Umgang mit anderen Menschen unglaubwürdig. Die Sprache – verbal und nonverbal – ist ein sicheres Zeichen für die innere Einstellung und das Befinden.

Wichtig ist nicht allein, dass Sie mit Menschen kommunizieren, sondern mehr noch, auf welche Art dies geschieht:

- ► Stimme
- ► Gestik/Mimik
- ► Tabuisierte Worte
- ► Gruppengrenzen
- ► Eigennamen

Faktoren, die das Verhalten im Gespräch beeinflussen
- ► Interesse an der Person
- ► Körperhaltung
- ► äußere Bedingungen
- ► räumliche Gesprächsebene

Der erste Kontakt mit anderen

Rangfolge
- ► Frau/Dame ist stets die Ranghöhere vor dem Mann/Herr.
- ► Die/der Ältere ist ranghöher als die/der Jüngere.
- ► Der Vorgesetzte ist ranghöher als der Mitarbeiter.
- ► Der Fremde ist ranghöher gegenüber der/dem Verwandten.
- ► Der/die Ausländer(in) steht im Rang höher als der/die Inländer(in).

Grüßen

Die Rangfolge spielt nicht mehr die vorrangige Rolle. Erfreulicherweise hat sich „heute" die Gepflogenheit durchgesetzt, dass diejenige Person zuerst grüßt, die die andere zuerst sieht.

Grundsätzliches

Herren „lüften" den Hut beim Grüßen.

Ein Gruß muss erwidert werden! Von jeher galt die Achtlosigkeit, einen Gruß nicht zu erwidern, als Ausdruck, jemanden bewusst herabzusetzen, ihn zu beleidigen. Dies gilt auch im beruflichen Bereich! Die Person ansehen und (wenn möglich) beim Namen nennen.

Begrüßen

Die symbolische Geste der Begrüßung – der Handschlag – kennzeichnet Anfang und Ende eines Gespräches. Das Signal, die Hand zum Gruß zu reichen, geht grundsätzlich vom Ranghöheren aus.

Grundsätzliches

- ▶ Blickkontakt (nicht auf Krawatte, Ohr etc.)
- ▶ Die linke Hand wird aus der Hosen-/Rocktasche genommen.
- ▶ Der Handschuh wird ausgezogen, wenn die Hand der zu begrüßenden
- ▶ Person nicht behandschuht ist.
- ▶ Bei Personengruppen: Alle Personen mit Handschlag begrüßen oder niemanden.

Internationale Besucher

Zusammenarbeit und Kommunikation mit internationalen Geschäftspartnern

Dies ist eine geeignete Stelle, das eiserne Gesetz des internationalen Business anzusprechen, das besagt, dass der Besucher dafür verantwortlich ist, sich mit einheimischen Bräuchen und Geschäftspraktiken vertraut zu machen.

Damit sind wir beim Thema des Geschäftsprotokolls, das heißt Regeln und Normen anständigen Benehmens bei Geschäften in einer bestimmten Kultur. Internationale Geschäftsleute, die keinen Stil haben und diese Regeln schamlos verletzen, riskieren es, ihren Partner vor den Kopf zu stoßen. Und um das zu vermeiden, müssen wir eine ganze Menge über unseren Geschäftspartner wissen.

Ein guter Anfang ist, sich so gut wie möglich mit den örtlichen Gepflogenheiten vertraut zu machen. Als Grundregel für guten Stil gilt auch hier die Regel der beziehungs- oder der abschlussorientierten Märkte. Zum Stil gehört ebenfalls die Kleiderordnung; hier spielen Klima und Kultur eine Rolle, wenn es um die richtige Kleidung geht. Geschäftsleute tragen in den Tropen und im heißen Wüstenklima oft ein Hemd mit offenem Kragen und Baumwollhosen. Aber selbst in solchen Klimazonen sind Sie gut beraten, wenn Sie einen Anzug oder eine Jacke beim ersten Treffen tragen. Dies trifft erst recht zu, wenn es um eine Beziehung zu Regierungsbehörden geht.

Geschäftsfrauen können in den meisten Gegenden der Welt zwischen einem Kostüm, einem Hosenanzug oder einem Kleid mit Jacke wählen. Ist ein Treffen von Herren mit hochrangigen Personen angesagt, dann werden dunkle Anzüge, konservative Krawatte und dunkle Socken meistens ausreichen. Hier nun ein paar besondere Tipps:

- ▶ Besuche im romanischen Europa und Lateinamerika benötigen besondere Aufmerksamkeit für den Stil und die Qualität der Kleidung, bei Männern und Frauen gleichermaßen. In Italien hat man zum Beispiel auf die Vorstellung von „la bella figura" zu achten.

- Im Nahen Osten werden Sie von Ihren Geschäftspartnern oft auch nach der Qualität und dem Preis Ihres Aktenkoffers, Ihrer Armbanduhr, Ihres Schreibgeräts und Ihres Schmucks eingeschätzt. Man nimmt also nur das Beste mit.
- Die Deutschen legen Wert darauf, dass man blitzblank geputzte Schuhe trägt.
- In ganz Asien ist es von Vorteil, dass man Schuhe zum Hineinschlüpfen trägt, beispielsweise Slipper von hoher Qualität. Denn der Brauch verlangt, dass man beim Betreten von Tempeln, Wohnungen und auch einigen Büros die Schuhe auszieht.
- Amerikaner achten sehr auf die Zähne; einige Europäer gehen also vor der Reise dorthin noch zum Zahnarzt für eine gründliche Säuberung.
- In muslimischen Ländern sollten Frauen sich so kleiden, dass sie so wenig wie möglich nackte Haut zeigen.
- Dies gilt auch für Indien. Hier ist zu empfehlen, dass Sie während der heißen Jahreszeit nur Kleidung aus Baumwolle anziehen und während der kühleren Jahreszeit Seide.

Zur Kommunikation gehört nun mal auch die nonverbale Kommunikation und dazu das Begrüßen. Werden Männer Frauen vorgestellt, so gilt als eine beinahe universale Regel der Etikette, dass der Mann abwartet, bis die Frau die Hand reicht (dies ist übrigens auch in Deutschland die Regel). In den meisten abschlussorientierten Kulturen erwarten die Frauen heute, dass sie Männern die Hand geben. In einigen beziehungsorientierten Kulturen jedoch möchten Frauen nicht mit einem Mann die Hände schütteln.

Immer wieder wird darüber diskutiert, wie es in Japan ist, ob erwartet wird, dass wir uns auch dort verbeugen. Aber wenn der Partner sich verbeugt, sieht das nicht sehr professionell aus, darum ist zu empfehlen, während des Händeschüttelns das respektvolle Zunicken mit dem Kopf und dabei den angemessenen Blickkontakt einzuhalten.

Immer wieder sind wir verwirrt von der Vielzahl der Kussrituale im multikulturellen Mosaik Europas. Dazu einige Empfehlungen:

- Machen Sie sich bei der ersten Begegnung keine Gedanken über Küssen oder Geküsst-Werden.
- Bei den nachfolgenden Treffen ist jeder Ausländer, der bei der „promisken" Küsserei nicht mitmachen will, entschuldigt. Das ist besonders für Asiaten eine Erleichterung, die das Küssen von jemandem, den man kaum kennt, als merkwürdig und verstörend empfinden.
- Die Männer, die dabei mitmachen wollen, sollten wissen, dass man die Hand oder Wange einer Frau nicht richtig auf der Haut küsst. Man küsst die Luft ein paar Millimeter über ihrer Hand oder Wange. Beim Küssen reduziert sich die Luftblase der Distanz beträchtlich.
- Auf die Wange küssen: Briten geben nur einen Kuss (auf die rechte Wange), die Franzosen zwei (links und rechts) und die leidenschaftlichen Belgier drei (links, rechts, links). Dies gilt übrigens auch für die weniger leidenschaftlichen Schweizer.

- ▶ Der Handkuss: Die zurückhaltenden Deutschen küssen nur selten die Wange. Wie Spanier und Italiener küssen Deutsche zumeist die Hand.
- ▶ In Wien hört man zwar noch gelegentlich einen österreichischen Gentleman das: „Küss die Hand, gnädige Frau!" murmeln, ein Ausländer sollte sich jedoch nicht verpflichtet fühlen, tatsächlich die Hand der Dame zu küssen,
- ▶ Für Nichteuropäerinnen: Führt ein Mann Ihre Hand zu seinen Lippen, so ist die angemessene Reaktion, so zu tun, als wäre das bereits das fünfte Mal, dass Ihnen das heute passiert. Bedanken Sie sich für die galante Geste mit einem kleinen Lächeln.
- ▶ Männliche Besucher Russlands fühlen sich nicht ganz wohl, wenn sie von russischen Männern mit einer großen Umarmung auf die Lippen geküsst werden. Tipp: Noch einen Wodka.

Kommunikation der Begegnung: Anredeform

Je förmlicher eine Kultur ist, desto angebrachter ist die Benutzung des Familiennamens in Verbindung mit einem Titel oder einer entsprechenden Anrede. Man muss nicht unbedingt den vollen Namen eines älteren Koreaners kennen, erst recht nicht, wenn er Ihr Kunde oder ein potenzieller Kunde ist. „Manager Kim" oder „Direktor Park" lassen bereits den angemessenen Respekt erkennen, der in dieser hierarchischen Gesellschaft üblich ist.

Da Japan-Reisende ab und zu auch mit Frauen zusammenkommen, sollten sie wissen, dass die angehängte Höflichkeitssilbe „san" sowohl „Frau" oder „Fräulein" als auch „Herr" bedeutet.

Chinesen haben normalerweise drei Namen mit jeweils einer Silbe, von denen die erste der Familienname ist. Handelt es sich bei Ihrem Gegenüber um einen Yi Er Man, dann sollte er mit „Herr Yi" angesprochen werden und nicht „Herr Man".

Aber man sollte vorsichtig sein. Um es Ausländern einfacher zu machen, tauschen Chinesen die Reihenfolge ihrer Namen auf der Visitenkarte oft um. Die immer höflichen Japaner machen das auch. Ist man sich nicht sicher, sollte man also nachfragen.

In Indonesien hat die größte ethnische Gruppe, die Javanesen, normalerweise nur einen Namen. Die Javanesen der Mittelklasse haben für gewöhnlich zwei Namen und die der Oberschicht drei.

Im benachbarten Malaysia sollte man einer komplexen Hierarchie gewahr sein, die dem mittelalterlichen Adel Europas nicht unähnlich ist. Ist Ihr Partner ein „Tan Sri" zum Beispiel, dann benutzen Sie diesen Titel immer, im Schriftverkehr ebenso wie beim persönlichen Umgang.

In Spanien und Lateinamerika stößt man auf zwei Zunamen. Der Mexikaner Pablo Garcia Mendoza ist also als „Sennor Garcia" anzureden. Hat er einen Universitätsabschluss, wird er zu „Licenciado Garcia" (weibliche Form: Licenciada).

Wie steht es mit den eher informellen Kulturen? In den USA gibt es die Redensart: „Mir egal, wie Sie mich rufen, Hauptsache, Sie rufen mich zum Essen." Trotzdem werden Ärzte und Chirurgen bei allen Gelegenheiten mit „Dr." angesprochen. Der nicht-medizinische Doktortitel gilt nur, wenn der oder die Betreffende beruflich auftreten.

Selbstverständlich gibt es auch in den informellen USA Hierarchien. Während sich in den neuen Firmen des Silicon Valley jeder mit Vornamen anredet, werden die höheren Angestellten in größeren und älteren Firmen häufig mit Mr., Miss, Ms. Oder Mrs. angesprochen – zumindest im Büro.

Kommunikation weltweit

Dazu gehört auch der Austausch der Visitenkarten.

Viele Besucher der Vereinigten Staaten sind überrascht, wie lässig Amerikaner mit ihren Visitenkarten umgehen. Ein Amerikaner steckt sie einfach in die hintere Tasche seiner Hose, wirft sie auf den Tisch, kritzelt darauf oder benutzt sie sogar als Zahnstocher nach dem Lunch.

Formelle Kulturen behandeln die Visitenkarte respektvoller. In Japan erfreue ich mich immer an dem Ritual des „meishi". Dort wird die Visitenkarte (meishi) als großes Zeremoniell ausgetauscht. Immer wird sie mit beiden Händen übergeben oder empfangen, vier oder fünf Sekunden lang sorgfältig studiert, dann wird sie voller Respekt auf dem Konferenztisch abgelegt und später ehrwürdig in eine lederne – niemals Kunststoff! – Brieftasche eingeordnet. Geschäftsleute im pazifischen Raum werden feststellen, dass die „meishi"-Zeremonie sich über fast alle Teile Ost- und Südostasiens ausgebreitet hat – einer sehr hierarchisch geprägten Region des Weltmarktes. Dort sollten wir die Visitenkarte mit dem gleichen Respekt behandeln, den wir für die Person haben, die uns die Karte gegeben hat.

Sie werden in Ihrer Aufgabe als Assistentin sicherlich häufig die ehrenvolle Aufgabe haben, für den Gast ein Geschenk zu besorgen. Darum haben wir auch hier ein paar Tipps für Sie zusammengestellt, wie Sie dabei Konflikte vermeiden können.

Geschenke überreichen und entgegennehmen

Im Gegensatz zu den meisten abschlussorientierten Kulturen ist der Austausch von Geschenken in beziehungsorientierten Kulturen weit verbreitet, denn er dient der Entwicklung und Festigung enger persönlicher Beziehungen. In dieser Frage sollte sich der kluge Geschäftsreisende von Eingeweihten beraten lassen oder eines der unter „Materialien" erwähnten Handbücher konsultieren. Die folgenden Hinweise sollen einen Eindruck von der Komplexität geben, die bei Geschenken im interkulturellen Verkehr eine Rolle spielt.

▶ Was man schenkt: Beachten Sie die kulturellen Tabus. Keine scharfen Gegenstände, etwa Messer – in einigen Kulturen symbolisieren sie das Ende einer Beziehung. In China sind Uhren unangebracht. Sie bringen Unglück, da das Wort für Uhr im Chinesischen wie das Wort für Tod klingt.

- Eine gute Wahl macht man mit hochwertigem Schreibgerät, edlem Whisky oder Cognac (natürlich nicht in muslimischen Kulturen), mit Bildbändern des Heimatortes oder -landes oder Produkten, wofür das eigene Land berühmt ist.
- Wann man schenkt: in Europa nach der Unterzeichnung des Vertrags. In Japan und den meisten anderen asiatischen Ländern am Ende der Zusammenkunft. Beachten Sie, dass Nordamerika keine Geschenkkultur hat. Viele Firmen haben strenge Vorschriften, was Geschenke angeht, insbesondere für Leute, die im Ankauf tätig sind.
- Wie man schenkt: In Japan ist die Geschenkpackung wichtiger als das Geschenk selbst. In Japan und ganz Asien wird das Geschenk mit beiden Händen überreicht und entgegengenommen – außer in Thailand, wo das Geschenk mit der rechten Hand, gestützt von der linken, übergeben wird. In Asien wird das Geschenk wahrscheinlich erst nach Ihrem Abschied ausgepackt. In Europa, Nord- und Südamerika wird das Geschenk in aller Regel in Ihrem Beisein geöffnet.

Um Konflikte zu vermeiden, ist es beispielsweise im Arbeitsleben wichtig zu wissen, wie im jeweiligen Land Entscheidungen getroffen werden. In Japan werden Entscheidungen nach unten delegiert, dort gilt es dabei, diese im Sinne der Vorgesetzten zu treffen. In den asiatischen Kulturen zählt das Individuum wenig, dafür umso mehr die Masse oder die Gruppe. In Asien müssen Sie damit rechnen, dass man Sie nie allein lässt. Setzen Sie sich nach dem Essen auf eine Bank mit einem Buch, bekommen Sie sofort Gesellschaft, denn Sie werden von den Asiaten in Ihrer vermeintlichen Einsamkeit bedauert. Allein gelassen zu werden gilt dort als Strafe. Wer also absolut allein sein möchte, kann sich auf der Toilette einschließen oder in die eigene Wohnung gehen.

Beziehungs- und abschlussorientierte Geschäftskulturen unterscheiden sich natürlich auch in ihrer Kommunikation. Verhandlungspartner auf der abschlussorientierten Seite bevorzugen eine direkte, offene und klare Sprache, hingegen jene auf der beziehungsorientierten Seite eine indirekte, subtile und weitschweifige.

Für abschlussorientierte Verhandlungspartner besteht die Priorität darin, bei der Kommunikation mit anderen klar verstanden zu werden. Sie berufen sich auf das, was sie sagen und meinen. Niederländische Verhandlungspartner zum Beispiel sind berühmt für ihre Unverblümtheit. Die beziehungsorientierten Geschäftspartner hingegen legen sehr viel Wert auf die Harmonie und die Beförderung geschmeidiger Beziehungen. Sie achten ganz genau darauf, was sie sagen oder tun, um andere nicht zu beleidigen oder in Verlegenheit zu bringen. Die meisten japanischen, chinesischen und südostasiatischen Geschäftsleute zum Beispiel scheinen das Wort „Nein" als Schimpfwort zu betrachten. Damit sie niemanden beleidigen, murmeln sie stattdessen in etwa: „Das wird aber schwer."Eine Variante kann noch das Wörtchen „vielleicht" sein.

In den stark beziehungsorientierten Kulturen Ost- und Südostasiens verlieren beide Seiten das Gesicht, wenn ein Partner während der Verhandlung die Beherrschung verliert. Der zornige verliert sein Gesicht, weil er sich kindisch benimmt. Und weil er seinen Zorn offen gezeigt hat, lässt er auch die andere Seite das Gesicht verlieren. Und dieses große Bemühen der Ostasiaten, negative Emotionen zu verbergen, kann für Außenseiter aus abschlussorientierten Kulturen verwirrend sein. Seien Sie sich aber darüber im Klaren, dass beziehungsorientierte Geschäftsleute nur deshalb ausweichend in ihrer Sprache sind, um Konflikte und Auseinandersetzungen zu vermeiden. Die höfliche Kommunikation der Asiaten, Araber, Afrikaner und Latinos hilft, die Harmonie aufrechtzuerhalten. Die Bedeutung dessen, was sie am Verhandlungstisch äußern, ist oft nur implizit zu erschließen.

Das heißt also, die tatsächliche Bedeutung erschließt sich aus dem Kontext der Worte, nicht so sehr aus der Rede allein. Der amerikanische Antrophologe Edward T. Hall, der Guru der interkulturellen Kommunikation, hat für diese Kulturen vor vielen Jahren den nützlichen Begriff des „hohen Kontextes" geprägt. Im Gegensatz dazu ist die Bedeutung der Rede von Nordeuropäern, Nordamerikanern, Australiern, Neuseeländern vor allem explizit – in den Worten selbst enthalten. Ein Zuhörer würde ohne Weiteres verstehen, was sie bei einem Geschäftstreffen sagen und müsste sich kaum auf den Kontext beziehen. Hall nannte diese „Kulturen mit geringem Kontext". Eine Ausnahme bilden hier sicherlich die Menschen aus Hong Kong und Singapur, die schon eher für direkte Kontakte empfänglicher sind als die Chinesen in der Volksrepublik. Sie benötigen auch weniger Zeit für die Kontaktherstellung und bevorzugen eine eher direkte Sprache.

Sagen, was Sache ist versus „das Gesicht wahren"
Selbst wenn indirekte beziehungsorientierte und direkte abschlussorientierte Menschen dieselbe Sprache sprechen – Englisch oder Deutsch – dann sprechen sie trotzdem verschiedene Sprachen. Ein deutscher oder niederländischer Geschäftspartner wird seine Worte sorgfältig wählen, sodass sein Gegenüber genau versteht, was er sagt. Er möchte jede Unklarheit vermeiden und nicht um den heißen Brei herumreden.

Seine arabischen, japanischen oder indonesischen Partner wägen dagegen ihre Worte noch sorgfältiger ab – aber aus völlig anderen Gründen. Beziehungsorientierte Geschäftsleute wollen sichergehen, dass sich niemand auch nur irgendwie beleidigt fühlt. Keine rohe Direktheit, keine krasse Unverblümtheit, niemand verliert das Gesicht.

Ich selbst komme von einem ziemlich abschlussorientierten Background. Falls ein Australier, Deutscher oder Däne mich als direkt und geradeaus beschreibt, dann empfinde ich das als ein Kompliment. In abschlussorientierten Kulturen werden Direktheit und Offenheit mit Ehrlichkeit und Aufrichtigkeit gleichgesetzt.

Aber dieselbe Charakterisierung seitens eines Japaners wäre eher eine Kritik. Warum? Weil in beziehungsorientierten Hoher-Kontext-Kulturen Direktheit und Offenheit mit Unreife und Naivität gleichgesetzt werden – vielleicht sogar auch mit Arroganz. In extrem beziehungsorientiert geprägten Kulturen sagen nur Kinder und kindliche Erwachsene genau das, was sie meinen. Es ist eben nicht anders!

Als abschließenden Beleg für die Unterschiede zwischen abschlussorientiertem und beziehungsorientiertem Kommunikationsstile sollten wir uns die verschiedenen Bedeutungen des Wortes „aufrichtig" oder „ehrlich" anschauen. Für Englisch- und Deutschsprachige aus der abschlussorientierten Welt bedeutet es so etwas wie wirkliche Offenheit. Ein aufrichtiger Freund wird immer die Wahrheit sagen, auch wenn sie unangenehm ist.

Im Gegensatz dazu ist ein aufrichtiger Freund für beziehungsorientiert geprägte Menschen jemand, der jederzeit Hilfe anbietet. Als Beispiel nehmen wir an, dass ein Asiate einen abschlussorientierten Freund um Hilfe bittet, und der weiß sofort, dass er ihm diesen Gefallen nicht tun kann. Der abschlussorientierte Freund sagt also ganz aufrichtig: „Es tut mir leid, aber das kann ich nicht, weil ...“

Der Asiate würde diesen jedenfalls als sehr unzuverlässigen Freund betrachten. Für ihn würde ein aufrichtiger Freund etwa erwidern müssen: „Selbstverständlich! Ich werde alles geben und mich dann bei dir melden ...“ In beziehungsorientierten Kulturen beweist man guten Willen – selbst dann, wenn man die Anforderung gar nicht erfüllen kann.

Viele aussichtsreiche Verhandlungen schlugen schon fehl, weil Verhandlungspartner aus einer informellen Kultur dem formellen Gegenüber auf die Füße getreten sind. Hier werden wir einige Beispiele vorstellen.

Formelle Kulturen sind zumeist in steile Hierarchien gegliedert, in die sich alle nach Status und Macht einfügen. Im Gegensatz dazu schätzt man in informellen Kulturen eher egalitäre Strukturen, in denen Macht und Status geringere Unterschiede ausmachen.

Warum ist das zu beachten, wenn man geschäftlich im Ausland zu tun hat? Weil unterschiedliche Wertmaßstäbe Konflikte am Verhandlungstisch verursachen können. Einerseits können Geschäftsleute aus formellen, hierarchischen Kulturen sich beleidigt fühlen, wenn sie die flotte Kumpelhaftigkeit der informellen, relativ egalitären Kultur erleben. Andererseits empfinden die Informellen ihr Gegenüber oft als dumpf, distanziert, anmaßend und arrogant.

Solche Missverständnisse kann man vermeiden, wenn sich beide Seiten bewusst sind, dass unterschiedliche Geschäftsgebaren in anderen kulturellen Wertordnungen und nicht mit persönlichen Eigenheiten begründet sind.

Förmlichkeit steht eigentlich im Zusammenhang mit Status, Hierarchien, Macht und Respekt. Informelle Kulturen bevorzugen Statusgleichheit, formelle dagegen Hierarchien und Statusunterschiede. Wenn man das nicht beachtet, kann es zu ernsthaften Schwierigkeiten am Verhandlungstisch kommen.

Um es noch einmal zu wiederholen: Förmlichkeit hat mit Status zu tun, mit Hierarchien und wie man hochrangigen Personen Respekt erweist. Deshalb müssen internationale Geschäftsleute immer wissen, ob sie es mit formellen oder informellen Kulturen zu tun haben.

Interkulturelles Verhalten

Der Umgang mit internationalen Besuchern

Die Zeiten, in denen die Unternehmen in Deutschland ausschließlich Ihre Kunden in Deutschland hatten, sind lange vorbei. Mehr denn je sind Sie heute im Umgang mit internationalen Besuchern gefordert, und das wird auch noch zunehmen. Schnell kann es hier passieren, dass Sie in ein Fettnäpfchen treten, was die Geschäftsbeziehung natürlich erschweren kann. Dies geschieht nicht, weil Sie nicht wissen, wie Sie sich zu benehmen haben, sondern hängt vielmehr damit zusammen, dass es in anderen Ländern nun mal andere Sitten gibt.

Auf den nächsten Seiten erhalten Sie deshalb eine Zusammenstellung der wichtigsten Geschäftspartner und wie Sie sich im Umgang damit verhalten. Sie sehen, auch hier wieder können Sie Ihren Chef hervorragend entlasten und unterstützen.

 ▶ **Arabien/islamiche Länder: „Allah ist groß"**

Grußform
Händeschütteln ist allgemeiner Brauch außerhalb des Hauses.
Wenn der Gastgeber es vorzieht, den Besucher auf beide Wangen zu küssen, sollte man es erwidern.

Verhalten
Ein paar Wörter Arabisch können nicht schaden.
„Insallah" (= so Gott will) wird häufig verwendet. Man kann es jederzeit am Ende eines Satzes anbringen. Damit beweist man seine Anerkennung der religiösen Sitten und stellt sich in ein positives Licht.

Zu Tisch/bei Einladungen
Gern gesehene Geschenke sind deutsche und amerikanische Handwerksarbeiten, ebenso Bücher, CDs, Büroartikel wie Taschenrechner.
Sich beim Essen zuzuprosten ist nicht üblich (wegen des Alkoholverbotes).
Schweinefleisch und Alkohol sind tabu.

Geschäftliches
Ein mündliches Ja in Verhandlungen wird oft nur aus Höflichkeit gesagt. Gültigkeit haben Zusagen erst bei geleisteter Unterschrift. Pünktlichkeit wird erwartet. Man kann sich jedoch nicht darauf verlassen, pünktlich aus Verhandlungen herauszukommen.
Usus ist: Ein Araber lässt sich selbst in den entscheidenden Gesprächsphasen von jedem unterbrechen, der bei ihm vorspricht.

Don'ts
Bewundern Sie die Errungenschaften eines Arabers nicht zu ausdrücklich; Sie könnten sonst verpflichtet werden, sie als Geschenk anzunehmen.
„Mohammedaner" ist für einen Moslem eine Beleidigung, da Mohammed als Prophet und nicht als Gott verehrt wird.
Die linke Hand gilt als unrein, deshalb nicht mit links essen oder grüßen.

▶ **Asien:** „Gesicht wahren, Gemeinschaft stärken"

Verhalten
Immer ein freundliches Gesicht, auch bei unangenehmen Situationen, gehört zum guten Ton.

Grußform
Händedruck (außer Japan). Es kann vorkommen, dass man in der Sie-Form mit dem Vornamen angeredet wird, also Mr. Helmut oder Mrs. Monika.

Sonstige Besonderheiten
Es ist unüblich, dass sich Frau und Mann in der Öffentlichkeit berühren, außer sie sind verheiratet. Asiaten bewegen sich nicht in europäischen rational-kausalen Denkstrukturen, sondern eher in intuitiven Verhaltensmustern.
Es gibt keine Gleichberechtigung von Mann und Frau, deshalb sollten Frauen nicht ohne männliche Begleitung auf Geschäftsreise gehen.

▶ **China:** „Chung Yung: die Weisheit liegt in der Mitte"

Grußform
Eine leichte Verneigung ist angebracht, wenn man jemanden trifft. Der Handschlag ist ebenso gebräuchlich. Chinesische Gesprächspartner werden immer mit Funktion und Namen angeredet, also „Komitee-Mitglied Chang" oder „Account Manager Li". Der Familienname wird nach dem Titel an erster Stelle genannt, auch bei Übersetzungen.

Verhalten
Oberstes Gebot: das Gesicht zu wahren – ganz gleich, ob es das eigene ist oder das des Gegenübers. D. h., ein Chinese gibt sein eigenes Nicht-Wissen genauso wenig preis, wie er den europäischen Geschäftspartner bloßstellt. Dafür wendet er lieber eine Umschreibung an.
Pünktlichkeit ist ein Muss.
Das freundliche Lächeln sollte in jedem Fall erwidert werden.
Lieber ein Wort zu wenig sagen, als zu viel ausplaudern.

Kleidung
Geschäftskleidung ist auch in der Freizeit gebräuchlich. Mit Sweatshirt und Jeans erntet man weniger Respekt.

Zu Tisch/bei Einladungen
Wer von den chinesischen Geschäftspartnern eingeladen wird, sollte eine Gegeneinladung aussprechen. Die Ehefrauen sind bei Geschäftsessen nicht anwesend.
Man sollte kein Getränk und keine Speise anrühren, bevor nicht ein Toast ausgesprochen wurde. Während des Essens ist es üblich, sich zuzuprosten und in Blickkontakt zu treten.

Geschäftliches
Langfristige Ziele ja, schnelle Erfolge nein. Mit einheimischen Vermittlern kommt man weiter. Gut für inoffizielle Kommunikation ohne Gesichtsverlust. Versuchen Sie, so schnell wie möglich zu den Entscheidungsträgern vorzudringen.
Wenn Sie bei Verhandlungen zwischen zwei Stühlen sitzen: Stärken Sie die Position Ihres Verhandlungspartners! Denn die Aussagen eines Europäers haben Gewicht.
Zeit ist nicht gleich Geld. Zeit spielt deshalb keine Rolle bei Geschäftsabwicklungen.
Geschäftliche Beziehungen werden sehr eng mit den beauftragten Personen verknüpft. Personalwechsel stören.

Don'ts
Man sollte nicht den Eindruck erwecken, dass man ein Geschäft nur kühl kalkulierend abschließt. Zu viel Selbstsicherheit in der Kenntnis der chinesischen Kultur wird leicht als Arroganz ausgelegt. Drängen Sie nicht auf Entscheidungen, oder fragen Sie nicht nach dem aktuellen Stand von Projekten. Um zu einem Abschluss zu kommen lieber nachfragen, ob noch zusätzliche Informationen benötigt werden.

 ▶ **Frankreich:** „Vive la difference"

Grußform
Handschlag. In Traditions-Unternehmen benutzt man den Familiennamen. „Monsieur" und „Madame" sind nicht nur einfache Anreden – sie zeugen von natürlichem Respekt vor dem Gegenüber und werden bei offiziellen Titeln gerne vorangestellt (Monsieur le Prèsident). Es macht sich besser, sich im Französischen zu versuchen, als auf andere Fremdsprachen zurückzugreifen.

Kleidung
Formell, nach Dienstschluss leger. Französinnen kleiden sich mit zunehmender Tageszeit umso formeller.

Geschäftliches
Mit der Pünktlichkeit wird nicht übertrieben. Eine Verspätung von ca. 15 Minuten ist an der Tagesordnung. Bringen Sie deshalb Ihren Partner nicht in Verlegenheit. Bei Verhandlungen sofort zur Sache zu kommen wäre ein grober Verstoß gegen französische Sitten. Bester Zeitpunkt nach dem Essen. Humorige Zwischenbemerkungen gelten als unseriös bis hin zur Grobschlächtigkeit.
Das Essen spielt immer noch eine entscheidende Rolle im täglichen Leben der Franzosen. Waren früher Mittagszeiten von zwei Stunden üblich, hat man hier jedoch etwas mit der Tradition gebrochen. Snacks ersetzen die reichhaltigen Mahlzeiten mehr und mehr.
Jeder Verstoß gegen den eleganten Stil der Franzosen – in Benehmen wie Kleidung – wird sehr übel genommen.

▶ Großbritannien: „Understatement macht den Erfolg"

Grußform
Händeschütteln bei ersten Begegnungen, später nur: „How do you do?" Auf die gestellte Frage antwortet man auch mit: „How do you do?" Männer stellen sich selbst nur mit Vor- und Zunamen vor (nicht Mr.), Frauen setzen ein Mrs. oder Miss an den Anfang. Nennen Sie den eigenen Titel nicht, doch achten Sie auf den akademischen Titel Ihres Gegenübers.

Verhalten
Höflich ist, wer sich distanziert verhält. Es herrscht ein komplexes Klassenbewusstsein. Distinguiertes Verhalten des „Eigentlich-nicht-nötig-Habens" bzw. bewusste Untertreibungen nennt man Understatement. Es gehört zum guten Ton (besonders bei geschäftlichen Beziehungen).
Es herrscht die Sitte der formalisierten Unpünktlichkeit. Es wäre unhöflich, die Verabredung einzuhalten. Eine Verspätung bei offiziellen Anlässen zwischen 10 und 20 Minuten ist normal.
Es gehört zum Feiern, sich ausgelassen bis taktlos zu geben, verbunden mit reichlich Alkohol.

Kleidung
Konservativ-formell, auf Einladungskarten meist angegeben. Kleidung kennzeichnet eher die Zugehörigkeit zu einer Gruppe als den persönlichen Stil oder Geschmack.
Frau: je höhergestellter, desto männlicher im Stil.

Geschäftliches
Vor 09:00 Uhr sowie am Montagmorgen und Freitagnachmittag trifft man keine Verabredungen. Jeder Teilnehmer sollte einen Beitrag zum Meeting leisten, wenn auch nur Fragestellungen. Ein Meeting ohne konstruktives Ergebnis wird als Misserfolg gesehen. Konkrete Zahlen und Tatsachen werden oft nur über Umwege preisgegeben, stattdessen pflegt man kleine Spitzfindigkeiten.

Sonstige Besonderheiten
Briten leben stark gruppenbezogen. Ausgeprägte Klassenstruktur. Man nimmt Rücksicht auf seine Mitmenschen.
Treten Schwierigkeiten auf, versucht man, sie nicht so ernst zu nehmen.

Don'ts
Briten schätzen es nicht, wenn man sich über bestimmte Eigenarten lustig macht (moralische Seite, Königshaus etc.), auch keine Kritik.
Krawatten zu tragen, für die man keine Berechtigung hat, gilt als grober Verstoß, ebenso gestreifte Krawatten.
In Gesprächen wird man nicht persönlich. Fragen nach der Familie sind unüblich.

Man spricht nicht von „den Engländern", vielmehr von Schotten, Walisern, Briten, Nordiren.

 ▶ **Japan:** „Aus Disziplin für die Firma"

Grußform
Wer die Begrüßungsrituale und Verbeugungsmechanismen nicht genau kennt, kann mit einem Händedruck nichts verkehrt machen. Erst nach der Begrüßung überreicht man die Visitenkarte.

Erhält man selbst eine Visitenkarte, sollte man sie mit beiden Händen entgegennehmen und ihr seine Aufmerksamkeit widmen.
Nach der Anrede und Namen folgt ein „San" (nur bei Herr, Frau, Fräulein). Bei Akademikern und Parlamentsabgeordneten folgt ein „Sensei" auf den eigentlichen Namen. Titel spielen im Allgemeinen keine große Rolle.

Verhalten
Es wird von Ausländern nicht erwartet, dass sie sich mit den typisch japanischen Verhaltensregeln auskennen. Europäisches Verhalten wird weitgehend akzeptiert und anerkannt. Doch trägt es sicherlich positiv zum allgemeinen Verständnis bei, etwas über japanische Sitten und Gebräuche zu wissen.
Kein kontinuierlicher Blickkontakt üblich.
Nicht laut sprechen oder die Stimme erheben.
In der Öffentlichkeit darf man sich nicht schneuzen.

Geschäftliches
Formulieren Sie Ihre Anschreiben nie zu knapp, und sorgen Sie für ausreichendes und spezifiziertes Werbematerial. Stellen Sie Ihre Firma ausführlich darin vor. Lassen Sie diese Materialien ins Japanische übersetzen. Halten Sie unbedingt Ihre zugesicherten Termine ein, oder sagen Sie rechtzeitig ab! Es dauert lange, eine kontinuierliche Geschäftsbeziehung mit Japanern zu entwickeln. Wenn diese einmal besteht, halten die Japaner an ihr fest.

Sonstige Besonderheiten
Japaner vermeiden es, „Nein" zu sagen, denn das „Ja" wird großzügiger ausgelegt – es kann auch „vielleicht" heißen.
Fragen des Finanziellen gelten als kleinlich.
Persönliche Belange haben kein Gewicht.
Tradition, Riten und Sitten haben neben der Gemeinschaft eine tragende Rolle.

Don'ts
Japaner sollte man niemals mit persönlichen Problemen belästigen. Geschenke in schwarz-weißem Papier zu überreichen bedeutet Unglück. Blumen sind nicht üblich.

▶ **Polen:** „Kommt von ‚Pole' = Feld, flaches Land"

Grußform
Anrede mit Titel, Hofieren von Damen, Handkuss und Verbeugung sind noch gebräuchliche Verhaltensformen der polnischen Oberschicht.
Führen Sie alle akademischen Titel und Berufsbezeichnungen an.

Verhalten
Orientiert an USA und England. Benennen Sie Polen nie als osteuropäisches, sondern als mitteleuropäisches Land.

Kleidung
Business-like.

Geschäftliches
Vorherige Terminabsprachen sind notwendig. Kompensationsgeschäfte und Kooperationen werden von den Polen sehr befürwortet. Stärkere Hierarchie als bei uns.

Don'ts
Polen sind stolz auf ihr Land, üben Sie deshalb keine Kritik an Land und Leuten.

▶ **Russland:** „Der russische Bär auf dem Weg in den Westen"

Grußform
Händedruck, bei guter Freundschaft Bruderkuss und Umarmung. Ein tagesunabhängiger, häufig gebrauchter Gruß ist „schrastwuite" (= Bleiben Sie gesund).

Verhalten
Russen verhalten sich warm, herzlich und sind sehr gastfreundlich. Bei offiziellen Anlässen wird allerdings kaum gelächelt.

Kleidung
Zu allen offiziellen Veranstaltungen formelle Kleidung, am besten dunkler Anzug und langes Kleid. Im Geschäftsleben sind Jacke und Krawatte Pflicht. Im Winter kommt man in Winterstiefeln und bringt die Abendschuhe mit. Sie können an der Garderobe gewechselt werden.

Zu Tisch/bei Einladungen
Zuprosten ist üblich. Bevor man ein Privathaus betritt, sollte man die Schuhe ausziehen.

Geschäftliches
Es werden gerne Titel, Orden und Ehrenzeichen benutzt. Pünktlichkeit und Verbindlichkeit werden erwartet. Es empfiehlt sich, Termine schriftlich festzuhalten. Mündliche Zusagen werden meist nicht als verbindlich angenommen.

Don'ts

In manchen Gegenden wird es nicht einfach akzeptiert, wenn man eine angebotene Speise ablehnt, auch nicht mit dem Verweis auf die Unverträglichkeit.
Flüche auf die Mutter.

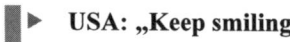 ► USA: „Keep smiling"

Grußform

Während der Vorstellung schütteln Männer häufiger die Hände als Frauen.
Die respektvolle Anrede lautet „Sir" bzw. „Madam".
Im Berufsalltag nennt man sich beim Vornamen. Warten Sie jedoch, bis es Ihnen angeboten wird.

Verhalten

„What do you do?" ist eine Standardfrage, um sich nach dem Beruf des Gegenübers zu erkundigen und ein Gespräch einzuleiten.
Was auch geschieht – keep smiling. Etwas gelöster aufzutreten statt steif formell zu bleiben macht sich immer gut.
Trinkgeld: Für jede Dienstleistung ist Trinkgeld ein Muss. 15 bis 20 % sind angemessen. Der Gepäckträger erhält 1 US-Dollar pro Koffer.
Beim Besuch von Kulturstätten sollte man angemessene, unauffällige Kleidung tragen.

Kleidung

Business-Dress. Meist grau, manchmal mit Weste.
Am Abend immer mit Krawatte erscheinen, denn Hotels oder Restaurants könnten sonst den Eintritt verweigern.

Zu Tisch/bei Einladungen

Gebete vor dem Essen zu sprechen ist noch großteils üblich. Warten Sie in Restaurants, bis Ihnen ein Platz zugewiesen wird.

Geschäftliches

Pünktlichkeit ist ein Muss, es sei denn, der morgendliche Verkehrstau macht einen Strich durch die Rechnung, dann werden 15 Minuten Verspätung akzeptiert. Bei sozialen, abendlichen Verpflichtungen (sie können auch mit dem Geschäft zu tun haben), bedeutet „drinks at seven", dass man etwa um 19.30 Uhr erscheint. Wenn das Abendessen um 08.00 Uhr angekündigt wird, heißt das hingegen exakt 08.00 Uhr (Verkehr hin oder her). Zu Beginn eines Meetings wird meist nur ein sehr kurzer Small Talk geführt, dann geht es sofort zur Sache. Führungsschicht: hauptsächlich englisch- oder irischstämmige Amerikaner und Christen aus wohlhabenden Familien der Oberschicht. Sie haben meist an Elite-Colleges studiert. Auch der Einfluss von christlichen Sekten und jüdischen Organisationen spielt dabei ein Rolle.

Sonstige Besonderheiten
Starke Hierarchien, die auf Anhieb nicht sichtbar sind.

Don'ts
Als Ausländer sollte man nie zuerst seinen Vornamen anbieten, da die gesellschaftlichen Hierarchien für Außenstehende auf den ersten Blick nicht so leicht einsichtig sind. Rückenklopfen ist tabu, ausgenommen beim Sport. Machen Sie nicht den Fehler und deuten Sie den lässigen, freundlichen Umgangsstil nicht als persönliches Plus. Er zählt zu den gängigen Höflichkeitsfloskeln.

Buchtipps zum Thema Business-Etikette:

Ames, H. W., Spain is Different, Intercultural Press 1999.

Asselin, G., Mastron, R., Au Contraire! Figuring out the French, Intercultural Press 2001.

Broome, B. J., Exploring the Greek Mosaic: A Guide to Intercultural Communication in Greece, Intercultural Press 1996.

Condon, J. C., With Respect to the Japanese: A Guide for Americans, Intercultural Press 1984.

Interact Serie von Intercultural Press (www.interculturalpress.com).

Morrison, T., Kiss, Bow or Shake Hands, How to Do Business in Sixty Countries, Adams Media Corporation 1994.

Nees, G., Germany: Untraveling an Enigma, Intercultural Press 2000.

Schroll-Machl, S., Die Deutschen – Wir Deutsche. Fremdwahrnehmung und Selbstsicht im Berufsleben, Vandenhoeck und Ruprecht 2002.

Uhl, G.,/Uhl-Vetter, E., Business-Etikette in Europa – Stilsicher auftreten, Umgangsformen beherrschen, Gabler Verlag, 2004.

Wrede-Grischkat, R., Manieren und Karriere – Internationale Verhaltensregeln für Führungskräfte, Gabler Verlag, 4. Aufl. 2001.

7. Zusammenarbeit mit dem Vorgesetzten

Um im internationalen Wettbewerb bestehen zu können, müssen Unternehmen sich immer mehr zu Hochleistungsunternehmen entwickeln. Sie als Sekretärin/Assistentin werden darin auch in Zukunft unverzichtbar sein.

Von Ihnen, die Sie mit Ihren Chefs zusammenarbeiten, wird Loyalität erwartet. Sie sollen sich der Unternehmenspolitik unterordnen, Sie müssen diese oft genug nach außen vertreten. In Zukunft wird von Ihnen noch mehr verlangt werden, schauen Sie sich an, wie die Zusammenarbeit Chef – Sekretärin sein wird.

Die neue Bedeutung der charismatischen Führung

Unternehmen werden sich immer ähnlicher, kaum eines kann noch eine Monopolstellung halten. Daher kommt es hier immer mehr auf die Persönlichkeiten an der Spitze an. Sie als Sekretärin helfen Ihrem Chef, charismatische Wirkung zu entfalten. Sie strömen nach innen und außen Optimismus, Gelassenheit und Sicherheit aus und unterstützen Ihren Chef damit.

Wir werden wieder mehr auf den Mann, auf die Frau, an der Spitze schauen, dabei müssen Sie „helfen“, helfen mit Ihrem Feedback (manchmal auch kritisch), Ihrem Urteilsvermögen und Ihrer Beobachtungsgabe.

Die Chefs von morgen – sind sie die besseren Chefs?

Die Chefs von morgen haben eine bessere Ausbildung und müssen wieder eine „Persönlichkeit“ sein. Chef und Sekretärin bilden ein Team.
„Hinter jedem erfolgreichen Chef steht eine erfolgreiche Sekretärin.“

Die ethischen Grundsätze

Auch der Markt hat eine Moral. Er straft die Bösen und belohnt die Guten. Einfühlungsvermögen statt Ellenbogen sind gefragt. Hier übernehmen Sie eine ganz wichtige Rolle. „Erziehen“ Sie Ihren Chef zu den geforderten Dingen. Gehen Sie ihm dabei mit gutem Beispiel voran. Beurteilen Sie selbst, wie viel Sie hier als Sekretärin beeinflussen können, sicher eine ganze Menge – oder?

Nehmen Sie sich ein paar Minuten Zeit, um sich mit Zielsetzung und Aufgabenschwerpunkten im Management-Regelkreis auf der nachfolgenden Seite näher zu befassen.

Am Management-Regelkreis erkennen Sie eindeutig die Aufgaben des Managements und wie diese ineinander übergehen. Hier finden Sie die Bereiche, in denen Sie Ihren Chef wirkungsvoll entlasten können.

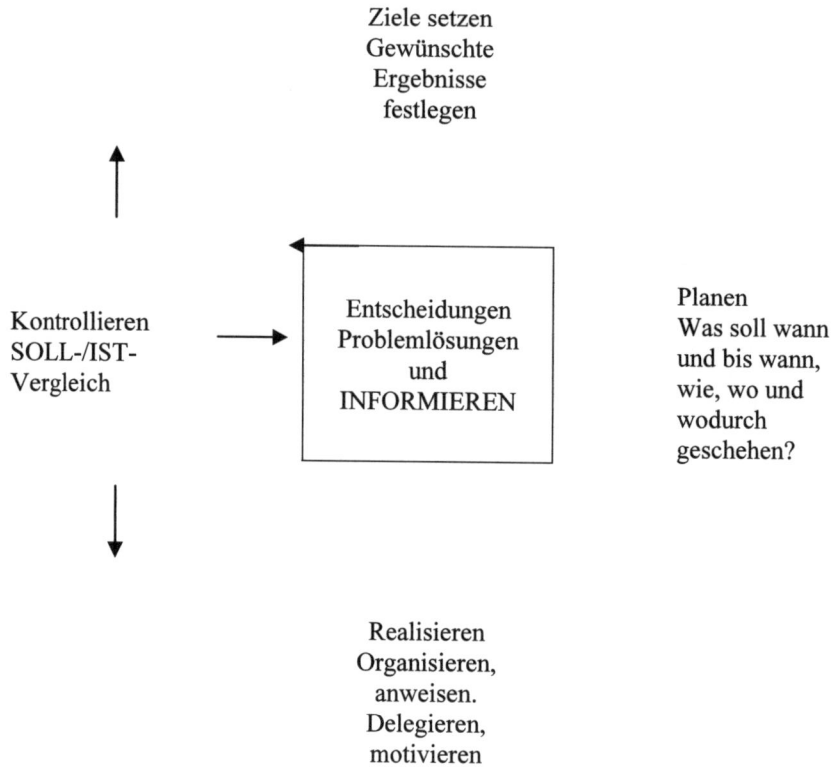

Ziele setzen
Gewünschte
Ergebnisse
festlegen

Kontrollieren
SOLL-/IST-
Vergleich

Entscheidungen
Problemlösungen
und
INFORMIEREN

Planen
Was soll wann
und bis wann,
wie, wo und
wodurch
geschehen?

Realisieren
Organisieren,
anweisen.
Delegieren,
motivieren

- ▶ **Ziele setzen** – Die endgültige Festlegung der Unternehmensziele erfolgt in der Regel auf Managementebene, wobei oft in den Abteilungen, Außenstellen oder Bereichsleitungen maßgebliche Vorarbeit geleistet wird.
- ▶ **Planen** – Hier kann es sich sowohl um Umsatz- als auch Produktions-, Absatz- oder Budgetplanung handeln, um nur einige zu nennen. Wichtig sind hier die 6 Ws: Was soll wann und bis wann, wie, wo und wodurch/durch wen geschehen? Sie können Aufgaben übernehmen wie z. B. das Zusammenstellen von Informationen oder die grafische Aufbereitung von Zahlenmaterial.
- ▶ **Realisieren** – durch organisieren, anweisen, delegieren und motivieren. Auch hier kommen Ihnen als direkter Mitarbeiterin Ihres Chefs einige Aufgaben zu, und zwar vor allem im Bereich der Organisation. Sie selbst wissen am besten, was Sie hier schon alles geleistet haben!

► **Kontrollieren** – eine klassische Aufgabe nicht nur im Rechnungswesen oder Controlling. Hier finden Soll-/Ist-Vergleiche statt. Abweichungen werden erkannt und analysiert. Auch hier können Sie als kompetente Partnerin im Management Ihren Beitrag zur Chefentlastung erbringen. Zum Beispiel in der Analyse von Plan- und Budgetabweichungen. Hier müssen oft Informationen aus anderen Unternehmensbereichen besorgt werden, die im Rechnungswesen nicht zur Verfügung stehen.

Sie sehen, schon bei oberflächlicher Betrachtung lassen sich genügend Ansatzpunkte zur Chefentlastung finden.

Damit Ihr Chef Sie auch „lässt“, müssen Sie ihm natürlich Ihr Können unter Beweis stellen. Dies ist am wirkungsvollsten, indem Sie anhand eines aktuellen Themas/Falles zum Beispiel Ihre geplante Vorgehensweise zeigen, oder Zahlen grafisch aufbereiten, die sonst lediglich als Zahlenkolonnen präsentiert wurden.

7.1 Delegieren

Delegieren ist eine der wichtigsten Führungsaufgaben für Chefs und Sie als seine Sekretärin/Assistentin. Machen Sie sich bitte auch darüber Gedanken, warum Sie überhaupt delegieren, denn entsprechend werden Sie sich verhalten, wenn Sie:

► ... mehr Arbeit haben, als Sie schaffen können.
► ... für vorrangige Arbeit nicht genügend Zeit haben.
► ... Mitarbeiter weiterentwickeln wollen.
► ... Arbeit auch von Ihren Mitarbeitern erledigt werden kann.

Grundsätze des wirkungsvollen Delegierens
Delegieren ist oft leichter gesagt als getan. Damit Ihnen das in Zukunft besser gelingt, haben wir ein paar Fixpunkte zusammengestellt.

1. Besprechen Sie die erarbeiteten Punkte mit dem Mitarbeiter im Detail und in aller Ruhe. Er muss seinen Auftrag klar verstehen.
2. Verlangen Sie einen Maßnahmenplan mit Teilschritten, Terminen und Kontrollpositionen.
3. Überprüfen Sie regelmäßig die Durchführung des Planes. Notieren Sie sich dies in der To-Do-Liste.
4. Lassen Sie sich die vereinbarten Kontrollen vom Mitarbeiter vorlegen.
5. Überlegen Sie vorher, welche Hindernisse/Einwände der Mitarbeiter haben könnte, und arbeiten Sie mögliche Lösungen aus.

Bevor Sie delegieren, legen Sie sich diese Checkliste an

1. **WER** (Person)
   Wer hat die besten Fähigkeiten, um den Bereich zu übernehmen und die Aufgaben verantwortlich durchzuführen?
2. **WAS** (Aufgabe)
   Was genau ist zu tun? Welche Teilschritte sind notwendig?
3. **WELCHE?** (Resultate/Ziele)
   Welche konkreten Ergebnisse erwarte ich vom Mitarbeiter?
4. **WARUM?** (Schritte vorwärts/Motivation)
   Warum ist die Aufgabe wichtig? Was bringt es dem Mitarbeiter?
5. **WIE?** (Umsetzungs-/Aktionsplan)
   Wie sieht die detaillierte Umsetzung aus? Wie soll der Mitarbeiter die Aufgaben angehen? Wie erfolgt die Einarbeitung? Wie sieht der Aktionsplan aus?
6. **WELCHE?** (Befugnisse)
   Welche Befugnisse muss der Mitarbeiter für diese Aufgabe erhalten? Wie viel Autorität wird ihm zugestanden?
7. **WEN?** (Hilfe)
   Wen kann er bei der Umsetzung der Aufgabe einsetzen? Wer ist sein Ansprechpartner bei Problemen?
8. **WELCHE?** (Hilfsmittel)
   Welche notwendigen Mittel, Gelder, Unterlagen sind zur Verfügung zu stellen?
9. **WIE?** (Kontrollsystem)
   Wie sind die Kontrollen? Wie muss mich der Mitarbeiter über seine Leistungen informieren? Wie und wann sind Berichtigungen vorzunehmen? Wie schaffe ich es, dass der Mitarbeiter sich für die Resultate verantwortlich fühlt?
10. **WANN?** (Beginn und Ende)
    Start, Zwischenergebnisse und evtl. Ende sind zu terminieren.
11. **WAS?** (Belohnung)
    Was kann ich als Belohnung aussetzen? Zum Beispiel Lob, Anerkennung, Geld, Status, Aufmerksamkeit, Beförderung und vieles mehr.

7.2 Kommunikation mit dem Vorgesetzten

So arbeiten Sie besser und effektiver mit Ihrem Chef zusammen
In so manchen Situationen werden Sie Schwierigkeiten haben, häufig nur bei Kleinigkeiten, im Alltag mit Ihrem Chef zu arbeiten. Hier ein paar Tipps, wie Sie dies besser in den Griff bekommen.

Getroffene Entscheidungen werden oft widerrufen
Bei solchen Chefs hilft zuallererst, alle wichtigen Projekte frühzeitig zu besprechen, damit Sie genügend Zeit haben, auf geänderte Entscheidungen zu reagieren. Notieren Sie die Vorgaben, die sich daraus ergeben, in einer Checkliste. Wenn wieder einmal eine Entscheidung gekippt wird, fragen Sie noch einmal konkret anhand Ihrer Checkliste nach. Wenn Sie das jedes Mal machen, wird Ihr Chef sicher bald merken, wie oft er Entscheidungen widerruft, und etwas vorsichtiger damit umgehen.

Kritik und selten ein Lob
Das Problem kennt jeder. Wir setzen voraus, dass alles wie am Schnürchen klappt und das muss man ja nicht extra erwähnen. Doch wehe, wenn … Bitten Sie Ihren Chef um ein sachliches Feedbackgespräch, das regelmäßig durchgeführt wird. Wenn Ihrem Chef erst klar ist, dass Sie das motiviert, wird er Ihre Leistungen differenzierter sehen.

Fehlender Teamgeist
Manche Chefs können einfach nicht delegieren. Fragen Sie Ihren Chef, wie er sich die Durchführung und Verteilung von Aufgaben konkret vorstellt. Bringen Sie Ihre Ideen ein und signalisieren Sie, dass Sie gern Verantwortung übernehmen.

Keine Reformen
Setzt Ihr Chef lieber auf Vertrautes und hält nichts von Reformen? Arbeiten Sie allein oder mit Kollegen Alternativen für eine eventuell notwendige Umstrukturierung aus und „servieren" Sie Ihrem Chef Ihre Vorschläge dann häppchenweise. So stehen die Chancen besser, dass er anbeißt.

Die soziale Kompetenz
Nicht nur Ihr Chef, auch Sie müssen andere Menschen motivieren, sie dazu bewegen, etwas zu tun. Dies aber lernt man auf keiner Schule, wir müssen es jeden Tag üben, trainieren. Suchen Sie für Ihren Chef, aber auch für sich, die richtigen Trainingsmaßnahmen aus. Lassen Sie sich Feedback geben.

Freizeit oder Leistung?
Immer mehr Menschen verfügen über immer mehr Freizeit, Chef und Sekretärin aber müssen immer mehr arbeiten. Die Konturen zwischen Freizeit und Arbeit verwischen immer mehr. Darum ist es wichtig, dass Sie Ihre Freizeit so gestalten, dass Sie Kraft und Anregung für Ihre Aufgabe gewinnen. Beraten Sie auch Ihren Chef dahingehend.

Und dies sollte Ihr Grundprinzip in der Zusammenarbeit mit Ihrem Chef sein: Für Ihren Chef ist die Zeit das kostbarste Gut. Alles, was Sie ihm abnehmen können, für ihn erledigen können, bringt ihn, das Unternehmen, damit auch Sie selbst, weiter.

7.3   Wie Sie Ihren Chef entlasten

Sie als Sekretärin haben die Aufgabe, den Chef bei der Bewältigung seiner Tätigkeit und seiner Führungsaufgabe zu unterstützen und ihm zuzuarbeiten.

Dabei erfüllen Sie unter anderem folgende Funktionen:

▶ Sie unterstützen ihn bei der Vorbereitung von Arbeiten und Entscheidungen, Sie denken mit, Sie sind verantwortlich für die Zeitplanung des Chefs.

▶ Sie erinnern ihn an frühere Entscheidungen, Aussagen, benötigte Unterlagen, Termine etc.

▶ Sie beschaffen Informationen, bereiten sie auf und geben sie selektiv und situativ weiter.

▶ Sie schirmen ihn vor unnötigen Störungen ab, sodass er genügend Zeit für geistige Arbeit zur Verfügung hat. Sie richten seine „stille Stunde" ein.

▶ Sie halten den Kontakt zu Gesprächspartnern, Mitarbeitern, Betriebsrat etc. Sie sind Gesprächspartnerin und Beraterin des Chefs.

▶ Sie überwachen Termine, Geschäftsvorgänge, Informationsrecht und Informationspflicht des Chefs gegenüber seinen Mitarbeitern und umgekehrt.

▶ Sie müssen ihren eigenen Delegationsbereich gut organisieren und den Bereich des Chefs überwachen.

▶ Sie repräsentieren gegenüber anderen und vertreten das Interesse des Unternehmens.

▶ Sie sind Anlaufstelle bei Abwesenheit des Chefs und geben Auskünfte.

▶ Sie müssen immer ein offenes Ohr für Chef- und Mitarbeiterprobleme haben. Sie sind die Kommunikationsschnittstelle zwischen Chef und Mitarbeiter und müssen in Konfliktsituationen sicher handeln.

Wie Sie ihn weiter entlasten

„Aufklärungsarbeit" – Chefentlastung
▶ Signalisieren Sie: Ihr Können
▶ Dialog: Was braucht Ihr Chef?
▶ Konkrete Vorschläge machen
▶ Verständnis haben für junge und unerfahrene Führungskräfte

Unmittelbare Chefentlastung auf einen Blick
▶ Terminplanung
▶ Terminüberwachung
▶ Übereinstimmung mit Terminkalender vom Chef (jeden Tag)
▶ Reisevorbereitungen
▶ Besprechungen
▶ Lesen für den Chef
▶ Seine Ablage

Besprechen/Abstimmen mit dem Vorgesetzten

▶ Welche Entscheidungen können, dürfen, sollen Sie treffen?

▶ Welche Dokumente werden von Ihnen abgezeichnet?

▶ Wie groß ist der finanzielle Rahmen, über den Sie verfügen dürfen?

▶ Wofür stehen Sie gerade?

▶ Nicht zu vergessen: Was und an wen dürfen Sie Aufgaben delegieren?

Und so buchstabieren Sie Chefentlastung ...

C	harme/Charisma
H	öflichkeit
E	igeninitiative
F	ührungsqualität
E	ntscheidungsfähigkeit
N	atürlichkeit
T	eamfähigkeit
L	ernbereitschaft
A	npassungsfähigkeit
S	elbstständigkeit
T	oleranz
Ü	berzeugungskraft
N	iveau
G	efühl

Zusammenfassung

Checkliste der Chefentlastung

Die Sekretärin ...

- erinnert ihren Vorgesetzten an Termine.
- steuert die Wiedervorlage.
- führt eine Prioritätenliste über offene Aufgaben.
- kontrolliert Termine und Aufträge.
- entscheidet über Post- und Arbeitsvorlagen für den Chef, fügt Unterlagen hinzu und holt die notwendigen Informationen ein.
- gibt bei Abwesenheit des Chefs Zwischenberichte und leitet bei Bedarf Unterlagen an die Mitarbeiter weiter.
- ist Anlauf- und Auskunftsstelle und übernimmt Platzhalterschaft.
- trägt die Verantwortung für die Richtigkeit aller Schreiben, die das Chefsekretariat verlassen.
- bereitet Arbeitsblöcke, störungsfreie Stunden für den Chef und feste Sprechzeiten für Mitarbeiter vor.
- sorgt für Pufferzeiten bei Terminabsprachen.
- schirmt den Chef bei unpassenden Telefonaten und Besuchern soweit wie möglich ab.
- öffnet die Tür des Chefs so viel wie nötig.
- erstellt Arbeitsvorlagen für Telefonate, Besprechungen und Reisen.
- leistet Vorarbeiten bei der Entscheidungsfindung.
- überwacht die Durchführung von Beschlüssen.
- liest Fachzeitschriften und wertet sie für Chef und Mitarbeiter aus.
- berät ihren Chef bei Personalangelegenheiten.
- hilft ihm bei der Konfliktsteuerung, insbesondere bei der Suche nach Kompromissen.
- trägt dazu bei, in Stressphasen Ruhe zu bewahren.

Chefentlastung: Stress?

Sie sind „sein" Beruhigungsmittel!

Problem: Ihr Chef steht unter Dauerstress, muss zu viele Aufgaben wahrnehmen, wird hektisch.

Folge: Sogar Gespräche mit ihm reduzieren sich auf Anweisungen. Für einen informativen Austausch bleibt kaum Zeit.

Gefahr: Wenn Sie diese Hektik an Kollegen weitergeben, wirkt sich das negativ auf deren Produktivität aus. Nehmen Sie also übergeordnetes Interesse wahr – eine **wichtige** Aufgabe.

Werden Sie sich über Ihre Rolle und Fähigkeiten klar, wagen Sie sich dann an die Entlastung Ihres Chefs, versuchen Sie, seinen Arbeitstag zu managen.

Eines ist dabei ganz wichtig: Geben Sie nicht auf, auch wenn es mühsam ist. Sie brauchen einen langen Atem!

Dazu ein paar Tipps
▶ Wählen Sie für wichtige Fragen den richtigen Zeitpunkt aus. (Sie sollten seine Hochs kennen.)
▶ Bleiben Sie ruhig, auch wenn „er" aufbraust.
▶ Lassen Sie es nicht zu, dass Ihr Chef ellenlange Listen und aufgeblähte Akten sondieren muss. (Fordern Sie, wenn möglich, höflich eine Kurzfassung an.)
▶ Sagen Sie Ihrem Chef, wo Sie bei Mitarbeitern Kapazitätsreserven vermuten.
▶ Suchen Sie bewusst das Gespräch.
▶ Bemühen Sie sich um Feedback.
▶ Versuchen Sie, auch gegenüber dem Chef Ihren Standpunkt zu vertreten.
▶ Arbeiten Sie an Ihrem Selbstvertrauen.

Methoden rationeller Entscheidungsvorbereitung
Der Traum jeder Führungskraft: eine Assistentin, die alle Vorarbeiten eigenständig soweit vorantreibt, bis sie alle Fakten und Informationen hat, die er zur endgültigen Entscheidung benötigt. Ein Traum, der Wirklichkeit werden kann, wenn SIE all Ihre Kompetenz und Ihr Engagement nutzen.

Treffen Sie nicht heute auch schon mehrmals täglich Entscheidungen? Sie entscheiden, wer welchen Termin bekommt, Sie entscheiden, welchen Flug, welches Hotel Sie für Ihren Chef buchen, Sie entscheiden, was in welcher Reihenfolge bearbeitet wird etc.

Schwieriger wird die Entscheidungsfindung, wenn ein Fehler gravierende Folgen haben könnte! Bei der korrekten Entscheidungsvorbereitung und -findung können Sie Ihren Chef sinnvoll unterstützen.

Eine logische Entscheidung treffen Sie, wenn Sie folgende Teilschritte „abarbeiten":

▶ Beschreiben Sie das Problem/die Aufgabe möglichst genau!
▶ Ermitteln Sie die Ursachen für das Problem!
▶ Suchen Sie Möglichkeiten/Maßnahmen zur Problemlösung und listen Sie diese auf!
▶ Prüfen Sie, welche Auswirkungen die einzelnen Lösungsmöglichkeiten haben!
▶ Die beste Lösung ist die, die
   ▶ eine eventuelle Soll-/Ist-Abweichung beseitigt.
   ▶ möglichst keine negativen, aber die größtmöglichen positiven Nebenwirkungen hat.
   ▶ die aller Wahrscheinlichkeit nach zum Erfolg führt!

Treffen Sie IHRE Entscheidung!
Am besten gelingt dies, wenn Sie mit einer „Entscheidungsmatrix" arbeiten, in die Sie alle Möglichkeiten/Maßnahmen zur Problemlösung/Aufgabenbewältigung eintragen und „gewichten". An dem folgenden Beispiel wird dies deutlich!

Beispiel Entscheidungsmatrix

Problem: Ihr PC und seine Peripherie sind nicht mehr leistungsfähig genug. Ihr Chef genehmigt die Anschaffung einer kompletten Neuausstattung Ihres Büros (traumhaft!). Sie haben Angebote von diversen Herstellern eingeholt, und Ihr Chef bittet Sie, selbst zu entscheiden, welches Modell gekauft werden soll.

So könnte das Ganze aussehen:

Bitte tragen Sie unter „Anforderung" ein, was Ihnen wichtig ist.

Anforderung	Gewichtung*	Angebot1	Angebot2	Angebot3

*) 3 = unverzichtbar   2 = wünschenswert   1 = weniger wichtig

Nach diesem Schema können Sie stets planvoll, sicher und rekonstruierbar entscheiden! Nutzen Sie diese Möglichkeit, Ihrem Chef einmal mehr zu zeigen, dass Sie ihn hervorragend entlasten können.

Hier eine weitere Variante einer **Entscheidungsmatrix**. Stellen Sie sich bitte vor, Ihr Chef muss von Berlin nach Zürich reisen.

Alternativen	Anforderungskriterien				
	Bequem	Preis	Sicher	Schnell	Summe
Flug	3	2	3	3	11
Bahn	3	2	3	2	10
Firmen-Pkw	1	3	2	2	8
Reise-Bus	1	2	2	1	6

1 = trifft nicht zu
2 = trifft weniger zu
3 = trifft voll zu

Die Entscheidung fällt hier für das Flugzeug.

Sicher gehört es auch zu Ihrem Arbeitsalltag, die Präsentationen für Ihren Chef vorzubereiten. Unterschätzen Sie nicht, wie wichtig es für Ihren Chef ist, denn häufig wird er
auch an seinen Präsentationen gemessen. Leider vergessen die meisten, dass die Gestaltung selten vom Chef kommt, sondern größtenteils aus Ihrer Feder stammt. Aber Sie
wissen auch, wenn die Folien nicht so gut sind, dann wird sofort daran gedacht, dass Sie
sie gestaltet haben. Darum erhalten Sie hier ein paar Tipps und Anregungen für das
Erstellen von Folien beziehungsweise für das Erstellen der Beamerpräsentation.

Präsentationsfolien

Textcharts gestalten
- Etwa sieben Zeilen pro Chart
- Etwa sieben Worte pro Zeile
- Verwenden Sie zur Erstellung Ihrer Charts eine Pinwand (Übersichtlichkeit). So
  können Doppelaussagen auf verschiedenen Charts ausgeschlossen werden.
- Grundsatz: Das Wesentliche einer Folie muss innerhalb von 30 Sekunden erfasst
  und verstanden werden.
- Faustregel für die Präsentation von Folien: 3 min./Chart

Formulierungshilfen
- Prägnante Überschrift
- Aussagen sind gleichartig in Form und Inhalt
- Aussagen sind überschneidungsfrei
- Alle Punkte stützen bzw. beziehen sich auf die Überschrift
- Einheitliche Diktion und gleichen Satzbau wählen
- Schlüsselworte anstatt Sätze. Aber: Empfehlungen/Maßnahmen in ganzen Sätzen
  formulieren. Zwingt zur Festlegung auf klare Aussagen. Sätze klar strukturieren.
  Keine Schachtelsätze, besser mehrere kurze Sätze.
- Verben bevorzugen, nicht substantivieren
- Aktiv formulieren
- Schlichte und treffende Wörter verwenden
- Fremdwörter und Fachsprache vermeiden
- Füllwörter und Doppelungen vermeiden

Schaubilder gestalten
- Auf dreidimensionale/perspektivische Darstellung verzichten
- Symbole sinnvoll einsetzen
- Jahreszahlen aufsteigend in Leserichtung notieren
- Kommazahlen runden
- Abkürzungen verwenden (aber nur bei Schaubildern)
- Bei Säulendiagrammen drei bis vier Säulen pro Gruppe, nicht mehr als sieben Gruppen
- Bei Kreisdiagrammen nicht mehr als sieben Segmente, 3-D-Kreise hochstellen
- Bei Liniendiagrammen nicht mehr als drei bis vier Linien
- Ein Diagramm – eine Aussage

7.4 Die Erwartungen Ihrer Chefin/Ihres Chefs

Sicherlich werden Ihre Vorgesetzte hohe Erwartungen an Sie stellen. Das macht Ihre Arbeit auch interessant. Zu diesen Erwartungen zählt ebenfalls, dass Sie die wichtigsten Zeitfallen erkennen und entsprechend damit umgehen. Hier eine Aufstellung.

Die häufigsten Zeitfallen und Tipps, wie Sie sie umgehen

▶ Unterbrechung durch Telefonanrufe: Nur das Wichtigste zum Chef. Für störarmen Zeitblock sorgen!

▶ Unangemeldete Besucher: Unangemeldete Besucher überhaupt zu empfangen sollte zu den Ausnahmen gehören. Besuchstermine eintragen und einhalten!

▶ Krisensituationen, die im Voraus nicht abzusehen waren: Außergewöhnliche Situationen erfordern außergewöhnliche Maßnahmen. Mehrarbeit ist mitunter unvermeidbar!

▶ Verstrickung in Routine- und Detailarbeiten, die delegiert werden sollten: Führt zur Frage an den Chef: „Arbeiten Sie, oder werden Sie gearbeitet? Werden Sie nicht zum Vorarbeiter!" Also: Mehr Mut zum Delegationsprinzip: Vorher überlegen, was delegierbar ist.

▶ Versagen beim Aufstellen klarer Verantwortungs- und Kompetenzstrukturen: Es kann nur „Handlungsvollmacht" delegiert werden, die Führungsverantwortung bleibt zurück. Aufgabe, Verantwortung und Kompetenz müssen gleich groß sein, sonst geht's nicht!

▶ Ungenügende, korrekte oder verspätete Information durch andere: Wer Aufgaben delegiert, muss durch sein Sekretariat eine wirksame Ergebniskontrolle durchführen, möglichst Zwischentermine setzen und klare Richtlinien geben für den Informationsfluss: Was ist wann an wen und in welchem Umfang zu berichten.

▶ Fehlende oder unklare Absprachen und Anweisungen: Grundsätzlich sind komplexe Aufträge schriftlich, stichwortartig an Mitarbeiter zu geben mit vorgegebenen Terminen. Absprachen und Anweisungen müssen verstanden werden. Im Dienstgespräch Verständnisproben machen!

▶ Unfähigkeit, „NEIN" zu sagen: Farbe bekennen, wann immer notwendig. Taktische Winkelzüge verderben auf Dauer die Arbeitsatmosphäre.

▶ Ermüdung, Unlust
Klare Zielvorgaben machen. Richtig motivieren. Dies geschieht nicht rationell, sondern der zur Leistung motivierte muss „persönliche Vorteile" für sich erkennen können. Pausen beachten. Arbeitswissenschaftlich betrachtet, beinhaltet jede Pause einen Erholungswert und einen Übungsverlust. Mehrere kleine Pausen über den Tag verteilt sind nützlicher als wenige große. Bedenken Sie immer: Ein Mensch kann nur max. 20 Minuten aufmerksam zuhören!

> **Weitere Erwartungen:**
> - Klare Ziele vereinbaren
>   (Quantität, Qualität, Kosten, Termine)
> - Beim Vereinbaren von Prioritäten auf Konsequenz Wert legen
> - Delegationsbereiche gemeinsam zielgerecht abstecken
> - Zielerfüllung durch effektive Arbeitstechnik
> - Im Voraus erkennen, was der Chef will (Aktion statt Reaktion)
> - Chefentlastung, z. B. Durch Übernahme von:
>   - unangenehmen Aufgaben
>   - Aufgaben, die für ihn von geringem Interesse sind
>   - Vorarbeiten für die Entscheidungsfindung
> - Beiträge zum Team durch:
>   - Loyalität
>   - Fernhalten von Gerüchten
>   - kontinuierliche Horizontal- und Vertikalinformation
>   - offene Zusammenarbeit
>   - situatives Verhalten, z. B. keine Beschwerden in Zeiten hoher Arbeitsbelastung
> - Motivation, z. B. durch positives Verstärken erwünschten Verhaltens
> - Mehr Effektivität in Besprechungen:
>   - Vorbereitung von Besprechungspunkten
>   - nicht nur Probleme, sondern auch Lösungsvorschläge bringen
>   - kein Detailproblem vorlegen
>   - Aussprache – nicht Monolog
>   - „technische" Hilfen geben, z. B. zur Prozedur, zur Visualisierung
>   - schriftliche Bestätigung wichtiger Vereinbarungen
>   - kurze Gespräche

An der nächsten Aufstellung sehen Sie, was Ihre vielen, vielen Kolleginnen zusammengetragen haben, wenn es um das Thema Chefentlastung geht. Finden Sie sich wieder?

- Ihr Chef muss sich stets auf Sie verlassen können.
- Sie sind das „zweite" Gedächtnis und denken an alles.
- Sie sind eine hervorragende Zuhörerin.
- Sie werden immer versuchen, unangenehme Situationen zu vermeiden.
- Dass Sie vorausschauend denken, ist eine Selbstverständlichkeit. Wir können es auch etwas ketzerisch ausdrücken und sagen: „Dem Chef jeden Wunsch von den Augen ablesen."
- Sie haben immer Verständnis für alle Dinge und Situationen.
- Sie haben auch stets Verbesserungsvorschläge für die Arbeit und Organisation in petto.
- Sie können hervorragend organisieren.
- Selbstverständlich denken Sie bei jeder Gelegenheit mit.
- Sie erinnern ihn an Geburtstage, Jubiläen und alles was anfällt.

- ▶ Sie können sich gut ausdrücken und sind rhetorisch gefestigt.
- ▶ Selbstverständlich bringen Sie Ihrem Chef Respekt entgegen.
- ▶ Sie sorgen für Statistiken und Auswertungen und denken immer daran, diese pünktlich fertig zu machen.
- ▶ Sie sind zuständig für Urlaubsplanungen und überwachen auch, dass alles von allen Mitarbeitern eingehalten wird.
- ▶ Gibt es Texte zu übersetzen, beherrschen Sie auch das.
- ▶ Sie verwalten je nach Bedarf die Personaldaten.
- ▶ Gelegentlich sind Sie auch in der Lage, zu schwindeln oder eine Notlüge einzusetzen.
- ▶ Werden Seminare veranstaltet, sind Sie selbstverständlich auch an dieser Organisation beteiligt.
- ▶ Dass Sie Protokolle verfassen und schreiben, ist eine Selbstverständlichkeit.
- ▶ Manchmal müssen Sie auch den Vorzimmerterrier spielen, um Ihren Chef abzuschirmen.
- ▶ Sind Gäste da, sorgen Sie für deren Bewirtung und Versorgung.
- ▶ Geht es um eine Akquisition, werden Sie eine hervorragende Präsentation vorbereiten.
- ▶ Ihr Büromaterial ist immer in ausreichendem Maße vorhanden und jederzeit ist alles verfügbar.
- ▶ Bei den heutigen permanenten Umstrukturierungen muss oft umgezogen werden und das organisieren Sie natürlich auch.
- ▶ Gibt es neue Mitarbeiter, sorgen Sie dafür, dass diese mit allem ausgestattet werden und auch entsprechend eingearbeitet werden.
- ▶ Sie sorgen natürlich auch immer für gute Stimmung.
- ▶ Sie geben ihm Feedback, wenn etwas nicht so gut läuft.
- ▶ In allem, was Sie tun, sind Sie konsequent.
- ▶ Sie besitzen auch sprachliche Kompetenz und können präzise formulieren.
- ▶ Letztendlich sind Sie ein Tausendsassa und Allround-Genie.
- ▶ Neue Aufgaben finden Sie hervorragend und sehen Sie als Herausforderung an.
- ▶ Für Konflikte haben Sie immer ein Lösungspotenzial.
- ▶ Wenn es darum geht, Dinge durchzusetzen, sind Sie auch entsprechend hartnäckig.
- ▶ Dass Sie in Ihrer Arbeit effizient sind, ist selbstverständlich.
- ▶ Natürlich verbreiten Sie auch die gute Laune.
- ▶ Sie haben eine reaktionsschnelle Auffassungsgabe.
- ▶ Das Thema Motivation gehört mit zu Ihren Hauptpunkten. Sie motivieren nicht nur sich selbst, sondern natürlich auch den Chef und alle Mitarbeiter, dabei sind Sie absolut stressresistent.
- ▶ Wenn es um Höflichkeit, Auftreten, zeitliche Flexibilität geht, beherrschen Sie die Vorbildfunktion, der „höfliche" Vorzimmer-Drache.
- ▶ Sie besitzen gutes Allgemeinwissen und sind immer bereit zur Weiterbildung.
- ▶ Sie wissen, wie Sie Prioritäten setzen, auch die Ihres Chefs.

- ▶ Sie haben ein starkes Verantwortungsbewusstsein.
- ▶ Sie besitzen gute Umgangsformen.
- ▶ Sie haben soziale Kompetenz, das heißt, Sie können ausgleichend wirken, Sie sind diskret, Sie tratschen nicht und besitzen eine hohe Loyalität gegenüber dem Chef und den Kollegen.

7.5 Führung

„Ich arbeite nach dem Prinzip, dass man niemals etwas tun soll, was ein anderer für einen erledigen kann."

(John D. Rockefeller)

Von Ihnen wird heute mehr denn je auch erwartet, dass Sie Führungsfähigkeiten besitzen. Häufig müssen Sie Ihren Chef vertreten, und nicht nur in diesem Falle, sondern auch in den Führungssituationen für Ihren Chef ist es gut, wenn Sie wissen, was sich hinter dem Begriff Führung verbirgt. Die Anforderungen an eine Führungskraft werden in drei Bedürfnisbereiche eingeteilt:

Aufgabenbedürfnisse: dafür sorgen, dass eine Aufgabe erledigt wird.

Gruppenbedürfnisse: den Teamgeist aufbauen und aufrechterhalten.

Individuelle Bedürfnisse: die Bedürfnisse der einzelnen Mitglieder mit Aufgaben- und Gruppenbedürfnissen in Einklang bringen.

7.5.1 Grundsätzliche Führungsstile

Die beiden Hauptstile:

Autokratisch: Sie berufen sich auf Ihre Autorität, damit die Mitarbeiter tun, wozu sie angewiesen wurden.

Demokratisch: Die Mitarbeiter werden ermutigt, aktiv an der Entscheidungsfindung teilzunehmen.

Mischstile:

Laissez-faire: Die Führungskraft führt aus dem Hintergrund, agiert sehr zurück haltend und lässt ihren Mitarbeitern weitgehend freie Hand

Patriarchalisch: Die Führungskraft (FK) steht in direktem Kontakt mit dem Kunden, ist über alles orientiert und sieht ihre Mitarbeiter als vielseitig einsetzbare Helfer, denen sie väterlich gegenübersteht.

Charismatisch: Die Führungskraft wird als absolute Autorität empfunden auf Grund ihrer Ausstrahlung. Entscheidet alles allein.

Der „ideale" Führungsstil: der Situation angepasst. Eine Mischung aus autokratisch und demokratisch.

Es gibt keinen guten und keinen schlechten Stil, allerdings sollten Sie flexibel sein und der Situation immer angemessen.

Für den situativen Führungsstil stehen Ihnen diese Hilfsmittel zur Verfügung:

▶ *Anweisen:* Die Führungskraft entscheidet selbst, was zu tun ist, und weist einzelne oder die Gruppe dazu an.
▶ *Verkaufen:* Die Führungskraft entscheidet selbst, erklärt aber, warum etwas getan werden muss.
▶ *Testen:* Sie entscheiden sich für einen bestimmten Kurs, doch bevor Sie die *Aufgaben* übertragen, holen Sie Ansichten ein und verändern, wenn nötig Ihr Konzept.
▶ *Konsultieren:* Sie definieren ein Problem, schlagen Alternativen vor und ziehen die Vorschläge anderer in Erwägung, bevor Sie sich für einen endgültigen Kurs entscheiden.

Fazit: Autokratische Führungsformen gehen in demokratische über.
Führungsgrundsätze als Leitfaden für die Mitarbeiterführung

1. Beteilige deine Mitarbeiter an deinen Überlegungen und Planungen! Gib ihnen das Gefühl, wichtig zu sein.
2. Mach' nicht alles allein, delegiere! Sorge dabei für eindeutige Zuordnung von Aufgabe, Kompetenz und Verantwortung! Das nennt man ‚Kongruenzprinzip'.
3. Informiere rechtzeitig und umfassend! Ein unzureichend informierter Mitarbeiter handelt ‚blind'.
4. Nicht einmischen, solange es läuft!
5. Mitarbeitern helfen, aber auch helfen lassen!
6. Zeigen Sie, dass Sie sich für ihre Arbeit interessieren! Regelmäßige Besprechungen.
7. Anerkennung und Kritik unverzüglich aussprechen; Anerkennung auch öffentlich; Kritik unter vier Augen! Kritik nicht unterlassen, wo sie nötig ist! Kein Laissez-faire-Stil.
8. Mitarbeiter fördern! The right man in the right place! Die richtige Person auf dem passenden Platz! (Layard, 1817-1894)
9. Treffen Sie Entscheidungen!
10. Hektik, Reibung und Aggression vermeiden!

    „If you want to gather honey don't kick over the beehive! Wenn Du Honig ernten willst, wirf den Bienenkorb nicht um!" (Dale Carnegie, 1938)
11. Für's Ganze lasst uns tätig sein! Pro toto quid contribuamus!

7.5.2 Die gängigsten Management-Systeme

Damit Sie wissen, was gemeint ist, wenn von den Management-by-Systemen gesprochen wird, hier eine Aufstellung mit Vor- und Nachteilen in der Praxis:

▶ **Management-by-Systems**
(Führen durch System)

▶ **Management-by-Objectives**
(Führen durch Zielvorgabe)

▶ **Management**-by-Exceptions
(Führen nach dem Ausnahmeprinzip)

▶ **Management-by-Results**
(Führen durch Ergebnisorientierung)

▶ **Management-by-Communication and Participation**
(Führen durch Kommunikation mit den Mitarbeitern bzw. durch Beteiligung der Mitarbeiter)

▶ **Management-by-Motivation**
(Führen durch Motivierung zum selbstständigen Handeln)

Übersicht: Managementsysteme, Ziele, Methoden, Probleme

	Ziel	Methode	Probleme
Management-by-Objectives	Entlastung der Vorgesetzten, da sie bei der Zielerreichung im Einzelnen nicht mehr beteiligt sein sollen; Freiheit bei der Art der Zielerreichung durch die Mitarbeiter. Dadurch hohe Identifikation und Kreativität: partnerschaftliche Zusammenarbeit der Mitarbeiter wird gefördert.	Vorgesetzte und Mitarbeiter arbeiten gemeinsam ein geschlossenes Zielsystem aus. Die Teilziele, die Ziele der Mitarbeiter sind, werden so miteinander verknüpft, dass die Mitarbeiter, wenn sie eigene Ziele erreichen, gleichzeitig einen Beitrag zur Erreichung des obersten Zieles leisten.	– Zielkonflikte sind leicht möglich – Ungenaue Zielformulierung führt zu Konflikten
Management-by-Delegation („Harzburger Modell")	Entlastung der Vorgesetzten von Routineaufgaben durch Delegation von Aufgaben, Verantwortung und Entscheidungen auf die Mitarbeiter. Dadurch Verantwortungssteigerung bei den Einzelnen; Initiative und Einsatzfreude werden gehoben.	Übertragung klar abgegrenzter Aufgabenbereiche mit Kompetenz und Verantwortung seitens der Vorgesetzten an nachgeordnete Mitarbeiter – dezentrale Entscheidungsfindung.	– Probleme liegen vorwiegend beim Menschen selbst. (Es wird in delegierte Aufgaben „hineinentschieden".) – Überorganisation durch sehr detaillierte Stellenbeschreibungen – Dadurch Unflexibilität des Organisationssystems – Setzt Stellenbeschreibung mit klar abgegrenzten Delegations- und Entscheidungsbereichen voraus

	Ziel	Methode	Probleme
Management-by-Exception	Entlastung der Vorgesetzten von Routineaufgaben bei gleichzeitiger Delegation von Entscheidungen und Verantwortung auf die jeweils nachfolgenden Ebenen. Dadurch starke Motivation und Leistungswillen bei Mitarbeitern.	Vorgesetzte greifen nur dann ein, wenn starke Abweichungen vom angestrebten Ziel auftreten.	– Eingreifen der Vorgesetzten ausschließlich bei negativem Abweichen von der Norm, dadurch Demotivation der Mitarbeiter – Wo liegt der kritische Wert, der die Grundlage der außergewöhnlichen Abweichung vorgibt?
Management-by-Breakthrough	Zwei vorrangige Ziele der Vorgesetzten: 1. Erzielung eines Durchbruchs zur Erreichung einer Verbesserung 2. Kontrollen zur Vermeidung ungünstiger Veränderungen	Entscheidend für einen Durchbruch ist die unternehmerische Haltung und die persönliche Initiative des jeweiligen Vorgesetzten.	Es wird eine eigene „Steuerungsabteilung" für die notwendigen Schritte sowie eine diagnostische Abteilung benötigt. Erfordert Allroundmitarbeiter. Sehr aufwändig.
Management-by-Control and Direction	Autoritäre Führungshaltung des Vorgesetzten.	Keine Delegation, sondern Arbeitsverteilung und Ausführungsüberwachung durch den Vorgesetzten.	Eigeninitiative der Mitarbeiter wird unterdrückt. Motivierende Faktoren fehlen.
Management-by-Planning	Es werden Ziele vorgegeben oder vereinbart.	Der Plan dient zur besseren Kontrolle der unvermeidlichen Abweichungen.	Nur zwei Management-Funktionen, Planen und Kontrollieren werden einbezogen, nicht dagegen: Organisieren und Führen.
Management-by-Results	Orientierung an dem zu erwartenden Ergebnis.	Entscheidungen werden nach dem Gesetz von Aufwand und Ertrag zueinander in Beziehung gesetzt (Profit Center).	Quantitatives System mit autoritären Zügen. Zur Mitarbeiterführung geeignet.

7.5.3 Unterstützende Führungsinstrumente: Ziele und Zielvereinbarungen

In den letzten Jahren hat sich in den Unternehmen immer mehr das Führungsinstrument der Zielvereinbarung durchgesetzt. Zielvereinbarungen geben Transparenz und dienen ebenso als Motivationsfaktor. Es gibt dabei aber eine paar Dinge zu beachten:

Ein Ziel ist ein notwendiger, angestrebter und/oder wünschenswerter Sollzustand,
▶ der aufrechterhalten werden soll (insbesondere bei Routinetätigkeiten und Standardaufgaben),
▶ der zu einem vereinbarten Zeitpunkt erreicht werden soll.

Vorteile der Zielvereinbarung
▶ Der Sinn des Ziels, seine Notwendigkeit wird geklärt.
▶ Die Betroffenen wirken an der Festlegung der Ziele mit, sodass die Einwände berücksichtigt werden können.
▶ Zielkonflikte kommen eher zur Sprache, sodass die Umsetzung durch Akzeptanz der Ziele eher gewährleistet wird.
▶ Die Beteiligten identifizieren sich mehr mit den Zielen und setzen sich mehr für die Verwirklichung ein.
▶ Durch die Mitwirkung wissen die Beteiligten, worauf es besonders ankommt, sodass sie ihre Arbeit besser den sich verändernden Umständen anpassen können.
▶ Motivierte Mitarbeiter setzen sich oft höhere Ziele, als von der Führungskraft erwartet wird.

Kriterien für erfolgreiche Zielvereinbarungen
▶ Die Ziele müssen realistisch und erreichbar sein.
▶ Die Ziele müssen so definiert werden, dass sie verständlich, eindeutig und überprüfbar sind:
  ▶ bei Zielen zu **Arbeitsergebnissen/Leistungen:** „**Wer** macht **was** bis **wann** mit welchem gewünschten **Endergbnis?**"
  ▶ bei Verhaltenszielen/**gewünschten Verhaltensweisen:** Festlegung von Indikatoren, Kriterien, Situationen.
  ▶ 1. Frage: „Anhand welcher Kriterien habe ich einen Entwicklungsbedarf für den Mitarbeiter diagnostiziert?"
  ▶ 2. Frage: „Woran kann ich feststellen, dass das Ziel erreicht wurde?"
▶ Die Festlegung des „**Wie**" der Zielerreichung ist abhängig von der Qualifikation und dem Reifegrad des Mitarbeiters.
▶ Ziele **positiv formulieren**
  ▶ keine Negationen, sondern positiv
  ▶ keine Vergleiche, sondern konkrete Aktionen
  ▶ keine Generalisierung (immer, nie, jeder, keiner),
  ▶ sondern typische Situationen
▶ Das Erreichen der Ziele muss vom Mitarbeiter selbst beeinflussbar sein.
▶ Die Ziele müssen vom Mitarbeiter akzeptiert sein (Konsens/Dissens?).
▶ Die Ziele des Mitarbeiters oder die Ziele verschiedener miteinander in Verbindung stehender Mitarbeiter dürfen sich nicht widersprechen.
▶ Bei mehreren Zielen müssen Prioritäten vereinbart werden.
▶ Es sollten Zwischenziele vereinbart werden.
▶ Die Festlegung eines ersten Schrittes hilft, psychologische Barrieren zu überwinden.

Das wichtigste Führungsmittel: Kommunikation
In meinen Seminaren höre ich häufiger von Führungskräften, dass ihnen die Zeit für die Kommunikation fehlt. Hier gilt es zu überlegen, was mehr Zeit kostet, ein paar Minuten für Kommunikation oder viel Zeitaufwand für Fehlerkorrekturen oder unmotivierte Mitarbeiter.

Kommunikation und Führungskompetenz gehörten unwiederbringlich zusammen, denn das Hauptproblem besteht immer wieder darin, wie tatsächliche Ereignisse im Unternehmen durch mehrere Ebenen gefiltert werden und dann bei der Spitze oben ankommen. Daher muss hier die Führungskraft sicherstellen, dass keine Verfälschungen entstehen. Dafür gibt es ein einfaches Rezept: das „Management-by-walking around". Hier hat das Management die Möglichkeit, durch offene Kommunikation mit allen Mitarbeitern, wie z. B. auch einmal mit dem Boten oder dem Pförtner, sich ein Bild von der Stimmung im Unternehmen und der Kultur zu machen. Die Wenigsten machen sich die Mühe, sich auch einmal mit dem „normalen" Mitarbeiter zu unterhalten. Ganz wichtig ist es für die Führungskraft beim Thema Kommunikation, dass sie zuhören kann.

Auch darf Kommunikation nicht damit verwechselt werden, dass man Rhetorik, also Redebegabung und Redekunst, beherrscht. Rhetorik sollte ein selbstverständliches Handwerkszeug eines Managers, einer Führungskraft sein. Dies allein ermöglicht aber noch nicht wirkliche Kommunikation und ist auch nicht gleichzusetzen mit Kommunikationsfähigkeit.

Kommunikative Kompetenz und Kommunikationsfähigkeit im Hinblick auf Führung bedeutet sicher dies:
- ► die Fähigkeit, zuhören zu können.
- ► die Fähigkeit, positive und negative Erlebnisinhalte verbalisieren zu können.
- ► die Fähigkeit, Konflikten konstruktiv begegnen zu können.
- ► die Fähigkeit, auf den Gesprächspartner eingehen zu können.
- ► die Fähigkeit, mit Kritik aktiv und passiv umgehen zu können *(in Anlehnung an Baldur Kirchner)*.

Laut Kirchner ist in der Kommunikationsfähigkeit schließlich das Resultat der Persönlichkeitsbildung eines Menschen sichtbar. Kommunikation in der Führung sollte sich in Zukunft öffnen für andere Sichtweiten und auch für andere Wege. Dies gerade ist beim Thema Führung von immenser Bedeutung.
Auch hier haben Sie wieder ein Gebiet, in dem Sie Ihren Chef tatkräftig unterstützen können und ihm als Beraterin zur Seite stehen können.

Mitarbeitergespräche – Todsünden der Kommunikation
Diese Wortwahl sollten Sie im Umgang mit Mitarbeitern vermeiden:
- ► *„Sie müssen sich schon stärker engagieren, wenn Sie weiterkommen wollen."* – Urteile wie diese nützen wenig, da es sich um sehr allgemeine, globale Aussagen handelt, die der Mitarbeiter als Behandlung von oben herab empfindet.
- ► *„Morgen sieht die Welt schon wieder besser aus."* – Jemanden zu beruhigen, zu bemitleiden oder zu trösten ist ebenfalls eine Form der Überheblichkeit.
- ► *„Ich glaube, Sie haben ein Motivationsproblem."* – Versuchen Sie sich nicht als Amateurpsychologe, bleiben Sie bei den Tatsachen, ohne Deutung oder Bewertung.
- ► *„Ruhen Sie sich ruhig weiter aus."* – Ironie stellt eine Herabsetzung des Mitarbeiters dar. Auch angeblich freundliches Scherzen kann danebengehen und zu verletzten Gefühlen führen.

► *„Sie müssen freundlicher zu Ihren Kollegen sein."* – Bei Anweisungen im Befehlston bleibt dem Mitarbeiter keine Möglichkeit zur weiteren Diskussion. Er kann sich nicht weiter informieren und schon gar keinen eigenen Standpunkt vertreten. Meist wird auf Befehle aggressiv geantwortet oder mit widerstrebendem Gehorsam reagiert.

► *„Wenn Sie dies jetzt nicht erledigen, dann ..."* – Drohungen, auch in Form von Entweder-Oder-Botschaften, lassen den Mitarbeiter argwöhnisch werden und führen meist dazu, dass er nach Möglichkeiten sucht zu entwischen (z. B. Krankmeldung).

► *„Wenn Sie auf mich hören, dann werden Sie auch erfolgreich sein."* – Ungebeten erteilte Ratschläge kommen schlecht an. Lassen Sie stattdessen Ihrem Mitarbeiter die Möglichkeit, nach Ihrem Rat zu fragen.

► *„Die meisten Menschen wissen, dass man so nicht weiterkommt."* – Vermeiden Sie vage Formulierungen mit „jeder" oder „man". Sprechen Sie stattdessen für sich selbst: Ich-Aussagen stellen das eigene Erleben in den Mittelpunkt und betonen den Aspekt der subjektiven Meinung.

► *„Ihre Präsentation ist voll danebengegangen."* – Eine Formulierung dieser Art ist nicht „umkehrbar". Das heißt: Ihr Mitarbeiter kann sich nicht mit den gleichen Worten an Sie wenden. Achten Sie daher auf Formulierungen, die die Hierarchie-Ebenen ausklammern und somit ein partnerschaftliches Gesprächsverhalten ermöglichen.

► *„Sie haben noch nie richtig zugehört."* – Pauschalisierungen und Verallgemeinerungen zerstören das Selbstwertgefühl des Gegenübers und die Beziehung zu ihm.

► *„Stimmt es, dass Sie in der neuen Abteilung Schwierigkeiten haben?"* – Kein Mitarbeiter hat es gern, wenn er verhört, geprüft oder ausgequetscht wird. Besser als geschlossene Fragen, auf die der Mitarbeiter nur mit „Ja" oder „Nein" antworten kann, sind offene Fragen, die so genannten W-Fragen: Wer, wie, was, warum, wann, womit, wofür, wogegen. Diese ermöglichen dem Mitarbeiter, seine Sicht der Dinge darzustellen.

7.6   Eine Typologie der Chefs

Wenn Sie wissen, wer und wie Ihr Chef ist, haben Sie auch bedeutend mehr Möglichkeiten, mit ihm „richtig" umzugehen. Hier ein paar Cheftypen, und wie Sie mit Ihnen umgehen können:

„Ihr Chef ist der autoritäre Typ!?"
Diesen Typus finden wir leider am häufigsten. Für ihn bedeutet Führung von Mitarbeitern einen permanenten Kampf. Er nimmt sich also sehr wichtig, Stress gehört einfach für ihn mit dazu, denn ohne Stress ist er kein Chef. Überall, wo er auftritt, verursacht er viel Aufhebens. Man kann ihn auch mit einer Krake vergleichen, die auftaucht, viel Wind verursacht und Mitarbeiter zurücklässt, die vollkommen durcheinander sind. Sind seine Mitarbeiter unter Druck, genießt er diese Situation. Teamarbeit ist selbstverständlich für diesen Typus ein Fremdwort. Gehört Ihr Chef zu diesen Menschen, dann gibt er

Ihnen Anweisung und erwartet von Ihnen, dass Sie diese ganz genau nach seinen Vorstellungen erfüllen.

Tipps, wie Sie mit ihm umgehen können
▶ Vorsicht bei Gehaltsgesprächen, ein Nein bleibt ein Nein.
▶ Diskutieren Sie nicht über seine Anweisungen. Stellen Sie nichts zunächst einmal infrage.
▶ Er erwartet von Ihnen, dass Sie mit Konflikten allein fertig werden, darum vermeiden Sie Beschwerden über Kollegen.
▶ Ihr Chef möchte gelobt werden, anerkannt werden und auch bestätigt werden, dann haben Sie die Chance, dass er zugänglicher wird. Vermeiden Sie es, ihn zu kritisieren.
▶ Entstehen Probleme bei der Arbeit, beziehen Sie ihn rechtzeitig genug mit ein, damit er „hinter Ihnen" steht.
▶ Chancen, etwas durchzusetzen, haben Sie nur, wenn Sie Druck ausüben. „Entweder, Sie geben mir das neue Aufgabengebiet oder ich suche mir eine neue Stelle." Von diesem harten Auftreten ist er beeindruckt. Erhalten Sie aber ein Nein, dann müssen Sie gehen, damit er nicht vor Ihnen alle Achtung verliert.
▶ Vorsicht bei allen Forderungen, ein Nein bleibt bei ihm ein Nein, nur so kann er einen Gesichtsverlust vermeiden.

„Ihr Chef ist der schwache Typ!?"
Wie der Schwache auf den Chefsessel gekommen ist, vermag keiner mehr zu sagen. Mitarbeiter führen ist für ihn ein Fremdwort, und kompetent ist er auch nicht sonderlich, aber Vorsicht, er spürt seine Schwäche, und ein angeschossenes Tier ist gefährlich, denn er will ja seine Position behalten. Rechnen Sie auch damit, dass er Lügen nicht gerade scheut.

Tipps, wie Sie mit ihr/ihm umgehen können
▶ Sicher recht gut werden Sie mit dem Schwächling zurechtkommen, wenn Sie ihm Stärke vermitteln, aber auch ganz deutlich Ihre Ergebenheit ihm gegenüber zeigen. Ihre Stärke wird er für sich als Unterstützung nehmen, aber bitte Vorsicht, diese Stärke nicht gegen ihn richten, denn er legt besonderen Wert darauf, dass Sie ihm gegenüber loyal sind und dies auch nach außen hin zeigen.
▶ Lassen Sie den schwachen Chef niemals spüren, dass er schwach ist. Wenn Sie es einmal nicht vermeiden können, ihm etwas Negatives zu sagen, machen Sie ihm aber deutlich, dass er dafür nichts kann.
▶ Schwache Chefs fällen nicht gerne Entscheidungen, sondern schieben alles vor sich her. Darum dürfen Sie ihn nicht drängen. Bringen Sie Vorschläge, die ihm helfen, eine Entscheidung zu treffen, rechnen Sie aber damit, dass er sie später als seine eigenen Ideen darstellt.
▶ Der unsichere Chef möchte immer wissen, was andere über ihn denken. Lassen Sie sich da aber nicht zu Äußerungen hinreißen.
▶ Beschwerden über Kollegen hört er nicht gerne. Er wird Ihnen auch keine Hilfe und Unterstützung dabei sein. Es kann Ihnen aber passieren, dass er dadurch auch Sie für schwach hält.

▶ Forderungen sind für den schwachen Chef eine unangenehme Sache. Er wird ihnen größtenteils ausweichen und auch alles offen lassen. Die einzige Möglichkeit, die Sie hier haben, ihn zu überrumpeln, ist, dass Sie, wenn er eine schwache Stunde hat, dann sofort eine Aktennotiz machen und von ihm gegenzeichnen lassen.

„Ihr Chef ist ein Wolf im Schafspelz!?"

Der Chef, der sich als Wolf im Schafspelz zeigt, ist größtenteils ein Softy, der sich nach außen hin sanft zeigt, um bei anderen das Gefühl zu wecken, solidarisch und sozial Ihnen gegenüber eingestellt zu sein. Sein Ziel ist, die Mitarbeiter zur Eigenverantwortung zu motivieren, er wird selten Druck ausnutzen. Aber Vorsicht, dieser Typus ist häufig gefährlicher als der Autoritäre, denn man glaubt, dass er mehr Verständnis für alles hat, und dies ist ein Irrtum.

Tipps, wie Sie besser mit ihr/ihm umgehen

▶ Der sanfte Chef möchte verstanden werden, möchte aber nicht von seinen Mitarbeitern für schwach gehalten werden. Sie können gut mit ihm zusammenarbeiten, wenn Sie betonen, dass Sie durch ihn motiviert sind und auch gern für ihn arbeiten.

▶ Vorsicht, auch der sanfte Chef will eigentlich nicht über seine Anweisungen diskutieren. Er lässt Sie ausreden, aber innerlich ist er durch Sie genervt.

▶ Erwarten Sie auch nicht von Ihrem sanften Chef, dass er Sie mit liebevollem Einfühlungsvermögen umgibt. Dem sanften Chef fehlt ein wenig Energie und darum möchte er seine Ruhe haben und nicht mir Ihren privaten Problemen belästigt werden.

▶ Begründung für Ihre Beförderung. Betonen Sie, dass Sie ihn dadurch noch mehr unterstützen, das ist sicherlich für ihn ein Anlass.

▶ Über unangenehme Kollegen können Sie sich natürlich mit ihm unterhalten. Dies ist für ihn ein Beweis Ihres Vertrauens, aber Unterstützung sollten Sie auch hier nicht erwarten.

▶ Vermeiden Sie es, selbst stark dazustehen und aufzutrumpfen, das nimmt er Ihnen übel, denn gerade weil er sanft zu Ihnen ist, erwartet er auch dasselbe von Ihnen.

„Ihr Chef ist ein Schaumschläger!?"

Zählt Ihr Chef zu diesen Typen, dann ist er sehr eitel und sucht permanent die Bestätigung von anderen. Alles, was bei ihm passiert, ist besonders dramatisch, darum braucht er Sie, damit Sie ihn auch in seiner Wichtigkeit unterstützen und seine Ideen begeistert aufnehmen. Vermeiden Sie bei ihm nüchterne Einwände, besser gehen Sie mit ihm um, wenn Sie ihn auf einen hohen Sockel stellen.

Tipps, wie Sie besser mit ihm umgehen

▶ Wenn Sie ein nüchterner Mensch sind, haben Sie sich sicherlich den falschen Chef ausgesucht, denn er kann am besten mit Ihnen umgehen, wenn Sie sich auf seine Schaumschlägerei einstellen.

▶ Wenn Sie Forderungen an ihn in Bezug auf Ihre Arbeit stellen wollen, dann verkaufen Sie ihm das immer mit Wachsen seines Prestiges, dann wird er eher zustimmen.

- ▶ Auch wenn Sie ihn durchschauen, zeigen Sie es ihm nicht. Unterstützen Sie ihn vielmehr bei der Umsetzung seiner vielen Ideen, denn da zeigt sich gelegentlich bei ihm eine Schwäche.
- ▶ Schwärmt der Schaumschläger von einer ganz tollen Sache, holen Sie ihn nicht auf den Boden der Tatsachen zurück, indem Sie sagen, das haben vorher auch schon andere festgestellt.
- ▶ Gerät er mit irgendwelchen Dingen in Schwierigkeiten, machen Sie ihm deutlich, dass er eine sehr gute Idee hatte, aber dass man dies vielleicht auf später vertagen muss.
- ▶ Die Wehklagen über schwierige Kollegen empfindet er als sehr unangenehm, denn damit sollte man sich seiner Meinung nach gar nicht beschäftigen, das sei nun einmal so im Leben.

„Ihr Chef ist ein Perfektionist!?"

Den pedantischen Chef können Sie zu den recht unangenehmen Cheftypen zählen. Sie müssen immer alles ganz genau machen, selbst beim unwichtigsten Detail. Ordnung ist für ihn nicht nur das halbe, sondern das ganze Leben. Findet er Dinge nicht dort, wo sie hingehören, kann es schon einmal zu einer Auseinandersetzung kommen. Sie haben nur die Möglichkeit, sich auf diesen perfekten Stil einzustellen oder sich eine andere Tätigkeit zu suchen.

Tipps, wie Sie besser mit ihm umgehen:

- ▶ Ein gutes Verhältnis bauen Sie zu diesem Erbsenzähler auf, wenn Sie ihm klar machen, dass auch Sie Perfektionismus lieben und sich darin wohl fühlen.
- ▶ Wollen Sie etwas bei ihm erreichen, z. B. eine Beförderung, dann müssen Sie alle Eventualitäten beachten, denn Sie haben nur eine Chance, wenn Sie ihm zeigen, dass es jetzt einfach so sein muss.
- ▶ Informieren Sie den Perfektionisten über alles, was geschieht. Den Satz: „Das haben wir immer so gemacht, und das ist gut", werden Sie nicht gerade selten von ihm hören. Beachten Sie bitte, dass er neue Ideen verabscheut.
- ▶ Ihre Äußerungen über unangenehme Kollegen schlucken Sie hinunter, denn bei ihm soll ja schließlich alles seine Ordnung haben.
- ▶ Dieser Typ von Chef ist auch noch sehr nachtragend, darum stellen Sie seinen Perfektionismus niemals infrage, denn das vergisst er Ihnen nie.
- ▶ Über alle Besprechungen sollten Sie eine Gesprächsnotiz machen, denn der Pedant will alles genau und deutlich sehen, nur so hat er das Gefühl, dass alles seine Ordnung hat.

7.6.1 Warum es ohne Sie nicht geht!

An dieser Stelle ein paar Hinweise für Ihre Chefs:

Umgang mit der Sekretärin
„Wie Sie Ihrer Sekretärin helfen können, effektiver zu arbeiten."   *(R. A. Mackenzie)*

Der Schlüssel zur Effektivität einer Führungskraft
„Die Effektivität eines Chefs hängt davon ab, wie gut er seine Zeit nutzt. Keine Person hat mehr Einfluss auf die Zeit eines Chefs als seine Sekretärin. Eine gute Sekretärin verdoppelt die Effektivität ihres Chefs. Eine schlechte Sekretärin halbiert sie."
(T. Conellan, Universität Michigan)

„Nichts kann einer Führungskraft mehr Zeit sparen helfen als eine leistungsfähige Sekretärin."   *(G. Achenbach, Präsident, Piggly Wiggly Southern)*

Wege zur höchsten Effektivität einer Sekretärin
Kein Chef kann effektiver sein als seine Sekretärin. Wenn Ihre Sekretärin unerfahren ist, müssen Sie entscheiden, ob Sie die Zeit, das Können und die Geduld haben, sie selbst einzuarbeiten. Wenn die Antworten auf diese Fragen negativ ausfallen, treffen Sie entsprechende Maßnahmen – Kurse werden angeboten. Stehen die Kosten dafür im Verhältnis zu dem, was Sie leisten können, während die neue Sekretärin die Schulbank drückt? Wahrscheinlich nicht.

Wenn Ihr Gehaltsrahmen es Ihnen nicht erlaubt, eine Sekretärin von der Qualität zu bekommen, die Sie brauchen, müssen Sie entscheiden, ob Ihre eigene Effektivität wichtig genug ist, dass Sie um eine solche Sekretärin kämpfen. (Sie ist es!) Verkennen Sie nicht, dass nach traditioneller Auffassung Sekretärinnen die am meisten unterbewerteten und unterbezahlten Stützen einer Organisation sind.

Ihre Sekretärin sollte ein völlig integriertes Mitglied Ihrer Führungsgruppe sein. Da sie die wichtigste Person ist, die Ihre eigene Leistung erhöht, sollte sie eine Gehaltsstufe haben, die ihren Fähigkeiten entspricht. Sie sollte an Ihren Gruppenbesprechungen teilnehmen. Sie sollte auch in Entwicklungs- und Trainingsprogramme mit einbezogen werden.

Sie sollte Ihr Vertrauen genießen. Sie sollten sie mit genügend Hintergrundinformationen versorgen, sodass sie stets in der Lage ist, Ihre Entscheidungen zu verstehen, etwas dazu beizutragen, die Anweisungen auszuführen, anderen Ihre Absichten zu vermitteln, Probleme vorauszusehen, etwaige Fragen beantworten zu können, und ihr eigenes Urteilsvermögen einsetzen zu können. Hierdurch werden auch Sie effektiver.

Sie sollten ihr die erste Zeit jedes Arbeitstages widmen. Es spielt keine Rolle, ob es nur ein paar Minuten oder eine halbe Stunde sind. Sie sollte diese Zeit bekommen. Danach, während Sie sich mit anderen Dingen beschäftigen, wird sie umso effektiver arbeiten. Und sie bleibt auf diesem Leistungsniveau, wenn Sie ihr auch die Voraussetzungen dafür einräumen, z. B., das Recht, Fragen zu stellen oder jederzeit Zugang zu Ihrem Schreibtisch zu haben, es sei denn, Sie führen ein streng vertrauliches Gespräch.

8. Informationsmanagement

Beim Informationsmanagement geht es nicht nur darum, die empfangenen Informationen ohne weiteres wiederzugeben, sondern dass Sie auch damit arbeiten. Wenn Sie eine Information erhalten, müssen Sie sich stets fragen: Wie kann ich sie am besten anwenden? Es ist wichtig für Sie, aus dem Gesagten oder Gehörten Prinzipien abzuleiten, damit Sie Ihr Wissen auf eine für Sie neue Situation erfolgreich übertragen können (= Transferleistung).

Für diese Art der Informationsverarbeitung sind ein paar Grundvoraussetzungen nötig:
- Aufgeschlossenheit gegenüber allem Neuen
- Sachbezogenes Interesse
- Das Bemühen, vorhandene Wissenslücken schnell und gründlich zu beseitigen
- Hinterfragen = positiv kritische Haltung
- Die Überwindung von hemmenden Barrieren
- Kein massiver Zeit- oder Wettbewerbsdruck
- Das Wissen und Beherrschen vieler Problemlösungstechniken

Sinnvoll ist, wenn Sie beim Informationsempfang mitschreiben. Es bietet Ihnen Vorteile:
- Sie entlasten Ihr Gedächtnis.
- Das Gehörte wird fixiert.
- Sie werden aktiv durch das Mitschreiben und können auf diese Weise länger aufmerksam bleiben.

Wir haben bisher über den verbalen Informationsempfang, wie auch über den zum Mitschreiben, gesprochen. Wir kommen nun zum Aufnehmen der Information über das Lesen.

Hier ein paar Tipps
- Lesen Sie gründlich und konzentriert.
- Markieren Sie Wichtiges im Text und heben es dadurch hervor.
- Sprechen Sie Wichtiges halblaut aus.
- Lesen und nehmen Sie nicht nur einfach auf, sondern verarbeiten Sie auch sogleich, d. h. also kritisch das Gelesene hinterfragen.

Aus der Erfahrung wissen wir, dass wir Informationen nicht immer so aufnehmen, wie Sie vielleicht vom Empfänger gemeint sind. Hier gilt es für Sie, ein paar Barrieren zu überwinden:

- **Desinteresse**
  Ihr Gesprächspartner und Sie sind vielleicht auf verschiedenen Ebenen, und deshalb sind Sie nicht gewillt, ihm zuzuhören.
- **Persönliche Ablehnung**
  Sie mögen eine Person nicht. Hier ist es wichtig, dass Sie sich von der Person weg allein auf den Inhalt des Gesagten konzentrieren, denn die Nachricht ist stets wichtiger als die Form, in der sie uns der andere präsentiert.

▶ **Konzentration auf die Gegenantwort**

Sie sind mit sich und Ihrer möglichst guten Erwiderung beschäftigt, sodass Sie nicht auf das hören, was Sie an sich widerlegen wollen.

▶ **Zu viele Details**

Sie müssen erkennen, worauf es Ihrem Partner ankommt. Sie müssen den Kern der Aussage hören.

▶ **Mitschreiben statt verstehen**

Beim Gespräch sollten Sie nur Stichpunkte, also das Wesentliche mitschreiben. Hier kann passieren, dass Sie durch das zu viele Mitschreiben nicht mehr auf das konzentriert sind, was der andere Ihnen sagt.

▶ **Das nicht Verstehen von Worten und Inhalt**

Es gibt Menschen, die sich sehr kompliziert ausdrücken, sodass der andere sie nicht verstehen kann. Dies kommt häufig vor, wenn der Fachmann zu einem Laien spricht. Hier kann ganz schnell eine Aggression beim Empfänger entstehen. Häufig scheuen wir uns auch zuzugeben, dass wir den Inhalt nicht verstanden haben. Aus Höflichkeit wollen wir dem Gsprächspartner aber vielleicht nicht sagen, dass er sich schlecht ausdrückt. In diesem Fall können Sie ganz einfach das Nichtverstehen auf sich zurückführen.

▶ **Passives Zuhören**

Es kann passieren, dass die beiden Gesprächspartner sich nicht gegenseitig ausreden lassen oder im schlimmsten Fall sogar gleichzeitig reden, wobei immer derjenige siegt, der das stärkere Organ und nicht unbedingt die besseren Argumente hat.

Weitere Defizite beim Informationsaustausch

▶ Das Gespräch findet unter starkem Zeitdruckstatt und jeder will zu Wort kommen.

▶ Einer der Partner ist von Natur aus ungeduldig und möchte immer das sofort sagen, was ihm zur Äußerung des anderen einfällt.

▶ Eine Person ist der anderen in der Hierarchie übergeordnet und glaubt daraus das Recht abzuleiten, den anderen unterbrechen zu dürfen.

▶ Einer der Partner denkt schnell und knapp und formuliert klar, während der andere langsamer ist, stattdessen auch umständlich formuliert und den anderen damit nervös macht.

Hier einige Fragen, die Ihnen helfen sollen, Informationen auf versteckte Einflussnahmen zu hinterfragen:

▶ Betreffen mich die Informationen überhaupt?

▶ Wer oder was ist die Informationsquelle?

▶ Handelt es sich hier um Meinungen oder Absichten?

▶ Welche Motive hat der Informierende auf Grund seines Berufs/seiner Position?

▶ Werden Quellen genannt?

▶ Ist die Information überprüfbar und verständlich?

▶ Wird von mir eine bestimmte Einstellung oder ein bestimmtes Verhalten erwartet?

▶ Wird mir etwas versprochen?

▶ Welche Meinung habe ich und wodurch wurde sie beeinflusst?

▶ Welche Interessen verfolge ich in dieser Sache und gibt es einen Interessen-Konflikt?

8.1 Professioneller Umgang mit Informationen

Eine gute Sekretärin ist eine gut informierte Sekretärin, denn das Sekretariat ist Umschlagplatz für Informationen und auch „Auskunftei". Darauf sollten Sie achten:

▶ Sie müssen Ihr Unternehmen kennen! (Organigramm, Geschäftsbericht, Stellenbeschreibungen, Führungsgrundsätze und die Tagespost)
▶ Sie sollten über das Tagesgeschehen informiert sein! (Tageszeitung, Radio, TV)
▶ Sie müssen die lang- und mittelfristigen Ziele Ihres Unternehmens und die Aufgabenschwerpunkte Ihres Chefs und Ihrer Abteilung kennen! (Tagespost, Protokolle, Unternehmenspläne, Rundschreiben etc.)
▶ Nehmen Sie sich – als „Herzstück der Abteilung" – auch neuer Mitarbeiter in Ihrer Abteilung an. Informieren Sie über die wichtigsten Zusammenhänge und bieten Sie Ihre Hilfe an (übrigens: Das ist das sicherste Mittel, diese Mitarbeiter/innen für sich zu gewinnen).

Achtung: Wenn Sie mehrfach pro Tag sagen müssen: „Das weiß ich nicht", ist das ein Alarmzeichen. Dann müssen Sie sich besser informieren!!!

Die Wichtigkeit von Informationen erkennen
Die Wichtigkeit von Informationen können Sie klar erkennen am ABC-Prinzip, das auch im Zeitmanagement eingesetzt wird, um Prioritäten zu setzen.

A	*wichtig, eilig*	**Vordringlich erledigen**. Diese Vorgänge/Informationen/Arbeiten bringen dem Unternehmen Geld bzw. Aufträge, beeinflussen das Image (z. B. Reklamationsbearbeitung)
B	*wichtig*	**Normal behandeln**; diese Informationen sollten weitergeleitet werden, denn sie bringen Sie Ihrem Ziel näher oder helfen, damit andere weiterarbeiten können (z. B. Terminsachen).
C	*nicht eilig*	**Eventuell weitergeben**. Prüfen Sie, was passiert, wenn nichts passiert, (z. B. mit nicht angeforderten Angeboten, Werbesendungen etc.)

Um genau beurteilen zu können, **was Sie an wen weitergeben**, ist es unabdingbar, dass Sie Ihr Unternehmen genau kennen und quasi wissen, „Who is who" in dieser Unternehmenswelt. Fragen Sie sich immer, wer diese Information benötigt oder wer davon profitieren könnte.

Elektronische Post (E-Mails)

An dieser Stelle möchte ich Sie dafür sensibilisieren, genau zu überlegen, wen Sie in Verteiler von E-Mails aufnehmen. Vielleicht kennen Sie schon aus eigener (leidvoller) Erfahrung die täglich zunehmende Flut von Mails, die Sie oder Ihr Chef „zur Kenntnis" erhalten. Immer wieder höre ich von Ihren Kolleginnen, dass es kaum noch zu schaffen ist, diese Mails zu lesen, um dann zu beurteilen, was damit geschehen soll. Lassen Sie sich nicht von diesem „Informationsfieber" anstecken.

▶ Stellen Sie Ihre Verteiler und die Ihres Chefs sorgfältig und sehr kritisch zusammen!

▶ Informieren Sie sofort Absender von Mails, wenn Sie diese nicht benötigen und lassen Sie Ihre Adresse aus dem Verteiler nehmen.

Informationsbeschaffung

Über das Internet eröffnen sich Ihnen ungeahnte Möglichkeiten, sich Daten aus Datenbanken rund um den Erdball in Minutenschnelle zu besorgen. Die Zahl der Serviceanbieter im Internet – z. B. Anbieter von Dienstleistungen, Anbieter von Produkten aller Art etc. – wächst täglich. Wann immer Sie die Möglichkeit haben, informieren Sie sich zu diesem Thema; dieses Engagement sichert Ihnen einen Wissensvorsprung! Viele Firmen bieten bebilderte Produktinformationen mit Preisangabe und Bestellmöglichkeit.

Die Zahl der Informationsdienste ist besonders vielfältig und reicht von Ankunfts- und Abflugzeiten der Airlines über die Lottozahlen bis hin zu Wirtschaftsdatenbanken. Eine von Firmen bereits oft praktizierte und auch für den privaten Anwender immer interessanter werdende Funktion ist Tele-Banking. Sie haben über BTX jederzeit Zugriff zu Ihrem Konto, d. h., Sie können den aktuellen Kontostand prüfen und Überweisungen papierlos und ohne Gang zur Bank vornehmen.

Informationen erfassen, auswerten und weitergeben

Die Flut der Informationen nimmt ständig zu; kaum jemand kann das besser beurteilen als SIE, die Sekretärin/Assistentin, denn Sie entscheiden in der Regel, was in welcher Form an wen weitergegeben wird (oder auch nicht). Damit haben Sie eine große Verantwortung, die Sie mit Eigeninitiative, ausgeprägtem Urteilsvermögen und Vertrauenswürdigkeit meistern.

Egal, in welcher Form Sie Informationen bearbeiten (Ein- und Ausgangspost, E-Mails, Telefaxe, aber auch verbale Informationen), seien Sie sich dieser Verantwortung stets bewusst! Gerade als Sekretärin sind Sie „Horch- und Sprachrohr" Ihres Chefs oder Ihrer Abteilung. Bei Ihnen werden oft von Mitarbeitern ganz bewusst Informationen platziert, in der Hoffnung, dass Sie diese Informationen an Ihren Chef weitergeben. Bedenken Sie immer Folgendes:

Ein Merkmal einer guten Sekretärin ist die Sicherheit, mit der sie Wichtiges von Unwichtigem unterscheiden kann.

Ganz gleich, ob Sie für sich oder Ihren Chef Informationen einholen oder weitergeben wollen, denken Sie an die sechs „W":

wer – was – wann – wo – wie – warum

Wenn Sie Informationen nach diesen Fragewörtern prüfen oder aufnehmen, gehen Sie sicher, dass nichts Entscheidendes vergessen wurde. Schließlich könnte Ihr Chef Sie fragen:

Wer	hat Ihnen die Information gegeben?
Was	hat man Ihnen genau gesagt?
Wann hat	man Ihnen diese Information gegeben?
Wo wurden	Sie informiert?
Wie wurden	Sie informiert?
Warum	hat man Ihnen diese Information gegeben?

Wählen Sie bewusst – nach den Kriterien der Rationalität, Effizienz und Absicherung – das richtige Informationsmittel. Was ist geeigneter? Die schriftliche oder die mündliche Mitteilung, oder beides? Ein Anruf, ein Gespräch, ein Brief, ein Vermerk? Unterscheiden Sie bei allen Informationen klar zwischen objektiven Tatbeständen und Annahmen oder Vermutungen. Wenn Sie informieren, informieren Sie so

- ▶ rechtzeitig,
- ▶ präzise und
- ▶ umfassend,

dass möglichst keine Rückfragen mehr erforderlich sind und der Empfänger der Information seine Aufgabe so sicher und gut wie möglich lösen kann.

Geben Sie allen, auch den langatmigen und umständlichen Fragestellern, geduldig und freundlich die gewünschte Information, und hüten Sie sich vor herablassendem Verhalten!

Missbrauchen Sie nie Ihre Macht, informierter zu sein als die anderen (nach dem Motto: „Ich weiß etwas, was Du nicht weißt!")! Denken Sie daran, dass Sie Geheimnisträgerin und nicht Geheimniskrämerin sind!

8.2   Informationsselektion

Das Sekretariat ist die Drehscheibe/der Umschlagplatz für Informationen. Die Sekretärin erhält Informationen von ihrem Chef, aus der Post, entnimmt Informationen aus Telefongesprächen, unterhält sich mit Mitarbeitern, Kollegen, Kunden usw. Wie geht nun eine Sekretärin perfekt mit dem Thema Information um? Was muss sie tun, um ihren Chef nicht mit Informationen zu überschütten, ihm aber auch keine wichtigen Fakten vorzuenthalten? Wie selektiert sie die essenziellen Dinge? Um zielgerichtet vorgehen zu können, sollten Sie mit Ihrem Vorgesetzten folgende Fragen klären:

► Wie sieht die „Informationspolitik" des Hauses/des Vorgesetzten aus? Soll in ihrem Hause mehr mündlich oder mehr schriftlich informiert werden? Mündliche Information wird in vielen Firmen neuerdings bevorzugt, weil sie einfacher und zeitsparender ist. Außerdem können unnötige Komplikationen vermieden werden. Motto: Mündlich vor schriftlich – geht das immer?

► Welche Ziele verfolgt Ihr Vorgesetzter mit seiner „Informationspolitik"? Wünscht er, dass immer alle über alles informiert sind? Oder soll etwa selektiert werden? Nach welchen Kriterien?
Anmerkung: „Verbietet" Ihr Chef, mit Informationen zu handeln, kann das durchaus auch eine Politik sein.

► Welche Prioritäten müssen gesetzt werden? Was ist besonders wichtig, was weniger wichtig? Es genügt nicht, sich mit diesen Kriterien ein Mal auseinander zu setzen. Informationsmanagement erfordert ein ständiges Mitdenken.

Nicht richtig informiert zu sein ist die gängigste Klage der Sekretärinnen: „Er hat mir nichts gesagt ...", wird immer wieder beklagt. Informationsschulden sind Holschulden und keine Bringschulden.

Ist eine Information weder rechtzeitig noch umfassend, dient sie möglicherweise zur „Manipulation". „Manipulation" ist in unserem Sprachgebrauch negativ belegt, kann jedoch sowohl eine positive als auch eine negative Folge haben. Manipuliert wird ebenso mit der so genannten „Verteiler-Politik" in einem Unternehmen. Wer bekommt was, wann, wie, wo, warum? Information hat selten einen Selbstzweck; sie erfordert Stellungnahmen, Beratungen, Vorschläge etc. Deshalb muss immer darauf geachtet werden, dass Informationen vorsichtig, verantwortungsbewusst und sicher weitergegeben werden.

Vorgesetzte sollten nie mit Informationen überschüttet werden. Informationen müssen gefiltert und wohl dosiert weitergegeben werden. Dazu stehen uns verschiedene „Transportmittel" zur Verfügung: schriftlich, mündlich, beides, Anruf, Gespräch, Brief, Vermerk. Wählen Sie das richtige Transportmittel! Und: Geben Sie alle Informationen objektiv weiter. Bringen Sie Ihre persönliche Meinung vorerst nicht ins Spiel. Ihr Chef wird auf Sie zukommen, wenn er an Ihrer Meinung interessiert ist.

Zusammenfassend das Wichtigste zur Information:
► Informieren Sie rechtzeitig und umfassend!
► Beachten Sie die Informationspolitik!
► Verschaffen Sie sich Kenntnis über die Ziele!
► Verschaffen Sie sich Kenntnis über die Prioritäten!
► Beachten Sie den Faktor Manipulation!
► Beachten Sie die Verteiler-Politik!
► Informieren Sie objektiv!

Wie organisieren Sie eine effiziente Bearbeitung der E-Mail-Flut?

► Lassen Sie sich aus allen Verteilern streichen, die Sie nicht persönlich betreffen.

► Lesen Sie Mails „quer".

► Meistens reicht schon die Betreffzeile! (Stellen Sie im Outlook die Einstellung mit Vorschaufenster ein, damit Sie nicht immer jede Mail öffnen müssen, sondern schon auf den ersten Blick den Inhalt sehen.)

► Wenn Sie die Mails für Ihren Chef organisieren:
  ► Legen Sie Prioritätenordner an:
  ► In Priorität 1 legen Sie die Mails ab, die er sofort lesen muss, weil eine schnelle Reaktion von ihm erwartet wird („A-Mails": wichtig und dringend).
  ► In Priorität 2 legen Sie für ihn wichtige Mails ab, deren Bearbeitung er aber terminieren kann („B-Mails": wichtig, aber nicht so dringend).
  ► Priorität 3 enthält die Mails, die für ihn delegierbar sind („C-Mails": dringend, aber nicht so wichtig).
  ► Legen Sie ihm z. B. einen „Delegiert-Ordner" an. Darin speichern Sie die Mails, deren Bearbeitung Sie an andere delegiert haben. So behält er darüber die Kontrolle.
  ► Treffen Sie klare Absprachen mit ihm, welche Mails Sie sofort löschen können.

Tipps, E-Mails effizienter zu bearbeiten

Falls Sie nicht vorsichtig sind, kann es sein, dass ein Teil Ihrer wertvollen Zeit durch Bearbeiten von E-Mails verloren geht. Die folgenden Tipps von Business-Coach Ludwig Lingg zeigen auf, wie Sie in der zur Verfügung stehenden Zeit die E-Mails effizienter bearbeiten.

► **Überprüfen Sie die E-Mails seltener**
Bei moderner E-Mail-Software können Sie bestimmen, wie häufig die eingehenden E-Mails gecheckt werden. Die Frequenz kann sogar auf wenige Minuten eingestellt werden. Tun Sie sich selbst einen Gefallen und schalten Sie dieses automatische Überprüfen aus. Schauen Sie in üblichen Pausen Ihre E-Mails an.

► **Leeren Sie Ihren Eingangsordner (In-box)**
Ein unordentlicher E-Mail-Eingangsordner ist genauso schlecht wie ein unordentlicher Eingangskorb auf dem Schreibtisch. Sie verlieren Zeit, weil Sie alte Nachrichten anschauen und E-Mails noch einmal lesen. Entscheiden Sie deshalb bei jeder eingehenden E-Mail, wie Sie auf diese sofort reagieren: archivieren, löschen oder in einem Zwischen-Ordner verschieben?

► **Löschen Sie überflüssige E-Mails**
Falls Sie viele Diskussionslisten abonniert haben, evaluieren Sie diese regelmäßig und beenden Abonnements, wenn Sie Ihnen keinen Nutzwert mehr bieten.

► **Filtern Sie eingehende E-Mails**
Moderne E-Mail-Software lässt Sie eingehende E-Mails „filtern": Eine E-Mail wird automatisch in andere Ordner sortiert, sobald sie angekommen ist.
Zum Beispiel: Befördern Sie E-Mails mit der Titelzeile „Wichtige Informationen" in einen „Lesen"-Ordner oder E-Mails von Ihrem Chef in einen „Dringend"-Ordner. Filter sind Ihre elektronischen Assistenten.

▶ **Halten Sie sich an die „Zwei-Minuten-Regel"**

Wenden Sie nicht mehr als zwei Minuten auf, um eine E-Mail-Nachricht zu verarbeiten. Handhaben Sie E-Mails, indem Sie diese zum Beispiel weiterleiten, löschen oder ein Treffen planen um den Aspekt, der in der E-Mail erwähnt ist.

Wenn Sie feststellen, dass die Bearbeitung einer E-Mail länger als zwei Minuten benötigt und Sie es nicht delegieren können, stellen Sie es in Ihre To-Do-Liste.

▶ **Kreieren Sie aussagekräftige Titelzeilen (Betreffs)**

Oft reicht es, eine Kurzinfo nur in den Betreff zu schreiben und mit EOM (End of Message) zu beenden. Der Empfänger muss die Mail dann nicht öffnen. Schreiben Sie möglichst viele Informationen in den Betreff, zum Beispiel kann man bei „Thomas, Dienstag, 1.5. nicht im Büro" die gesamte Nachricht direkt erkennen.

Editieren Sie die Betreffzeilen, wenn sich der Inhalt im Laufe des Wechsels ändert.

Benutzen Sie so genannte „Tags" im Betreff, damit der Empfänger weiß, was zu tun ist. Hier eine Beispiel für mögliche „Tags":

[ACTION] Aktion erfordert

[DONE] Erledigt

9. Teamarbeit

Ab morgen seid ihr ein Team!

Dass es ohne Teamarbeit nicht mehr geht, das wissen wir. Ganz gleich, welche Anzeigen Sie sich angucken, überall steht: „teamorientiert", und „muss in unser Team passen". Daher ist es wichtig, dass auch Sie in Ihrer Position wissen, was überhaupt Teamarbeit bedeutet, wo sie ihren Ursprung hat und was es alles dabei zu beachten gibt.

Viele Unternehmen haben zwischenzeitlich festgestellt, dass die Teamarbeit nicht von heute auf morgen funktioniert. Eine wichtige Voraussetzung dafür ist das Change-Management. Die unternehmerische Zukunft verlangt Gestalter der Unternehmenskultur und der menschlichen Beziehung.

Menschen können wir nur durch Veränderung der eigenen Haltung beeinflussen! Wenn Sie sich Mitarbeiter wünschen, die offen kommunizieren, dann müssen Sie selbst auch offen kommunizieren. Wenn Sie partnerschaftliche Beziehungen aufbauen möchten, müssen Sie selbst Partner sein. Wenn Sie Vertrauen suchen, müssen Sie selbst Vertrauen aufbringen. Wenn Sie die Haltung Ihrer Mitarbeiter verändern wollen, müssen Sie also auch Ihre eigene Haltung verändern. Um Begeisterung für neue Wege auszulösen und Motivation zu fördern, müssen Sie zu Ihren eigenen Veränderungsansprüchen stehen und auch natürlich entsprechend handeln. Offenheit muss vorgelebt werden.

Es gibt nur eine sichere Möglichkeit, die Haltung der Mitarbeiter zu verändern, indem das Management seine eigene Haltung verändert, indem es alte Gewohnheiten aufgibt. Sie dürfen nicht erwarten, dass in Ihrem Unternehmen Offenheit, Schnelligkeit, und Beweglichkeit von allein entstehen, denn Change-Management bedeutet die Gestaltung struktureller, kultureller und auch menschlicher Realität im Unternehmen. Eine Führung, die sich nicht selbst verändert, kann auch nicht erwarten, dass das Unternehmen sich verändert.

Betrachten wir in der Gegenüberstellung die Vor- und Nachteile der Teamarbeit an, so sehen wir ganz klar, dass die Vorteile überwiegen, was eindeutig für Teamarbeit spricht.

Teamarbeit

Vorteile:	Nachteile:
▶ Die Produktqualität erhöht sich tendenziös durch ein gesteigertes Qualitätsbewusstsein.	▶ In der Regel nehmen nicht alle Mitglieder immer an allen Besprechungen teil.
▶ Das Problemlöseverhalten verbessert sich durch das ständige Üben systematischer Problemlösung.	▶ Es können Irritationen durch das „Überspringen" von Dienst- und Entscheidungswegen entstehen.
▶ Die Zusammenarbeit wird gefördert, da in den Gruppen ein „Wir-Gefühl" entsteht.	▶ Die Gruppenmitglieder werden selbstständiger und kritischer.
▶ Stetige kleine Verbesserungen der Arbeitsabläufe durch die Gruppen senken die Kosten.	▶ Autoritäre Führungskräfte können durch die Arbeitsweise und dann die Aussprache der Gruppen „überfordert" werden.
▶ Bei den Beteiligten entwickelt sich die Fähigkeit, konstruktive Kritik zu üben und auch anzunehmen.	▶ Die Effizienz der Gruppenergebnisse ist auf Grund der vor allem qualitativen Ergebnisse schwerer nachweisbar.
▶ Ein konstruktiver, mitarbeiterbezogener Führungsstil wird gefördert.	
▶ Die Mitarbeiter erleben, wie schwierig die Lösung auch „kleiner" betrieblicher Probleme sein kann.	
▶ Das Zulassen von Kreativität begünstigt betriebliche Innovationen.	

Eine Untersuchung der Europäischen Stiftung zur Verbesserung der Lebens- und Arbeitsbedingungen zeigt die ganz entscheidenden Vorteile der Teamarbeit auf einen Blick:

▶ 94 % Qualitätssteigerung
▶ 66 % kürzere Durchlaufzeiten
▶ 56 % Kostenreduktion
▶ 50 % weniger Krankmeldungen

9.1 Warum Teamarbeit?

Teamarbeit ist sicherlich ein zukunftsweisender Ansatzpunkt für Qualitäts- und Effizienzsteigerung. Zur Herstellung von echtem Teamdenken sind erhebliche Anstrengungen notwendig, da nicht nur relativ fest etablierte Module im menschlichen Verhalten verändert werden müssen, sondern auch die Ergebnisse eines individualistisch orientierten Sozialisationsprozesses, der mindestens bis zum Berufseintritt, im Regelfall sogar noch länger andauert.

Ein solcher Veränderungsansatz dürfte nur dann Wirkung zeigen, wenn er langfristig geplant ist. Zusätzlich erfordert eine solche Maßnahme den kontinuierlichen für das Individuum direkt erlebbaren und sichtbaren Beweis, dass Egoismus nur über den Weg der Kooperation funktioniert.

Ohne diesen Beweis wird die Teamarbeit eine wohldurchdachte Philosophie bleiben, aber auch nicht mehr. Auf der anderen Seite muss allerdings auch zugestanden werden, dass die Grundgedanken, die hinter dem Begriff „Team" stehen, Möglichkeiten einer kulturellen/industriellen Revolution aufzeigen, die sich sehr wohl als positive zukunftsweisende Entwicklung herausstellen kann.

Die Effektivität japanischer Unternehmen lässt einen Teil der Schlagkraft ahnen, die hinter dem Gedanken der echten Kooperation steht. Damit ist klar, woher der Ursprung des Teamgedankens kommt, nämlich aus Japan. Machen Sie sich einmal Gedanken über die Mentalitätsunterschiede zwischen Deutschen und Japanern, dann ist es eindeutig, dass Teamarbeit nicht von heute auf morgen gelingen kann. Von den Japanern wissen wir auch, dass ein Team bestimmte Phasen durchlaufen muss, um überhaupt ein Team zu werden. Wie das funktioniert, lesen Sie unter Punkt 9.2.

Teamarbeit – ein Synonym für effektive Zusammenarbeit?
„Ein Team ist eine aktive Gruppe von Menschen, die sich auf gemeinsame Ziele verpflichtet haben, harmonisch zusammenzuarbeiten, Freude an der Arbeit haben und hervorragende Leistungen erbringen."   *(Definition nach Francis/Young)*

Teamarbeit ...
▶ verbessert die Leistungseffizienz und erhöht die Arbeitszufriedenheit.
▶ ist die Arbeitsform der Zukunft.
▶ schafft Veränderung.
▶ bewirkt persönliche Entwicklung.

Warum Team?
▶ Das Team regt an, auch zur Veränderung.
▶ Das Team weiß mehr als der/die Einzelne.
▶ Im Team findet ständig ein Ausgleich statt.
▶ Das Team lebt durch die offene Kommunikation und verändert damit insgesamt die Kommunikationskultur.

9.2 Entwicklungsphasen eines Teams

Ein Team ist kein festes Gebilde, das – einmal zusammengesetzt – für längere Zeit beständig funktioniert. Ein Team ist ein soziales System, das sich ständig verändert. Diese Veränderungen werden als Gruppendynamik bezeichnet. Verändern können sich z. B. die Mitglieder, die Beziehungen zueinander, die Rollen der einzelnen Gruppenmitglieder, die äußere Umwelt des Teams, die innere Situation, die Ziele und Werte des Unternehmens.

Eine Gruppe arbeitet nicht von Anfang an und auf Dauer problemlos. Erst muss sich eine Gruppenstruktur, ein Aufgaben- und Beziehungsgefüge entwickeln. Jedes Team durchläuft dabei verschiedene Entwicklungsstadien, die sich in vier Entwicklungsphasen darstellen lassen:

- Formierungsphase
- Konfliktphase
- Normierungsphase
- Arbeitsphase

Was geschieht in den einzelnen Entwicklungsphasen eines Teams?

Formierungsphase

Die Teammitglieder müssen Unsicherheiten in der neuen Situation (neue Gesichter, Verhaltenserwartungen) abbauen. Das geschieht, indem man sich auf seinen sozialen Status zurückzieht und „Maske" zeigt. Dies geschieht speziell dann, wenn formale Positionen, Ränge oder formale Strukturen der Organisation im Spiel sind. In dieser Phase prüfen die Teammitglieder die gemeinsame Situation. Sie entdecken, testen und bewerten die gegenseitigen Verhaltensweisen. Der Teamleiter wird kritisch beobachtet.

Wichtigstes Ziel in dieser Phase:
- Eigene Standortbestimmung im Team
- Rollenklärung, Rollenfindung

Konfliktphase

Die Teammitglieder versuchen, Unsicherheiten im persönlichen, emotionalen Bereich zu überwinden. Es bilden sich wechselnde Koalitionen, affektive Beziehungen, Machtkämpfe werden ausgetragen, Meinungen prallen aufeinander. Diese Phase muss erfolgreich durchlaufen werden, damit die Gruppe überhaupt entstehen und später produktiv arbeiten kann. Wird der Versuch unternommen, diese Phase zu unterdrücken, wird sie später auftreten, dann aber ungewollt störend/destruktiv.

Wichtigstes Ziel in dieser Phase:
- Respektvolles Austragen von Konflikten
- Offenes, ehrliches Feedback
- Selbstbild/Fremdbild

Normierungsphase

Haben die Teammitglieder die zweite Phase erfolgreich abgewickelt, entspannt sich ihr Verhältnis untereinander. Widerstände werden überwunden, Konflikte beigelegt. Die Atmosphäre wird gelockerter. Man ist bereit, miteinander zusammenzuarbeiten und sich an der Arbeit des Teams zu beteiligen. Es entwickelt sich langsam ein „Wir-Gefühl". Ein offener Austausch von Ansichten ist möglich, die Teilnehmer spielen sich aufeinander ein und können an die Arbeit gehen.

Wichtigstes Ziel in dieser Phase:
- ▶ Finden der endgültigen Rollen
- ▶ Vereinbarung von Spielregeln der Zusammenarbeit

Arbeitsphase

Das Team ist arbeitsfähig und in der Lage, mit Konflikten und Spannungen fertig zu werden. Die Gruppe hat sich strukturiert, die verteilten Rollen und gebildeten Kommunikationsbeziehungen werden im Sinne der Aufgaben genutzt. Es werden konstruktive Anstrengungen sichtbar, alle Energie ist jetzt für effektive und effiziente Arbeit verfügbar.

Wichtigstes Ziel in dieser Phase:
- ▶ Konstruktive und kooperative Aufgabenbewältigung

9.3 Die verschiedenen Teamrollen

Der Amerikaner Meredith Belbin spricht von den neun verschiedenen Typen im Team, die sich durch ihre Unterschiedlichkeit hervorragend ergänzen. Diese neun verschiedenen Teamtypen oder Teamrollen zeigt Ihnen die Tabelle auf der nachfolgenden Seite. Wichtig ist zu erkennen, dass jede einzelne Rolle Vorteile, aber auch entsprechende Nachteile hat. Wenn wir also wissen, welche Stärken der Neuerer und Erfinder hat, dann müssen wir auch seine Schwächen zulassen, akzeptieren und damit umgehen. Wenn Sie sich diese einzelnen Teamrollen anschauen, erkennen Sie vielleicht im Geiste einige Kollegen oder Kolleginnen wieder. Überlegen Sie doch einmal, welche Rolle Ihnen im Team zukommt oder Ihrem Chef?

Um möglichst viele Rollen auszufüllen, besteht ein Team idealerweise aus fünf bis acht Mitarbeitern.

Vorteile/Stärken	Nachteile/Schwächen
Neuerer/Erfinder: Kreativ, fantasievoll, unorthodox, löst schwierige Probleme.	Ignoriert Nebensächlichkeiten. Zu gedankenverloren, um effektiv zu kommunizieren.
Wegbereiter/Weichensteller: Extravertiert, begeistert, gesprächig, erforscht Möglichkeiten, entwickelt Kontakte.	Zu optimistisch. Verliert das Interesse, wenn die Anfangsbegeisterung abgeflacht ist.
Koordinator/Integrator: Reif, sicher und vertrauensvoll. Ein guter Vorsitzender. Erklärt Ziele, fördert den Entscheidungsprozess, delegiert gut.	Kann als manipulierend gesehen werden. Will Arbeit loswerden.
Macher: Herausfordernd, dynamisch und macht Druck. Hat Mut und Antrieb, Hindernisse zu überwinden.	Neigt zur Provokation und zu Temperamentsausbrüchen. Verletzt Gefühle.
Beobachter: Ruhig, strategisch und scharfsinnig. Sieht alle Möglichkeiten. Urteilt genau.	Mangel an Antrieb und Fähigkeit, andere zu inspirieren.
Teamarbeiter/Mitspieler: Umgänglich, freundlich einsichtig, zuvorkommend, und diplomatisch. Zuhörend, baut Reibungsverluste ab.	Nicht entscheidungsfähig bei Zerreißproben.
Umsetzer: Diszipliniert, zuverlässig, konservativ und effektiv. Setzt Ideen in die Tat um.	Etwas inflexibel, langsam in der Reaktion auf neue Möglichkeiten.
Perfektionist: Sorgfältig, gewissenhaft, ängstlich. Deckt Fehler und Unterlassungen auf. Liefert pünktlich.	Übermäßig besorgt. Delegiert ungern.
Spezialist: Selbstbezogen, engagiert dem Fachwissen zugewandt. Liefert Informationen oder technisches Wissen, das kaum verfügbar ist.	Leistet nur im engsten Rahmen einen Beitrag. Verliert sich in technischen Einzelheiten

9.4 Ihre Rolle im Team

Rollenfunktionen im Team

In jedem Team entwickeln sich bestimmte Rollenfunktionen, die den unausgesprochenen Zielen des Teams dienen, damit es seine Arbeit fortsetzen kann. Es lassen sich dabei deutlich eine Reihe von Rollen herauskristallisieren, die sich aus der Bemühung des Einzelnen ergeben, das jeweilig entstehende soziale System eines Teams weiterzuentwickeln. Wir unterscheiden dabei zwischen Rollen, die vorwiegend Aufgabenrollen sind und solchen, die vorwiegend Erhaltungs- und Aufbaurollen sind. Darüber hinaus gibt es auch störende Rollen, die gegen jede konstruktive Beteiligung an der Teamarbeit gerichtet sind. Für Sie ist nun wichtig zu wissen, wo Ihre Rolle im Team ist und was Sie davon übernehmen, damit Sie wissen, wo Ihr Platz im Team ist.

Aufgabenrollen
- Initiative und Aktivität
- Informationssuche
- Meinungserkundung
- Informationen geben
- Meinungen geben
- Ausarbeiten
- Koordinieren
- Zusammenfassen

1. **Initiative und Aktivität**
   Lösungen vorschlagen, neue Ideen vorbringen, neue Definitionen eines gegebenen Problems versuchen, neues In-Angriff-Nehmen des Problems, Neu-Organisation des Materials.

2. **Informationssuche**
   Frage nach genauer Klärung von Vorschlägen, Forderungen nach ergänzenden Informationen oder Tatsachen.

3. **Meinungserkundung**
   Versuchen, bestimmte Gefühlsäußerungen von Mitgliedern zu erhalten, die sich auf die Abklärung von Werten, Vorschlägen oder Ideen beziehen.

4. **Informationen geben**
   Angebot von Tatsachen oder Generalisierungen, Verbinden der eigenen Erfahrungen mit dem Teamproblem, um daran bestimmte Punkte und Vorgänge zu erläutern.

5. **Meinungen geben**
   Äußern der Meinung oder Überzeugung, einen oder mehrere Vorschläge betreffend, speziell eher hinsichtlich seines Wertes als der faktischen Basis.

6. **Ausarbeiten**
   Abklären, Beispiele geben oder Bedeutungen entwickeln. Versuche, sich vorzustellen, wie ein Vorschlag sich auswirkt, wenn er angenommen wird.

7. Koordinieren

Aufzeigen der Beziehungen zwischen verschiedenen Ideen oder Vorschlägen. Versuch, Ideen oder Vorschläge zusammenzubringen. Versuch, die Aktivität verschiedener Untergruppen oder Mitglieder miteinander zu vereinigen.

8. Zusammenfassen

Zusammenziehen verwandter Ideen oder Vorschläge, Nachformulierung von bereits diskutierten Vorschlägen zur Klärung.

Sie wissen aus Ihrer Praxis, dass Teamentwicklung nicht von allein funktioniert, sondern dass man viel dazu beitragen muss, damit Team sich festigen. In dem Falle sprechen wir in der Fachsprache von den Teamverstärkern. Ein reifes, leistungsfähiges Team entwickelt sich erst, nachdem es Probleme gelöst, Beziehungen vertieft und Rollen geklärt hat. Bei der Beobachtung erfolgreicher Teams kann man entdecken, dass sie auf folgenden Gebieten Fortschritte erzielt haben:

1. Führung

Erfolgreiche Teamleiter besitzen die Kunst, die Gefühle der Menschen mit der geforderten Leistungsfähigkeit konstruktiv zu verbinden. Subjektivität spielt eine wichtige Rolle in den menschlichen Beziehungen, und das Wertesystem und die Persönlichkeit des Vorgesetzten machen hier keine Ausnahme.

2. Qualifikation

Die Mitglieder sind für ihre Arbeit qualifiziert und können ihre Qualifikationen so in das Team einbringen, dass eine ausgewogene Mischung aus Talent und Persönlichkeit entsteht.

3. Engagement

Die Mitglieder identifizieren sich mit den Zielen und Absichten des Teams. Sie sind gewillt, ihre Kräfte in den Aufbau des Teams zu investieren und die anderen Mitglieder zu unterstützen. Auch außerhalb des Teams fühlen sie sich miteinander verbunden und wissen die Interessen ihrer Gruppe zu vertreten.

4. Klima (Chemie)

Im Team herrscht ein Klima, in dem sich die Mitglieder wohl fühlen, sie können offen und direkt miteinander verkehren und sind bereit, sich auf Risiken einzulassen.

5. Leistungsniveau

Hohes Leistungsniveau erfordert klare Ziele, die von allen Mitgliedern getragen werden. Ziele sind ein wichtiger Faktor für die Lebensfähigkeit eines Teams, denn sie bewirken, dass eine Gruppe ihre Energien konzentrieren und ein Maß (Messlatte) für ihre Leistungskraft setzen kann. Doch die Definition von klaren gemeinsamen Zielen erfordert mehr Sorgfalt, als gemeinhin darauf verwendet wird.

6. Rolle in der Organisation

Das Team ist in die Gesamtplanung eingebunden und hat eine klar definierte und sinnvolle Funktion innerhalb der Gesamtorganisation.

7. Arbeitsmethoden

Das Team hat praktische, systematische und effektive Wege gefunden, um die Probleme gemeinsam zu meistern.

8. Organisation
Klar definierte Rollen, guter Informationsfluss und verwaltungstechnischer Rückhalt sind wesentliche Stützpfeiler eines Teams.

9. Kritik
Bei der Besprechung ihrer Fehler und Schwächen verzichten die Mitglieder auf persönliche Attacken, um aus der Kritik lernen zu können.

10. Persönliche Weiterentwicklung
Die Mitglieder suchen bewusst neue Erfahrungen und stellen ihre ganze Persönlichkeit in den Dienst des Teams.

11. Kreativität
Das Team hat die Fähigkeit, durch sein Zusammenspiel neue Ideen zu kreieren, innovative Risiken zu fördern und neue Ideen von innen oder außen wohlwollend aufzunehmen und umzusetzen.

Weitere Teamverstärker/Erhaltungs- und Aufbaurollen

Ermutigung
Freundlich sein. Wärme, Antwortbereitschaft gegenüber anderen, andere und deren Ideen loben, Übereinstimmen und Annehmen von Beiträgen anderer.

Grenzen wahren
Versuch, einem anderen Teammitglied einen Beitrag dadurch zu ermöglichen, dass andere darauf aufmerksam gemacht werden, zum Beispiel: „Wir haben von X noch gar nichts zu diesem Thema gehört", oder: „Y wollte etwas sagen, erhielt aber nicht die Gelegenheit". Begrenzen der Sprechzeit für alle, um damit allen eine Chance zu geben, tatsächlich gehört zu werden.

Regeln bilden
Formulierung von Regeln für das Team, die für Inhalt, Verfahrensweisen oder Entscheidungsbewertungen gebraucht werden sollen, Erinnerung der Gruppenmitglieder, Entscheidungen zu vermeiden, die mit den Regeln kollidieren.

Folge leisten
Den Teamentscheidungen folgen, nachdenklich die Ideen anderer annehmen und anhören, als Auditorium während der Gruppendiskussion dienen.

Ausdruck der Gefühle
Zusammenfassung, welches Gefühl innerhalb der Gruppe zu spüren ist. Beschreiben der Reaktionen der Teammitglieder, Mitteilung von Beobachtungen und unbewussten Reaktionen von Teammitgliedern, geäußerten Ideen oder Lösungen gegenüber.

Auswerten
Überprüfen der Teamentscheidungen im Vergleich zu den Regeln, Vergleich der Bemühungen im Verhältnis zum Teamziel.

Diagnostizieren
Bestimmen der Probleme und der situationsgerechten nächsten Schritte, Analysieren der Haupthindernisse, die sich dem weiteren Vorgehen entgegenstellen.

Übereinstimmung prüfen

Versuchsweise nach der Gruppenmeinung fragen, um herauszufinden, ob die Gruppe sich einer Übereinstimmung für eine Entscheidung nähert. Versuchsballons loslassen, um die Gruppenmeinung zu testen.

Vermitteln

Harmonisieren, verschiedene Standpunkte miteinander versöhnen, Kompromisslösungen vorschlagen.

Spannung vermindern

Negative Gefühle durch einen Scherz ableiten, beruhigen, eine entspannte Situation in einen größeren Zusammenhang stellen.

9.5   Konflikte im Team erkennen und bewältigen

Der Umgang mit Konflikten in Gruppen

Im Folgenden findet sich eine Reihe von Verhaltensweisen im Umgang mit Konflikten, die die Reife eines Teams spiegeln. Teammitglieder werden in der Regel nur dann Interesse an der Lösung von Konflikten haben, wenn Sie Interesse am Fortbestand des Teams haben. Ungelöste Konflikte bedrohen den Bestand eines Teams.

Strategien im Umgang mit Konflikten:
- Vermeidung
- Eliminierung
- Unterdrückung
- Zustimmung
- Allianz
- Kompromiss
- Integration

Lernen Sie, mit schwierigen Teammitgliedern umzugehen
- Dem Streitsüchtigen sollte man als Moderator ruhig und sachlich begegnen und ihm dort Anerkennung zollen, wo er zur Problemklärung beiträgt.
- Den Alleswisser sollten Sie mit einer schwierigen Aufgabe betrauen.
- Der Redselige muss höflich, aber bestimmt gebremst werden.
- Mit dem ewig Ablehnenden sollten Sie ein Einzelgespräch führen, wenn sachliche Begründung nichts nutzt, da seine Haltung das Arbeitsklima relativ beeinflusst. Gruppenmitglieder, die ihre innere Abwehrhaltung durch Passivität ausdrücken, kann man durch Provokation zur Beteiligung veranlassen.
- Der Uninteressierte kann durch ein Einzelgespräch oder eine konkrete Aufgabenstellung motiviert und einbezogen werden.
- Der Schüchterne muss vom Moderator aktiv ins Gespräch einbezogen werden. Geben Sie ihm umgehend Bestätigung für seine Beiträge.

▶ Dem Angreifer, der unfaire Vorwürfe gegen den Moderator und die Gruppenarbeit erhebt, müssen die Auswirkungen seines Verhaltens ruhig, aber deutlich vor Augen geführt werden.

Konfliktauslöser

Selbst im besten Unternehmen geht es nicht ganz ohne Konflikte ab. Dies können die Gründe für eine Konfliktauslösung sein:

▶ **Missverständnisse** durch mangelhafte Kommunikation bzw. Information.
▶ **Unsicherheit** durch fehlendes Selbstvertrauen bzw. unklare Ziele.
▶ **Stress** durch Zeitmangel oder methodische Probleme.
▶ **Frustration** durch ausbleibenden Erfolg und fehlende Anerkennung.
▶ Aggressive oder resignative **Abwehrhaltung**.
▶ **Außenseiterposition** durch fehlende soziale Anpassung.
▶ **„Aus der Rolle fallen"** durch mangelhafte Anpassung an die Situation.
▶ **Versagen** durch fehlendes Know-how.

Heute hat sich in Unternehmen eine etwas entspanntere Haltung zum Thema Konflikte durchgesetzt. Früher wurden Konflikte als ausschließlich hemmend und kontraproduktiv angesehen. Deshalb wurden Konflikte gerne „unter den Teppich gekehrt". Inzwischen hat man erkannt, dass Konflikte zum einen nicht immer zu vermeiden sind, und dass sie zum anderen auch Chancen bieten, Probleme anzupacken und damit auch positive Veränderungen herbeizuführen. Um Konflikte zu lösen, hier das Vorgehen nach einem 6-Stufenplan:

1. Definieren Sie das Problem und die Ursache.
2. Sammeln Sie mögliche Alternativen für die Lösung (mindestens zwei Lösungen).
3. Bewerten Sie die Lösungsvorschläge kritisch.
4. Entscheiden Sie sich dann für die Ihrer Meinung nach beste Lösung.
5. Entwickeln Sie einen Maßnahmenplan für die Umsetzung der Lösung.
6. Setzen Sie sich nach einem gewissen Zeitraum wieder zusammen, und schauen Sie, ob Sie sich für die richtige Lösung entschieden haben.

9.6 Teamarbeit gestalten

In vielen Arbeits- und Projektteams bleiben die Leistungen hinter den Erwartungen und dem tatsächlichen Potenzial zurück. Teamentwicklung ist dann das Mittel der Wahl, um das Team wieder funktionsfähig zu machen und dessen Leistungen zu optimieren. Dazu ist neben Professionalität auch Neutralität erforderlich. Erfolgreiche Teamarbeit fußt auf drei Säulen:

1. **Das Individuum**
   Jedes einzelne Teammitglied verfügt idealerweise über folgende Eigenschaften:
   ▶ Sachkompetenz
   ▶ Offenheit, Lernbereitschaft
   ▶ Kritikfähigkeit (konstruktive Kritik geben und nehmen)

▶ Übernahme von Verantwortung für das Team. Dies bezieht sich auf die Teamaufgaben, aber auch darauf, aufmerksam zu sein, ob andere Teammitglieder Unterstützung benötigen. Aufgepasst: Rücksichtnahme und Angst, anderen zu nahe zu treten, sind fehl am Platz. Besser: aktiv beteiligen und sich verantwortlich fühlen.

▶ Kommunikationsbereitschaft, Informationsaustausch, koordiniertes Arbeiten

▶ Motivation, Spaß und Freude an der Aufgabe

▶ Bereitschaft, zu führen und sich führen zu lassen, da die Führungsrolle innerhalb des Teams situations-, themen-, projekt- und aufgabenbezogen wechseln kann

▶ Toleranz gegenüber anderen Menschen, das heißt gegenüber anderen Charakteren, Wertvorstellungen, kurz: die Fähigkeit, mit den Stärken und Schwächen anderer umzugehen

▶ Sympathie, zumindest in einem gewissen Maße

▶ Flexibilität, um sich mit neuen Themen auseinander zu setzen, beziehungsweise sich neue Arbeitsmethoden anzueignen

▶ Selbstreflexion: Jedes Teammitglied sollte die eigenen Stärken, Eigenheiten und Schwächen, aber auch die Stärken und Schwächen der anderen im Team kennen. Humorvoll können diese auch einmal thematisiert werden. Dann erleichtert sich die Zusammenarbeit.

2. Die Kommunikation

Darauf kommt es an:

▶ Offene und ehrliche Kommunikation, auch wenn es mitunter schwer fällt

▶ Inhaltlich konkrete Äußerungen machen und sich nicht in Allgemeinplätzen ergehen

▶ Auf eine konstruktive Besprechungskultur achten, das heißt eine Dialogkultur entwickeln, sodass ein ausgewogenes Verhältnis besteht zwischen eigener Meinung/Argumenten und Offenheit gegenüber den Meinungen/Gedanken der anderen Mitglieder. Auf diese Weise verbessern sich die Besprechungsergebnisse, wertvolle Zeit wird eingespart.

▶ Regeln und Normen werden kommuniziert

▶ Aufgaben und Rollen werden besprochen und verteilt

▶ Die Kommunikation findet auf der Sachebene (Aufgaben, Projekte) und auf der Beziehungsebene (zwischenmenschliche Prozesse im Team) statt

▶ Die offene Kommunikation fördert das wechselseitige Vertrauen im Team

3. Rahmenbedingungen

Unternehmen sollten gewährleisten, dass:

▶ die Ziele dem Team bekannt sind.

▶ auch die Teamleistungen und nicht nur Einzelleistungen gefördert werden.

▶ es Institutionen gibt, die dem Team helfen, wenn es Probleme hat (das kann eine höhere Führungsebene, die Personalabteilung oder ein Vermittler bei Konflikten sein).

▶ es ausreichend Sachmittel wie EDV, Möbel, Räume gibt.

▶ die Vergütung leistungsgerecht ist und so Motivation und Verantwortung fördert.

Stimmt es im Team noch?

Wenn es in einem Team eskaliert, dann liegt das meist daran, dass es zuvor einen unterschwelligen Konflikt gab, den aber keiner erkannt hat. Folgende Warnsignale deuten Ihnen an, ob es im Team noch stimmt oder ob sich ein Konflikt abzeichnet:

- ▶ Hohe Fluktuation
- ▶ Hoher Krankheitsstand
- ▶ Die Teamleistung stimmt wegen mangelnder Zusammenarbeit nicht
- ▶ Das Team nimmt seine Aufgaben mit wenig Erfolg wahr
- ▶ Um das Team kursieren Gerüchte, was besser laufen müsste und könnte
- ▶ Die Stimmung im Team ist spürbar schlecht
- ▶ Es gibt ungeklärte Konflikte zwischen den Teammitgliedern
- ▶ Die Innovationsbereitschaft ist gering
- ▶ In etablierten Teams: Neue Mitglieder werden ausgegrenzt oder nur halbherzig integriert
- ▶ In jungen Teams: Ältere und erfahrene Mitarbeiter werden ausgegrenzt, die Zusammenarbeit zwischen den Teams im Unternehmen funktioniert nicht

Um alle Teammitglieder auf das gemeinsame Ziel einzustimmen und die Spielregeln zu klären, sollten alle Teammitglieder zu Beginn definieren,

- ▶ was für sie ein ideales Team ausmacht,
- ▶ was den guten Teamplayer auszeichnet,
- ▶ wie die Kommunikation optimalerweise verläuft
- ▶ und welche Rahmenbedingungen das Team benötigt.

Teamarbeit

Die Leistung eines funktionierenden Teams ist immer mehr als die Summe aller Einzelleistungen. Teamleistung kann nur durch Teamgeist entstehen. Teamgeist benötigt entsprechenden Informationsfluss, um entstehen zu können. Als Faustformal zur Darstellung kann nach dem Muster auf der folgenden Seite vorgegangen werden:

1.	Zieldefinition	Was soll insgesamt erreicht werden?
2.	Delegation der Aufgabe:	Wer (welche Person) macht was?
3.	Delegation der Person:	mit wem?
4.	Erklärung:	wozu?

Allgemeine Ziele der Teamentwicklung

- ▶ Klärung der gemeinsamen Ziele und Werte.
- ▶ Verständnis für die Rolle eines jeden Teammitglieds verbessern. (Funktions- und Beziehungsebene)
- ▶ Klarheit finden über die Aufgabe und Rolle des Teams innerhalb der gesamten Organisation.
- ▶ Offene Kommunikation im Team fördern.
- ▶ Schaffung einer Gruppenkultur, die Möglichkeit zur Identifikation bietet.

- ▶ Stärkung der gegenseitigen Unterstützung im Team.
- ▶ Verständnis schaffen für die gruppendynamischen Prozesse, die in jeder Gruppe ablaufen.
- ▶ Verbesserung der Produktivität in der Gruppe.
- ▶ Probleme auf der Sach- und Beziehungsebene partnerschaftlich klären.
- ▶ Lernen, Konflikte positiv zu lösen.
- ▶ Kooperative Zusammenarbeit stärken und Konkurrenzverhalten abbauen, das auf Kosten des Teams und der Organisation geht.
- ▶ Zusammenarbeit mit anderen Gruppen in der Organisation verstärken.
- ▶ Bewusstsein schaffen dafür, dass im Team alle aufeinander angewiesen sind.
- ▶ Teammitglieder zur Selbstkontrolle ermutigen.

Rahmenbedingungen für erfolgreiche Teamarbeit

Eine der wichtigsten Voraussetzungen für erfolgreiche Teamarbeit ist gegenseitiges Vertrauen. In einem Team müssen Sie sich in erster Linie aufeinander verlassen können, und das Vertrauen in die eigenen und auch die Fähigkeiten der Kollegen haben. Für die einzelnen Teammitglieder bedeutet dies, dass sie soziale Eigenschaften haben müssen, wie die Bereitschaft, die eigenen Belange zugunsten des Teams zurückzustellen, Kompromissbereitschaft und die Einsicht, dass die eigene Meinung durch die der anderen nicht gefährdet oder in Frage gestellt, sondern angereichert wird. Es bedarf der Solidarität mit Teammitgliedern – nach außen und nach innen – und der Bereitschaft, unterschiedliche Meinungen der einzelnen Teammitglieder und deren individuellen Fähigkeiten anzuerkennen.

Liebe LeserInnen,

wir sind nun am Ende unseres Buches angelangt, und ich bin sicher, dass Sie etliche Hinweise und Anregungen für Ihren Arbeitsalltag und für Ihre Chefentlastung gefunden haben. Bei der Umsetzung drücke ich Ihnen die Daumen und wünsche Ihnen viel Erfolg. Sollten Sie Fragen oder Anregungen haben, so erreichen Sie mich per E-Mail unter: info@beratungsbuero-may.com

Ihre
Sibylle May

Anhang

Übungen mit Lösungen

Übung Nr. 1:

Machen wir uns jetzt einmal gemeinsam Gedanken über Ihre Störfaktoren: Die Liste nennt mögliche Störfaktoren „von außen" auf, und zeigt Ihnen, wie Sie diese verändern können. Die Liste erhebt keinen Anspruch auf Vollständigkeit, für spezifische Störenfriede fallen Ihnen sicher noch andere kreative Abhilfen ein.

Störfaktoren/Zeitdiebe „von außen"	Veränderungsmöglichkeiten
Postverteilung	Feste Zeiten einrichten Arbeitsteilung
Vertretung (Mehrarbeit)	Guter Informationsfluss Fragen stellen Team-Player (andere bitten mitzuhelfen) Mehrarbeit aufteilen
Vorarbeiten	Gute und konkrete Übergabe
Probleme	Lösung angehen und beseitigen Darüber reden Privat und dienstlich trennen
Besprechung	Moderator benennen Kurz und knackig auf den Punkt bringen Geeignete Moderationstechniken einsetzen Zeitlich begrenzen
Hoher Geräuschpegel (z. B. Radio)	Radio ausschalten Kollegen bitten, leiser zu reden Nicht über Lautsprecher telefonieren Tür zumachen
Kollegen	Gegenseitige Unterstützung Nein sagen lernen im positiven Sinne Mit den Kollegen reden Sich mal Zeit für Kollegen nehmen
Kunden	Kontakt zeitlich begrenzen Freundlich und bestimmt reagieren
Wetter	Ventilator in Büro stellen Zusatzheizung Jalousien an Fenster

Störfaktoren/Zeitdiebe „von außen"	Veränderungsmöglichkeiten
E-Mails	Abwesenheitsnotiz einstellen Einen gewissen Leserhythmus angewöhnen
Pausen	Bei Zeitdruck Pause verschieben Abstimmen mit Kollegen Flexibel gestalten
Positive Störungen (Snack mit Kollegen)	Zeitlimit setzen Sich bewusst machen, dass es der Teamförderung nutzt
Vorgesetzte	Prioritäten und Termine erfragen Bei mehreren Vorgesetzten Absprachen einfordern Arbeit angemessen verteilen Rechtzeitig Signal geben bei Überlastung
Telefon	Umstellen auf Kollegen Anrufbeantworter einschalten Lächeln und tief durchatmen
Systemstörungen	Andere Dinge erledigen Entspannen Pause einlegen
Nicht informiert sein	Nachfragen Sich Informationen selbst besorgen

Störfaktoren/Zeitdiebe „von innen"	Veränderungsmöglichkeiten
Unlust	Vielleicht mal wieder Urlaub machen Eventuell neue Bilder im Büro aufhängen Sich neue Aufgaben suchen
Müdigkeit	Ausschlafen Früher ins Bett gehen Wenn es ein schöner Abend war, damit leben
Konzentrationsmangel	Tomatensaft Schokolade oder Traubenzucker Frischluft Kurze Pause Beine vertreten
Falsche Selbsteinschätzung	Soll-Ist-Analyse erstellen Coaching in Anspruch nehmen Meditation Freunde fragen
Falsche Ziele	Ziele verdeutlichen Rücksprache mit Chef halten Abläufe neu gestalten Neue Informationen einholen
Hunger, Durst	Trinken und essen
Zu viele Aufgaben gleichzeitig	Ziele und Prioritäten setzen Aufschreiben, was Sie zu tun haben Eventuell delegieren Cool bleiben – eins nach dem anderen erledigen
Überblick verlieren	Neuorganisation To-Do-Liste erstellen Prioritäten setzen Delegieren Eins nach dem anderen
Schlechter Arbeitsplatz	Gespräch mit Sicherheitswesen Chef ansprechen Eigene Vorschläge ausarbeiten
Krank zur Arbeit kommen	Zu Hause bleiben und auskurieren
Ablenken lassen	Unterstützung durch Kollegen erbitten
Fehlende Selbstdisziplin	Unterstützung durch Kollegen erbitten
Selbstmotivation und Belohnung	Realistische Zielsetzung

Übung Nr. 2: Ziele/Maßnahmen

Welche Ziele haben Sie für die nächste Woche? (Nennen Sie bitte mindestens sechs.) Welche Maßnahmen leiten Sie daraus ab, und mit welchen Krisen werden (müssen) Sie rechnen?

Übung Nr. 4: Zielsetzung/Vision

Machen Sie sich bei dieser Übung bitte Gedanken darüber, was Sie sich so innerhalb der nächsten acht Jahre vorstellen, was Sie erreichen möchten. Wenn Sie sich jetzt fragen, warum gerade acht Jahre: Die Zeitmanagement-Experten haben für uns herausgefunden, dass wir in etwa acht Jahre im Vorhinein denken können und uns etwas vorstellen können. Hier können Sie natürlich nicht planen, denn Sie wissen ja nicht, was dazwischen passiert. Aber jeder von uns hat ja seine Wünsche, Visionen, Illusionen. Und die tragen Sie hier einfach spontan ein. Und dann empfehle ich Ihnen, im Laufe der Zeit immer mal wieder dieses Blatt zu nehmen, und Sie werden überrascht sein, wie viel Sie in diese Richtung wirklich auch bewerkstelligen. Ein Wunsch könnte zum Beispiel sein, beruflich noch mehr zu erreichen und vielleicht eine Ausbildung zur Office-Managerin zu machen.

Was ich tun muss:
Welche Mittel muss ich einsetzen, welche Maßnahmen muss ich ergreifen, und welche Möglichkeiten habe ich, um meine Wunschsituation Realität werden lassen?

ZIEL

Mittel	Maßnahmen	Möglichkeiten	Eventuelle Krisen/ Schwierigkeiten

Auflösung zu Übung Nr. 6: Wie wirke ich am Telefon?

Auswertung:

51 Punkte und mehr:	Gut trainierte, professionelle Stimme mit starker Ausstrahlung: Sie haben Ihre Stimme auch in schwierigen Situationen unter Kontrolle.
42-50 Punkte:	Gute Telefonstimme. Nur in kritischen Situationen geraten Sie „ins Schwanken".
30-41 Punkte:	Ihre Ausstrahlung am Telefon ist sehr von der Stimmung Ihres Gesprächspartners abhängig: Sie lassen sich noch zu leicht beeinflussen.
unter 30 Punkte	Sie sollten Ihre Stimme unbedingt trainieren – die Tipps im Kapitel 4 können Ihnen dabei helfen!

Übung Nr. 7

Manches Mal sagen wir Dinge, bei denen uns gar nicht bewusst ist, welche negative Wirkung sie haben können. Damit Ihnen das nicht passiert, hier eine Übung für Sie:

Ziel: Schaffen einer positiven Atmosphäre und damit die Voraussetzung für den Einsatz der dialektischen Mittel. Verbesserung Ihres rhetorischen Wortschatzes:

		Lösungsvorschläge
1.	Das glaube ich Ihnen nicht	Kann man das nicht auch so sehen, dass ...
2.	Das ist bestimmt nicht richtig	Bitte überprüfen Sie doch noch einmal Ihre Angaben, meines Erachtens ...
3.	Da haben Sie mich völlig falsch verstanden	Ich habe mich missverständlich ausgedrückt ...
4.	Ist das etwa Ihr Ernst?	Wollen Sie das nicht noch einmal überdenken?
5.	Das trifft auf keinen Fall zu	Da bin ich mir nicht sicher ...
6.	Das gibt's ja gar nicht	Ist das wirklich möglich? Nach meinen Überlegungen ...
7.	Ich kann Ihnen beweisen...	Sie können sich davon überzeugen ...
8.	Sie müssen eben die lange Lieferfrist einkalkulieren	Trotz der großen Nachfrage können wir bereits ...
9.	Sie müssen schon entschuldigen	Entschuldigen Sie bitte ...
10.	Sie müssen einsehen, dass ...	Sind Sie mit mir einer Meinung, dass ...
11.	Haben Sie denn einen besseren Vorschlag zu machen?	Bitte schlagen Sie mir eine andere Lösung vor.
12.	So wie Sie sich das denken, geht es wirklich nicht!	Ich meine, ...
13.	Ich versuche gerade, Ihnen zu erläutern ...	Es wird für Sie von Interesse sein, ...

Übung Nr. 8: Wie Sie auf Reklamationen und Angriffe reagieren können

▶ Das stimmt ja alles nicht.

    Reaktion: Wenn Sie sagen, dass alles nicht stimmt, welche Erfahrung haben denn Sie gemacht?

▶ Das sehe ich aber ganz anders als Sie.
    Reaktion: Sagen Sie mir doch bitte, wie Sie es sehen.

▶ So eine abwegige Meinung habe ich ja noch nie gehört.
    Reaktion: Was genau ist für Sie daran abwegig?

▶ Meine praktischen Erfahrungen sagen aber was ganz anderes.
    Reaktion: Das ist sicher auch für mich interessant. Was sagen denn Ihre praktischen Erfahrungen?

▶ Das ist ja alles nur Theorie, was Sie da sagen.
    Reaktion: Wie sind Ihre praktischen Erfahrungen?

▶ Das kann ich Ihnen wirklich nicht abnehmen.
    Reaktion: Worin genau bestehen Ihre Zweifel?

▶ Das ist völlig falsch, was Sie da sagen.
    Reaktion: Was wäre Ihrer Meinung nach denn richtig?

▶ Ich glaube, ich verfüge da über mehr Informationen als Sie.
    Reaktion: Können Sie mir diese Informationen geben?

▶ Da muss ich Ihnen aber widersprechen.
    Reaktion: Das ist Ihr gutes Recht.

Übung Nr. 9: Vermeiden Sie Negativ-Formulierungen

Statt:		Besser:
„Sieht schlecht aus"	=	„Ich schaue, was ich für Sie tun kann."
	=	„Da findet sich ganz sicher eine Lösung."
	=	„Irgendeinen Weg finden wir auf jeden Fall."
„Da dürften Sie Probleme kriegen"	=	„Sie können sicher sein, ich tue alles, um ..."
	=	„Kann ich Ihnen einen Vorschlag machen?"
	=	„Bitte sind Sie doch so freundlich und ... (machen Sie/fragen Sie/rufen Sie ...), dann geht es am schnellsten/am einfachsten ... für Sie."
„Das geht auf keinen Fall"	=	„Darf ich Ihnen bitte kurz erklären, ..."
„Das könnte klappen"	=	„Das klappt ganz sicher."
„Da müsste ich mal nach-sehen"	=	„Ich sehe sofort nach."
„Ich kümmere mich dann mal darum"	=	„Sie können sicher sein, ich erledige das."
„Das machen wir grundsätzlich nicht"	=	„Uns ist vor allem wichtig, dass Sie als Kunde zufrieden sind, deshalb schlage ich Ihnen ... vor."
„Da bin ich nicht zuständig"	=	„Ich verbinde Sie gleich mit ... (meinen Kollegen/Kollegin, ... der XY-Abeilung, ... Frau/Herrn ...)"
	=	„Kann ich Ihnen die Durchwahl der XY-Abtei-lung geben, dort erhalten Sie alle Informationen."
	=	„Damit Sie alle Informationen aus einer Hand erhalten, verbinde ich Sie gleich mit ..."

Übung Nr. 14: Erkennen Sie Ihren Stress und Ihre Gedanken dazu

Wann habe ich Stress?	Warum? Ursache?	Meine Gedanken

„Wann habe ich Stress und warum, und was läuft dabei in meinen Gedanken ab?" Suchen Sie nach den wirklichen Ursachen für Ihren Stress. Machen Sie sich aber bewusst, dass Sie Ihren Dis-Stress nur ablegen können, wenn Sie sich wirklich damit auseinander setzen und sich fragen, warum dies passiert.

Übung Nr. 15: Kofferübung für neue Perspektiven

Sicher haben Sie schon die Erfahrung gemacht: Neue Sichtweisen und neue Ansatzpunkte können ganz erheblich zur Lösung von Problemen beitragen.
Folgende Übung verhilft Ihnen dazu:

► Packen Sie Ihren Problemkoffer: Setzen Sie sich entspannt hin, atmen Sie ruhig und tief durch. Stellen Sie sich nun geistig vor, dass Sie einen Koffer packen – aber nicht mit Outfit, sondern mit Ihren Problemen. Packen Sie alles ein, was Sie belastet: Streit im Büro, Krankheit, Familienprobleme, Krach mit Kollegen, Termindruck, Unlust, unzufriedene Kunden, grantiger Chef etc. Schließen Sie nun in Gedanken den Koffer.

► Gehen Sie auf Gedankenreise: Stellen Sie sich nun einen wunderschönen, entspannenden und harmonischen Ort vor, an dem Sie gerne sind oder gerne sein würden. Versetzen Sie sich in diesen Ort hinein. Dort fühlen Sie sich wohl, sicher und gelassen, sind schöpferisch aktiv und frei. Malen Sie sich alles in den schönsten Farben aus und genießen Sie das gute Gefühl, das Sie an diesem Ort haben.

► Packen Sie den Koffer wieder aus: Nehmen Sie nun dieses gute Gefühl und schauen Sie sich damit eines der Probleme aus dem Koffer an, aber bitte wirklich nur eines! Bleiben Sie in jedem Fall in der Energie Ihres Ortes und achten Sie darauf, welche Symbole, Bilder, Ideen und Geistesblitze in Ihnen auftauchen. Das sind die kreativen Wegweiser zur Lösung des betreffenden Problems.
Wichtig: Notieren Sie alles, was Ihnen einfällt bzw. vor Ihrem geistigen Auge auftaucht.

Wenn Sie geübt sind, können Sie nun nach und nach Ihren Problemkoffer auspacken und so zu neuen Perspektiven kommen.

Hilfreiche Internet-Adressen

Tipps und Anbieter für Organisationsmittel
www.classei.de
www.bigorder.de
www.mcoffice.de
www.formblitz.de
www.formular.de
www.kurznotizen.de/postit/

Internet-Adressen Geschäftsreiseplanung

Anbieter Reiseplanung

Autovermietungen	Flugreisen	Hotels
Avis Autovermietung GmbH & Co. KG Zimmersmühlenweg 21 Postfach 21 70 61437 Oberursel Internationale Reservierung Telefon: 01805/55 77 55 www.avis.de	**Travelcity** Bornbach 4 22848 Norderstedt Telefon: 040/53 43 22 - 400 www.travelcity.de Wenn einer eine Reise tut, sei es nun geschäftlich oder privat, dann ist er bei travelcity.de bestens aufgehoben. Ob zu Lande, übers Wasser oder in der Luft, das virtuelle Reiseportal weiß für jede Reiseart die passende Verbindung. Und auch wenn man am Zielort angelangt ist, lässt travelcity.de niemanden allein: Wetterdienst, Tickethotline, Autovermietung und Routenplaner weisen stets den gewünschten Weg.	**EHF Werbung & Verlags GmbH** Einsteinstrasse 12 74372 Sersheim Telefon: 07042/83 42 11 www.ehf.de Hotels and More ist einer der umfangreichsten Hotelführer im Web: Mehr als 30 000 gastliche Unterkünfte in 14 Ländern sind hier verzeichnet und über eine detaillierte Suchmaske abzurufen. Zahlreiche Zusatzrubriken von Reisetipps bis Kartenservice lassen kaum einen Wunsch offen. Specials, etwa zum Thema Aktivurlaub-Hotels, runden dieses äußerst informative und serviceorientierte Hotelportal ab.
Europcar Autovermietung GmbH Tangstedter Landstraße 81 22415 Hamburg Telefon: 040/5 20 18-0 www.europcar.de		**Hotel Reservation Service (HRS)** Robert Ragge GmbH Drususgasse 7–11 50667 Köln Telefon: 0221/20 77-600 www.hrs.de

246

e-Sixt AG Haidgraben 9a 85521 Ottobrunn Telefon: 089/7 44 44-0 www.sixt.de		Suchen Sie nicht lange in den Gelben Seiten nach einem Hotel fern von Ihrem Firmensitz und in der Nähe des Geschäftspartners, sondern lassen Sie jemanden suchen, der die richtige Technik dazu hat! Der Hotel Reservation Service weiß, wie man gute Hotels in der ganzen Welt findet und direkt bucht, und gibt Ihnen das gesamte Wissen gern weiter.
Budget Deutschland GmbH Max-Planck-Str. 20 Telefon: 06103/40 00-0 Hotline: 01805 / 24 43 88 www.budget.de		
Hertz Autovermietung GmbH Ginnheimer Straße 4 65760 Eschborn Telefon: 06196/9 37-0 www.hertz.de		

Hotlines bei Kartenverlust

American Express	Telefon: 069/75 76 10 00
Diners Club	Telefon: 069/26 03 50
ec-Karten	Telefon: 01805/02 10 21
Eurocard	Telefon: 069/79 33 19 10 Fax: 069/79 33 19 50
Visa	Telefon: 069/79 20 13 33

Online-Reisebüros für Flüge, Hotels und ganze Reisen
www.airline-direct.de
www.ebookers.de
www.expedia.de
www.start.de
www.travel24.de
www.travel-overland.de
www.traveltopia.de

Internetadressen für Ihre Online-Reiseplanung

http://www.fluege.com: Neben der Buchungsmöglichkeit können Sie auch Details wie Gateway-Nr., Flugverspätung oder sonstige Änderungen erfahren. Flüge können auch geändert werden.

http://www.flugplan.net: Auch hier können Sie online Flüge buchen. Außerdem können Sie sich von nahezu allen deutschen und europäischen Flughäfen Lagepläne und Wegweiser ausdrucken lassen. Damit wird sich Ihr Chef in einem unbekannten Flughafen besser zurechtfinden.

http://www.travelchannel.de/magazin/reiserat-geber: Hier finden Sie Lagepläne von Flughäfen, Mahlzeiten der Airlines, Infos über die Beinfreiheit in den verschiedenen Flugklassen, die Verkehrsanbindung mit dem Auto inkl. Routenbeschreibung, U-Bahn/Bahn/Bus-Pläne, Taxihalteplätze und Transportkosten.

http://www.surfandrail.de: Wenn Sie online Ihre Bahntickets über diese Adresse buchen und mit Kreditkarte zahlen, sparen Sie Geld. Die Fahrkarten drucken Sie über Ihren Drucker aus. Bei der Sitzplatzreservierung können Sie zwischen Nichtraucher, Raucher, Großraumwagen, Abteil, Fensterplatz, Tischplatz, Handyzone, Ruhezone/ICE-Video wählen.

Weitere Adressen

Ehotel – weltweiter Hotelbuchungsservice: http://www.ehotel.de
Expedia: http://www.expedia.de
Tourisline: http://www.tourisline.de

Hotel-Recherche weltweit

www.nethotels.com
(1 bis 5 Sterne Hotels)
Routenplaner-Online, die Geschäftsreisen Ihres Chefs vorbereiten können: www.telemap.de/router.htm
Zusätzlich: Lagepläne am Flughafen, Beinfreiheit bei den Flugklassen, Verkehrs-anbindung, U-Bahn- und Busanbindung, Parkplätze etc.

Günstige Flüge

www.travelJungle.com

Flugdaten per SMS

Der Frankfurter Flughafen ist die Drehscheibe für internationale Flüge in Deutschland. Ihre Flugdaten wie Ankunft, Abflug und Flugsteig können Sie sich jetzt als SMS aufs Handy schicken lassen. Anmeldung unter www.frankfurt-airport.de bei *SMS and fly*

Bahntickets online buchen

www.surfandrail.de
Nur Kreditkarte angeben – die Fahrkarte wird über den eigenen Drucker ausgedruckt (große Kostenersparnis).

Gesundheit im Ausland
www.fit-for-travel.de
Informationen über gesundheitliche Risiken – Tipps und Vorbeugungsmaßnahmen, Impfungen etc.

Online-Verkauf von Fahrkarten
Bahn-Tickets können Sie jetzt noch drei Tage vor dem Reisetermin online buchen. Ein „elektronischer Preisberater" unterstützt Sie bei der Suche nach günstigen Tarifen und Rabatten. Die Bahn schickt Ihnen die Fahrkarte portofrei zu. Bis eine Stunde vor Abfahrt können Sie noch online Plätze per Kreditkarte reservieren. www.bahn.de

Tipps rund um die Reisekosten-Abrechung
www.reisekosten.de
(weltweite Reisekosten-Abrechnung möglich, aktuelle Währungssätze) Benutzung via Internet 3 Euro pro Monat, Kauf einmalig 30 Euro.

Wenn Sie diese Hilfsmittel nutzen, kann nichts mehr schief gehen, Ihr Chef kann beruhigt auf Reisen gehen und Sie können beruhigt im Büro arbeiten.

Noch ein weiterer Hinweis zum Thema Geschäftsreisen. In vielen Unternehmen wird zu viel Geld für Geschäftsreisen ausgegeben, wie die WIRTSCHAFTWOCHE (Nr. 10, vom 26.02.2004) festgestellt hat. Es empfiehlt sich, einmal von einem externen Dienstleister die Reisekosten prüfen zu lassen. Hier bekommen Sie Hilfe:

Weitere Reisedienstleister und Reisebüros
www.airplus.com
www.americanexpress.de
www.dresdner-businesstravel.de
www.rbskarte.de
www.cwt.de
www.tq3.de
www.hotel.de
www.hrs.de
www.getthere.com/de/

Verbände
www.vdr-service.de
www.geschaeftsreiseanalyse.de

Internet-Adressen Messeplanung:

Ausstellungs- und Messe-Ausschuss der Deutschen Wirtschaft e. V. (AUMA)
Lindenstraße 8, 50674 Köln
Telefon 0221/20907-0
Telefax 0221/20907-12

E-Mail: info@auma.de
Internet: http://www.auma.de

Dem Ausstellungs- und Messe-Ausschuss der Deutschen Wirtschaft als dem Verband der deutschen Messewirtschaft gehören Verbände und Organisationen der ausstellenden und besuchenden Wirtschaft sowie Messe- und Ausstellungsgesellschaften an. Zu seinen Aufgaben gehören Information und Beratung von Messe-Interessierten aus dem In- und Ausland, die Interessenvertretung der Messegesellschaft, Marketing für den Messeplatz Deutschland, die Schaffung von Transparenz auf dem Messemarkt und die Vorbereitung des offiziellen Auslandsmesseprogramms. Zur Information und als Planungshilfe gibt der AUMA eine Vielzahl von Veröffentlichungen heraus, teilweise in mehreren Sprachfassungen (siehe Kapitel „Veröffentlichungen des AUMA"). Er berät auch individuell über die Wahl der richtigen Messe.

FAMA – Fachverband Messen und Ausstellungen e. V.

Messezentrum, 90471 Nürnberg
Telefon 0911/7147102
Telefax 0911/8149090
E-Mail: info@fama.de
Internet: http://www.fama.de

Der Fachverband Messen und Ausstellung ist ein Zusammenschluss von Messe- und Ausstellungsveranstaltern, die schwerpunktmäßig Regionalausstellungen, aber auch eine Reihe überregionaler Fachmessen durchführen. Seine Aufgaben sind die Mitarbeit in allen Fragen des Fachgebietes, die Zusammenarbeit mit allen am Messe- und Ausstellungswesen beteiligten Behörden, Instituten, Verbänden und der Fachpresse, die Beratung und Erteilung von Gutachten in Fachfragen, die Förderung des Messe- und Ausstellungswesens und die Schulung und Weiterbildung im Fachgebiet.

FAMAB – Fachverband Messe- und Ausstellungsbau e. V.

Design – Service – Events
Berliner Straße 26, 33378 Rheda-Wiedenbrück
Telefon 05242/9454-0
Telefax: 05242/9454-10
E-Mail: esgmbh@t-online
Internet: http://www.FAMAB.expobase.com

Der FAMAB, Fachverband Messe- und Ausstellungsbau e. V. Design – Service – Events ist die Interessenvertretung der Messebau- und Eventbranche Deutschlands. 210 Mitgliedsunternehmen sind im FAMAB organisiert. Folgende Mitgliederstruktur weist die FAMA auf: Messebau-Fachunternehmen, Messebau-Regieunternehmen, Architekten/

Designer, Messeconsulter, Systemhersteller, Montageunternehmen, Messe-baulieferanten und Fördermitglieder sowie seit 1997 Marketing-Eventagenturen. Für die Aufnahme als Mitglied sind rein qualitative Kriterien entscheidend.

▶ Zusammenarbeit mit Messegesellschaften, Verbänden der Messewirtschaft, den ausstellenden Verbänden, mit Behörden und Institutionen, der ausstellenden Wirtschaft und den Kunden der Marketing-Eventagenturen

- Qualitätssicherung und Qualifizierung der Mitarbeiter der Mitgliedsunternehmen.
- Kompetente Information der Öffentlichkeit über die Belange der Branche.
- Beratung und Dienstleistungsangebote für die Mitglieder.
- Marktforschung und Statistik sowie Erarbeitung von Kennziffern der Branche.

Gesellschaft zur freiwilligen Kontrolle von Messe- und Ausstellungszahlen (FKM)
Lindenstraße 8, 50674 Köln
Telefon 0221/20907-0
Telefax: 0221/20907-61
E-Mail: info@auma.de
Die Gesellschaft zur freiwilligen Kontrolle von Messe- und Ausstellungszahlen (FKM) sorgt mit der Bereitstellung von geprüftem, nach einheitlichen Regeln erfasstem Zahlenmaterial über Ausstellungsflächen, Aussteller und Besucher für Wahrheit und Klarheit bei statistischen Angaben zu einzelnen Veranstaltungen. In der 1995 gegründeten FKM sind rund 65 deutsche Messe- und Ausstellungsveranstalter zusammengeschlossen. Für mehr als 400 Messen und Ausstellungen steht dem Messenutzer verlässliches Material zur Verfügung. Die Geschäftsführung der FKM liegt beim AUMA. Der jährliche FKM-Bericht erscheint in deutscher und englischer Sprache und kann kostenlos von der FKM bezogen werden.

Interessengemeinschaft Deutscher Fachmessen und Ausstellungsstädte (IDFA)
Am Kochenhof 16, 70192 Stuttgart
Telefon 0711/25 89-616
Telefax: 0711/2589-621
Zur Interessengemeinschaft Deutscher Fachmessen und Ausstellungsstädte zählen die neun Messegesellschaften in Dortmund, Essen, Friedrichshafen, Hamburg, Karlsruhe, Offenbach, Pirmasens, Saarbrücken und Stuttgart. 1952 gegründet, verbindet die IDFA-Gesellschaften das Ziel, Erfahrungen auszutauschen und gemeinsame Aufgaben im Dienste von Ausstellern und Besuchern zu bewältigen.

UFI-Union Internationaler Messen
35 bis rue Jouffroy d'Abbans
F-75017 Paris
Telefon ++331 42679912; Telefax: ++331 42271929
Die Union des Foires Internationales (UFI) mit Sitz in Paris wurde 1925 gegründet. Sie hat den Auftrag, Messen zu fördern und für eine ungehinderte internationale Beteiligung einzutreten. Das UFI-Signet steht für ein Mindestmaß an internationaler Bedeutung einer Veranstaltung und ist deshalb ein Qualitätssiegel. Der UFI gehören 172 Mitgliedsgesellschaften in 67 Staaten mit 546 von der UFI anerkannten internationalen Veranstaltungen an. Deutschland hat mit 135 von der UFI anerkannten Veranstaltungen weltweit einen großen Vorsprung vor allen anderen Ländern.

Allgemeine Internet-Adressen

Suchdienste
Kategorie Suchmaschine (suchen im Volltext)
www.acoon.de
www.alltheweb.com
www.fireball.de
www.lycos.com
www.google.com
www.altavista.com
www.northernlight.com
www.hotbot.com
www.excite.com
www.spider.de
www.infoseek.de
www.bellissima.de
(einfache Stichwortsuche mit vielen Infos für Frauen)

Kategorie Web-Katalog (suchen nach Schlagwörtern)
www.yahoo.de
www.yahoo.com
www.web.de
www.allesklar.de
www.looksmart.com
www.dino-online.de

Kategorie Meta-Sucher (suchen in mehreren Volltext-Katalogsuchmaschinen)
www.metager.de
www.metaspinner.de
www.savvysearch.com
www.profusion.com

www.karzauninkat.com/sukchfibel/index.htm
= Kleine Suchfibel – Bedienung und bessere Nutzung von Suchmaschinen wird
ausführlich und verständlich erklärt.

Job- und Praktikumsbörsen
www.arbeitsamt.de/HAST/VERMITTL/INDEX.HTM
Mit über 400 000 Stellenangeboten umfangreichste Job-Datenbank. Links zum Stellen-
Informations-Service (SIS, zum Künstlerdienst und zur internationalen Vermittlung).
www.job.de/index.phtml
Angebote aus allen Branchen für In- und Ausland.
Service: neue Jobangebote kostenlos per E-Mail.
www.careernet.de

Täglich aktualisiertes Angebot mit sehr gutem Firmenlexikon, gut für Uni-Absolventen.
www.jobware.de
Alphabetisches Firmen- und Branchenlexikon, individuelle Ausbildungsplatz- und Studentenjobvermittlung, Links zu internationalen Online-Börsen.
www.jobticket.de
Rund 2 000 Stellenangebote vorwiegend für Kaufleute, Banker und EDV-Spezialisten.
www.jobinteractive.de
Rund 2 000 Angebote von Schülerjobs bis Managerposten.
www.karrieredirekt.de
Service der Verlagsgruppe Handelsblatt.
europa.eu.int/eures/cgi/de/jv-search
Organisation EURES – ein Zusammenschluss von Berufsberatern in Europa – hilft bei der Suche nach Jobs im europäischen Ausland.
www.wiwo.de/wwkarriere/praktikum.htm
Eine der größten deutschen Praktikumsbörsen mit über 7 000 Stellen; mit Forum zum Erfahrungsaustausch.
www.dv-job/de
Kostenlose Veröffentlichung persönlicher Bewerberprofile.

Berufs- und Ausbildung
www.frauen-computer-schulen.de
Frauen-Technik-Zentrum und Schulen mit Kursterminen und Datenbank.
www.arbeitsamt.de
Aus- und Weiterbildungsangebote in der Datenbank KURS.
www.berufswahl.de
www.studienwahl.de
www.bildungsserver.de
Diese drei Dienste führen zum informativen Internet-Dienst „Studien- und Berufswahl".
www.zfw.de/dgf/home
Seiten für angehende Existenzgründerinnen.
www.diemedia.de
Internet-Weiterbildungsangebote für Frauen.
www.bibb.de
Website des Bundesinstituts für Berufsbildung mit tollen Tipps.
www.onforte.de
Beratungsservice verschiedener Gewerkschaften zur Telearbeit.
www.berufsbildung.de
Forum Berufsbildung des Bertelsmann-Verlags; Trends, Termine, Tipps und Links.

Personen suchen
www.whowhere.com
Liefert nicht nur E-Mail-Adresse, sondern auch Adressen.
www.four11.com

Finanzen

www.finanztreff.de

Kostenlose Börsenkurse in Echtzeit.

www.frauen-finanzseite.de

Sehr gute Einsteigertipps für das 1 x 1 der Börse.

www.preussag-financials.de

www.thyssenkrupp.com

Veröffentlichung aktueller Geschäftsberichte.

Wörterbücher, Lexika und andere nützliche Nachschlagewerke

www.dino-online.de

12 000 Einträge in 20 Kategorien unterteilt.

Rubik: Auskunft/Nachschlagswerke

www.phil-uni-erlangen.de/~p2gerlw/ressourc/lex.html

Sehr empfehlenswerte übersichtliche und leicht zugängliche Zusammenstellung der verschiedenen Lexika, Enzyklopädien und Datenbanken im Internet.

www.inforunner.de

Sieht aus wie ein normaler Web-Katalog; aber: ausschließlich direkter Zugriff auf verfügbare Datenbanken (Lexika, Fachwörterbücher, Nachschlagewerke).

www.acronymfinder.com

Englischsprachige Website, aber auch deutschsprachige Abkürzungen werden gefunden.

www.eb.com

Encyclopaedia Britannica: berühmtestes Lexikon der Welt; leider nicht vollkommen kostenlos.

www.iicm.edu/meyers

Meyers Lexikon – bislang das einzige kostenlose umfangreiche allgemeine Nachschlagewerk.

http://babelfish.altavista.com

Übersetzungsmaschine für Englisch, Deutsch, Französisch, Italienisch, Spanisch – nach Eintippen einer Web-Adresse übersetzt er auch ganze Seiten (einigermaßen verständlich).

www.onlinetrans.com

http://translator.go.com

Weitere Übersetzungsmaschinen

www.langenscheidt.aol.de

Kostenloses Fremdwörterbuch mit rund 30 000 Begriffen.

www.tu-chemnitz.de/urz/netz/forms/dict.html

Deutsch-Englisches Wörterbuch mit rund 115 000 Einträgen.

http://dict.leo.org

Englisch-Deutsches Wörterbuch mit 180 000 Einträgen.

http://netlexikon.akademie.de

Wichtigste deutschsprachige Quelle zu Internet-Fachbegriffen.

www.aliter.de/deutschland

Autokennzeichen

http://snet.de/Service/Bankleitzahlen.html

Bankleitzahlen
www.plz-suche.de
Postzeitzahlen
www.teleauskunft.de
Telefonauskunft

Regierungen, Institutionen und Organisationen
http://www.bundestag.de
Deutscher Bundestag
http://www.gmd.de
GMD – Deutsches Forschungszentrum
http://www.dfn.de/bmbf
Bundesministerium für Wissenschaft und Bildung
http://www.whitehouse.gov
Weißes Haus
http://www.co.arlington.va.us/pentagon.html
Pentagon
http.//www.fbi.gov
FBI

Einkaufen
www.quelle.de
www.heine.de
www.karstadt.de
Lebensmittel lassen sich online bestellen und nach Hause liefern.
www.amazon.de
Bücher, Videos, CDs
www.atrada.de
online-Auktion
www.eBay.de
online-Auktion
www.preis-vergleich.de
Preisvergleich-Datenbank mit Adresse des günstigsten Händlers.
www.ecocall.com
Preisagentur; außerdem liefert das Unternehmen den gewünschten Artikel frei Haus (ab Bestellwert 150 Euro).
www.stud.uni-muenchen.de/~matthias.queck/index.htm
Preisvergleich bundesdeutscher Discounter von Aldi bis Schlecker.
www.ricardo.de
Versteigerung fabrikneuer Produkte.
www.kostenlos.de

Reisen, Auto, Essen und Trinken
www.varta-guide.de
Hotel- und Restaurantführer

www.reiseplanung.de
Reiseroutendatenbank – auch Übersichtskarten.
www.stadtplan.net
180 Stadtpläne
www.bahn.de
Fahrplanauskunft
www.hotelguide.de
Hotelführer
www.vtourist.com
Weltkarte
http://easytour.dr-staedtler.de
Online-Routenermittlung Europa
www.marcopolo.de
Infos zu 80 Reisezielen, Reportagen, Tipps, Online-buchen, Wetter.
www.cats.de
Eintrittskarten aller Art (Musical, Pop, Sport etc.).
www.clever-tanken.de
Sucht günstige Tankstelle in einer Region.
www.schwacke.de/htm/kostenlos.htm
Schwacke-Fahrzeugbewertung
www.ausgekocht.de
Rezeptverzeichnis und Speiseplaner.
www.chefkoch.de
Kochrezepte und 650 Cocktails.

Nützliches, Unterhaltung etc.
www.suche-immobilien.de
www.biete-immobilien.de
www.annonce.de
www.biete.de
www.geburtstag.de
Per E-Mail werden Sie an wichtige Daten erinnert.
www.weckruf.de
Weckdienst
www.fehlermeldungen.de
Tipps und Tricks rund um Hard- und Software.
www.br-online.de/geld/ard-ratgeber
ARD-Ratgeber Geld
www.jurathek.de/kai
Online-Nachschlagewerk für Steuerzahler.
www.lifeline.de
Umfangreichstes News- und Service-Angebot in Sachen Gesundheit.
www.online-recht.de
Juristische Fragen zum Internet.

Internet-Adressen für den Tourismus
Reiseplattformen
der großen Veranstalter
www.tui.de
www.cn-touristic.de
www.ltu.de
der großen CRS
www.start.de
www.pennylane4u.de
Sonstige Plattformen
www.travelchannel.de
Viele Zusatzinformationen
www.reisen.de
Viele Zusatzinformationen
www.verreisen.de
www.expedia
Preisvergleiche
www.reiseshop.e
Preisvergleiche
www.ebookers.de
www.travel24.de
www.mondia.de
www.dino-online.de

Last Minute
www.buy.bye.de
www.lastminute.com
www.lastminute.de
www.ltur.de

Auktionen
www.ihrpreise.
www.tallyman.de

Einzelne Leistungsbereiche
www.bahn.de
www.flug.de
www.tiss.com
Flug
www.hrs.de
Hotel
www.tourisline.de
Hotel
www.ferienhauser.de

Deutschlandtourismus

www.trac.de
www.start.de

Informationen rund ums Reisen

www.reiseplanung.de
Reiseführer
www.travelmed.de
Gesundheit
www.fit-for-travel.de
Gesundheit
www.auswaertiges-amt.d

Touristisches Fachwissen

www.fvw.de
Fachzeitschrift
www.drv.de
Verband
www.comcult.de
Studie Tourismus im Internet
www.statistik-bund.de
Statistisches Bundesamt

Stichwortverzeichnis

Über die Autorin

 Sibylle May blickt auf langjährige Erfahrungen als Sekretärin, Assistentin und Marketing- und Vertriebskoordinatorin in internationalen Konzernen zurück. Seit 1991 bietet sie mit ihrem Beratungsbüro Sibylle May Training, Seminare, Personalmanagement sowie Bewerber- und Karriereberatung an. Trainingsschwerpunkte sind unter anderem alle Themen rund um das Sekretariat wie Korrespondenz, Kommunikation, Projektmanagement und Konfliktmanagement.

Für ihre herausragende fachliche und methodisch-didaktische Kompetenz erhielt sie 2003 den „Teaching Award" in Gold der ZfU International Business School, Zürich.

Daneben ist Sibylle May Autorin verschiedener Publikationen zu den Themen Sekretariat, Messe und Telefon.

Kontakt:
Beratungsbüro Sibylle May
Am Angerbach 24
40489 Düsseldorf

Telefon 0203/740503
Telefax 0203/741179

Internet: www.beratungsbuero-may.com
E-Mail: info@beratungsbuero-may.com

Praktische Arbeitshilfen fürs Office Management

So bringen Sie frischen Wind in Ihre Geschäftsbriefe!

Geschäftsbriefe sind die Visitenkarte eines Unternehmens. Deshalb sind Kundenorientierung und eine klare, überzeugende Sprache die entscheidenden Anforderungen an eine moderne und effiziente Geschäftskorrespondenz. Dieses Buch bietet eine Auswahl der wichtigsten Brief-Typen mit Mustern und Formulierungsvarianten. Jetzt aktualisiert mit den neuesten Vorgaben der DIN 5008, Stand Januar 2005!

Jutta Sauer
Praxishandbuch Korrespondenz
Professionell, kundenorientiert und abwechslungsreich formulieren. Mit aktuellsten Vorgaben nach DIN 5008 und Musterbriefen von A - Z.
2. Auflage 2005.
218 S. Br. EUR 39,90
ISBN 3-409-22404-1

Powerpoint souverän beherrschen – überzeugend präsentieren!

Eine gelungene Präsentation ist mehr als eine Reihe bunter Charts. Sie ist ein Gesamtkunstwerk, das aus Teilen wie der Strukturierung von Inhalten, der überzeugenden Argumentation, den treffenden Visualisierungen und dem Beherrschen des technischen Equipments besteht. Dieser Praxisleitfaden, bietet Ihnen all diese Inhalte. Besonders hilfreich: Übungen zum Nachmachen am PC.

Margret Degener/
Heinz Hütter
Praxishandbuch PowerPoint-Präsentation
Inhalte sinnvoll strukturieren, Charts professionell gestalten, Zuschauer überzeugen und begeistern
2003. 264 S. Br. EUR 36,90
ISBN 3-409-11901-9

Projektmanagement leicht gemacht! Ab jetzt laufen Ihre Projekte

Immer häufiger sind Sekretärinnen/Assistentinnen als Teammitglieder oder sogar als stellvertretende Leiterinnen mit Projekten befasst. Wer ein Projekt erfolgreich managt, beweist Organisationsvermögen, Führungsstärke und unternehmerisches Denken. Wie Office-Frauen ihre Stärken in Projekten unter Beweis stellen können, zeigt dieses Buch Schritt für Schritt anhand vieler Beispiele.

Margit Gätjens-Reuter
Praxishandbuch Projektmanagement
Strukturpläne einfach erstellen, Abläufe professionell steuern, Projekte zum Abschluss bringen
2003. 220 S. Br. EUR 39,90
ISBN 3-409-11620-6

Änderungen vorbehalten. Stand: Januar 2005.
Erhältlich im Buchhandel oder beim Verlag.

Gabler Verlag · Abraham-Lincoln-Str. 46 · 65189 Wiesbaden · www.gabler.de

GABLER